趣味科学丛书

U0173117

趣味数学全集

［俄］别莱利曼⊙著

余　杰⊙编译

天津出版传媒集团

天津人民出版社

趣味代数学

第一章

乘　方

1. 乘方

加减乘除是我们熟知的代数运算，除此之外还有三种新的运算，那就是乘方与它的两种逆运算。代数又被称为"有着七种运算的算术"，其原因正在于此。

我们的话题从代数的"第五种运算"——乘方开始。

毫无疑问，这种运算同样由实际生活的需要产生。现实生活中常会用到乘方，比如在计算物体的面积或体积时，就会用到2次方和3次方，此外静电作用、万有引力和磁性作用、声光的强弱等都与距离的2次方成反比。天体的运行也与乘方有关，比如行星围绕太阳以及卫星围绕行星的旋转周期的2次方与旋转中心间距的3次方都有正比例关系。

这是否意味着除2次方和3次方外，更高次的乘方不能用于实践，只是在代数练习时才用得到呢？不是的。要知道，高次方在实践中并不少见，4次方在工程师计算材料强度时是必用的，而诸如蒸汽管直径等的运算甚至会用到6次方。

我们来举个高次方的例子。比如一条河水的流速是另一条河的4倍，流速快的河水冲击河床上石块的力量是流速慢的河水冲击力量的多少倍呢？水利学家在研究流水冲击石块的力量时就要用到6次方，这个问题的答案是$4^6 = 4\ 096$倍。

当我们研究炽热物体（比如电灯泡里亮眼的灯丝）的亮度与温度的关系时，要用到更高次数的乘方，具体的次数要根据不同的情况来确定。比如在白热状态下，物体的总亮度的增加速度是温度升高速度的12次方倍（这里的温度指的是从$-273℃$算起的绝对温度），而在炽热的状态下，总亮度的增加速度则是温度升高速度的30次方倍。举例来说，如果物体的绝对温度从$2\ 000\ K$加热到$4\ 000\ K$（即原来的2倍），其亮度就会增加到原来的2^{12}倍，这相当于4 000多倍。这种相互关系对电灯泡制造工艺的影响，在以后的内容中我们还会涉及。

2. 天文数字

天文学家对乘方的运用是非常广泛的，他们经常会遇到无比巨大的数字。通常情况下，这些数中除一两位有效数字外，其余数位上全都是零，称它们为"天文数字"毫不为过。这些数写起来麻烦，计算起来更是复杂，比如地球到仙女座星云的距离就是：

95 000 000 000 000 000 000 千米

每次写的时候都要顾虑写的0是不是够数，但这已经是十分简化的了。事实上在天文学中，计算天体之间的距离通常使用的单位是厘米，千米这么大的单位几乎是不使用的，所以在使用上面的数进行计算时，还要再多写5个0才行：

9 500 000 000 000 000 000 000 000 厘米

即使如此复杂，它仍算是个不大的数。在进行恒星质量的计算时，使用的数会更大，尤其是很多运算都要以克为单位。比如以克为单位的太阳质量，写出来会吓你一跳：

1 983 000 000 000 000 000 000 000 000 000 000 克

你不得不承认，使用这么大的数进行计算，既复杂，又容易出错，非常不方便，更何况我们所列举的这几个数和最大的天文数字比起来仍是小巫见大巫。

乘方显然可以拯救与这些天文数字有关的数据，要知道，1后面拖着一长串的零，这种数一定是10的若干次方，比如：

$$100=10^2 \quad 1\ 000=10^3 \quad 10\ 000=10^4\cdots\cdots$$

用乘方把上面提到的几个大数变换一下形式，立刻就赏心悦目了：

$$9\ 500\ 000\ 000\ 000\ 000\ 000\ 000\ 000=95\times10^{23}$$

$$1\ 983\ 000\ 000\ 000\ 000\ 000\ 000\ 000\ 000\ 000\ 000=1\ 983\times10^{30}$$

当然，进行这样的改变并非只是为了视觉效果，重点在于这种表达方式便于进行数学运算。比如让我们计算这两个大数的乘积时，我们先把$95\times1\ 983=188\ 385$计算出来，后面再写一个因数$10^{23+30}=10^{53}$即可：

$$95\times10^{23}\times1\ 983\times10^{30}=188\ 385\times10^{53}$$

如果不使用乘方，就必须先写出带有23个0的因数，再写出带有30个0的因数，最后再写出带有53个0的积，实在是太麻烦了。况且万一多写或者漏写几个就更麻烦了，会严重影响数据的准确性。

3. 大气的质量

乘方大大简化了我们在实践过程中的各种运算，为了证实这一点，我们用乘方来计算一下"地球的质量是它周围空气质量的多少倍"。

地球表面上每平方厘米承载着大约1千克的大气压力，假设每1千克的大气压力是一个大气柱，你可以理解为我们地球周围的大气层就是由无数个质量为1千克的大气柱组成的。那么地球的表面积有多少平方厘米，地球周围大气层的质量就有多少千克。关于地球的表面积，我们能很快在参考书上找到答案：

$$51\ 000\ 万平方千米 = 51 \times 10^7\ 平方千米$$

首先要把这个数据变换成平方厘米，直线的1千米=1 000米，1米=100厘米，所以1千米=10^5厘米，1平方千米则等于10^{10}平方厘米，换算单位后的地球总面积为：

$$51 \times 10^7 \times 10^{10}\ 平方厘米$$

由此可知地球周围大气的总质量是51×10^{17}千克，将这个数用吨来表示，就是：

$$51 \times 10^{17} \div 1\ 000 = 51 \times 10^{17-3} = 51 \times 10^{14}\ 吨$$

下面我们来看题目中要求计算的倍数。

我们知道地球的质量是6×10^{21}吨，这里只需要做一道除法题：

$$6 \times 10^{21} \div (51 \times 10^{14}) \approx 10^6$$

本题的答案是：地球质量约是地球周围的大气质量的10^6倍，也就是说，大气质量约是地球质量的一百万分之一。

4. 空气中的燃烧

为什么木柴和煤只有在高温的情况下才会燃烧呢？如果你去向化学家请教这个问题，他会告诉你，严格地说，在任何温度下碳元素和氧元素都会发生化学反应，只不过当温度低的时候，只有极少数的分子参与反应，因此速度非常缓慢，导致这种反应无法被我们观察到。而化学反应定律也明确指出，温度每降低10℃，反应的速度（参与反应的分子数目）就会减半。

我们运用这一条定律来分析一下木柴燃烧的过程。假设火焰的温度是600℃，每秒钟能烧掉1克木头，当火焰的温度为20℃时，用多长时间烧掉1克木头？根据定律，温度降低了600℃-20℃=580℃=58×10℃，木柴燃烧的速度就降低到2^{58}倍，也就是说，当火焰温度为20℃时，烧掉1克木头需要2^{58}秒。

那么2^{58}秒是多久？用年来表示更直观一些。将2^{58}秒换算为年，大可不必将58个2相乘，也无须去查对数表，我们可以用下面的方法大致计算一下：

因为$2^{10}=1\,024≈10^3$，所以$2^{58}=2^{60-2}=2^{60}÷2^2=\dfrac{1}{4}×(2^{10})^6≈\dfrac{1}{4}×10^{18}$秒。

这个数大约是百万万万万万秒的四分之一。我们知道，一年约有3 000万秒=$3×10^7$秒，将上面的时间单位换算成年就是：

$$(\dfrac{1}{4}×10^{18})÷(3×10^7)=\dfrac{1}{12}×10^{11}≈10^{10}\text{年}$$

令人震惊的结果出现了。上面的计算结果告诉我们：在不产生火焰和热量的情况下，燃烧尽1克木柴需要的时间大约是100亿年！

现在你应该可以明白，即使不点燃，木柴和煤在常温下也是可以燃烧的，取火工具的作用是把这个极其缓慢的燃烧过程加快了不知多少倍。

5. 一周天气组合

【题目】如果按照天上是否有云的标准来判断天气的好坏，或者说把天气分为晴天和阴天两种，那么出现不同天气变化的周数多不多呢？

其实并不多，因为晴天和阴天的各种组合只要有两个月就全部出现过了，两个月后，曾经出现过的组合中的某一种就会不可避免地反复出现。如果试着计算一下这些不同的组合到底有多少种，你就会惊讶地发现，这个计算过程中又要使用到乘方。

请计算一下一周之内阴天和晴天的变化会有多少种组合出现。

【解题】一周的第一天有两种可能：晴天或阴天，这是两种"组合"形式。那么前两天的天气变化就有四种：晴和晴、阴和晴、晴和阴、阴和阴。

如果是三天，那么第三天的两种组合就可以分别与前两天的每一种组合搭配在一起，使可能出现的天气变化为$2^2 \times 2=2^3$种。

同理，四天内的天气变化组合为$2^3 \times 2=2^4$种，五天内就会有2^5种，六天有2^6种，显然，一周会有$2^7=128$种。

既然一周内可能有128种天气变化的组合，那么$128 \times 7=896$天（即两年零166天）之内，这些组合中的一种一定会反复出现，只不过也许会早一些，但不会超过896天。超过这个期限，就难免会重复出现了。也就是说，两年内，或者说两年零166天之内，每周的天气变化都不一样。

6. 密码锁

【题目】在某机关内发现了很久前遗留下来的一个保险柜，尽管同时找到的还有保险柜的钥匙，但打开它还需要知道密码。

事实上，密码就在保险柜门的五个环上，每个环上都有36个字母，密码是用五个环里的字母排成的一个单词，但很遗憾没人知道正确的密码是哪些字母的组合。

所以打开保险柜的方法就只剩下两种：破坏柜子或者试着一个字母一个字母地把正确的字母组合对出来。

如果每对出一个字母组合需要3秒钟，那么是否有希望在最近的10个工作日内打开这个保险柜？

【解题】首先要计算一下保险柜门上的五个环一共可制造出多少种字母组合。

第一个环上的36个字母中的每一个都可以与第二个环上的36个字母中的每一个成为两个字母的组合，这些组合的总数为：

$$36 \times 36=36^2 \text{ 种}$$

第三个环上的36个字母中的每一个都可以与上述组合中的每一种组合搭配成为三个字母的组合，这些组合的总数为：

$$36^2 \times 36=36^3 \text{ 种}$$

显然，四个字母组合有36^4种，五个字母的组合有36^5种$=60\ 466\ 176$种。

现在来计算一下把所有的组合全部试一遍需要用的时间，已知每试一个组合需要的时间是3秒，那么总的时间就是：

$$3 \times 60\ 466\ 176 = 181\ 398\ 528 \text{ 秒}$$

这个时间约有50 000个小时。

每个工作日是8个小时，一共需要约有6300个工作日，差不多需要20年。

10个工作日内将柜子打开的概率是：$\dfrac{10}{6\ 300} = \dfrac{1}{630}$。

这充分说明，在10个工作日内将柜子打开的希望并不大。

7. "倒霉"的车号

【题目】在多年以前，自行车也像现在的汽车一样，是必须上牌照的，因此每辆自行车都有自己的车号，车号由六位数字组成。

有一个人买了一辆自行车，当然首先必须上牌照。这个人有点迷信，他听人家说，车号的六个数字里如果有8，那是非常不吉利的，因此他很担心遇上"倒霉"的8。

在去取牌照的路上，他自我安慰地想：车号无非是由0～9这10个数字组成的，10个里只有一个8是不吉利的数字，所以自己的车号遇到8的机会也只不过是十分之一罢了，概率小得很，不必那么担心。

但是，你觉得他的想法正确吗？

【解题】六位数的车牌号一共有多少个？从000001到999999，一共有999 999个。那么其中不包括8的车牌号有几个？我们先要计算出每个数位上都不能是8的六位数字的组合。

首先来看前两位，每一位上的数字都有可能是0、1、2、3、4、5、6、7、9这9个数字中的一个，因此前两位有 $9 \times 9 = 9^2 = 81$ 种数字组合。

前三位的话，第三位上可能出现的9个数字中的任意一个又可以和前两位的81种组合中的任何一种搭配成3个数字的组合，因此一共有 $9^2 \times 9 = 9^3$ 种组合。

显然，六位数的组合有 9^6 种。需要注意的是，这些组合中无疑包括了000000，而这样的数字组合是无法成为车号的，所以必须要将它去掉。

因此不包括8的"幸运车号"一共有 $9^6 - 1 = 531\ 446$ 个。

那么，这些"幸运车号"之外的"倒霉车号"的个数，是否像题目中那个人所想的那样，占总数的十分之一呢？经过简单的计算你就会发现，"幸运车号"只占53%多点，显然，"倒霉车号"的比例绝对不是十分之一。

如果车号是七位数字，"倒霉车号"一定会比"幸运车号"多，这个结论是怎样得出的呢？你不妨自己亲自动手证明一下。

8. 不断地累乘 2

我们都知道国际象棋的发明人向国王求赐麦粒的传奇故事，从而深刻地体会到了一个很小的数字不断用2累乘，其增大速度之快令人震惊，这里再为亲爱的读者讲一些不太熟知的例子。

【题目】1只草履虫经过27小时就会分裂成2只，假设如此分裂出来的草履虫都能存活，那么想使1只草履虫繁衍出的后代所占的体积与太阳的体积相同，需要多久？

提示一：如果每只草履虫分裂出的2只都能活下来，那么1只草履虫的第40代子孙加在一起，可占据1立方米的体积。

提示二：太阳的体积是10^{27}立方米。

【解题】解答本题的关键在于，计算出将1立方米用2乘几次才能得出10^{27}立方米。我们知道：

$$2^{10} \approx 1\,000$$

那么太阳的体积就可以写为：

$$10^{27}=(10^3)^9 \approx (2^{10})^9 = 2^{90} \text{立方米}$$

显然，将1立方米用2累乘90次可以得出10^{27}立方米，这也就意味着，1只草履虫的第40代子孙要再经过90次分裂，或者说，从第一代草履虫开始计算，要经过40+90=130次分裂，其所占体积才会与太阳体积相等。

根据题目可知，1只草履虫经过27小时就会分裂成2只，那么可以计算出，第130次分裂是在第147天。

一位微生物学家曾观察到了1只草履虫的第8 061次分裂，这并非杜撰。我希望你能来计算一下，假如这只草履虫的后代全部存活，那么这第8 061代会占多大的体积呢？

将思路转回这道题本身，我们觉得还可以把它反过来进行提问：假如把太阳平分成两半，然后再把这两半分别平分成两半，依此类推，那么要分多少次才能使每一个部分的体积都和草履虫一样大？

是的，无论正着问还是反着问，答案都是一样的：130次。但当你意识到把太阳分裂130次就可以使它碎成每一粒只有草履虫大的渣渣时，你还是会觉得过于离奇。

再来提一个与此类似的问题：将一张纸对半撕开，然后把两个半张分别对半撕开，依此类推，要对半分开几次，才能使得到的每一部分纸片都像原子一样大呢？

我们假设每张纸重1克，原子的重量是 $\frac{1}{10^{24}}$ 克。由于 $2^{10} \approx 10^3$，所以 $10^{24} \approx 2^{80}$。显然，想把一张纸在不断地对折分开后，使每一块碎片都只有原子的体积那么大，所需要的次数是80次，这与人们所估计的几百万次是截然不同的。

9. 计数"神器"

有一种电子装置叫作触发器，尽管它有两个电子管，但触发器中的电流只能通过其中的一个——左边或者右边。触发器有四个接触点，其中两个的作用是从外部输入短暂的电信号（脉冲），另外两个的作用是从触发器输出回答脉冲。

触发器是如何工作的呢？当外部输入的脉冲抵达时，会使触发器瞬间翻转，导通的电子管发生闭锁，电流开始通过另一个电子管。当右边的电子管闭锁，左边的电子管导通时，触发器就会输出回答脉冲。

如果连续输入多个脉冲信号，触发器的工作过程又是怎样的呢？我们以右边电子管的工作状态为参考，当电流不通过右边电子管时，我们视触发器状态为"0"，当电流通过右边电子管时，我们视触发器状态为"1"。

以图1为例，假设电流首先通过左边的电子管，那么触发器就处于状态0。第一个脉冲抵达左边电子管时，触发器瞬间反转为状态1，左边的电子管闭锁，电流开始通过右边的电子管。但此时，触发器是不输出回答脉冲的，因为此时发生闭锁的是左边的电子管，而只有当右边的电子管闭锁时才能输出。

紧接着，第二个脉冲到达左边的电子管，这时触发器再次发生翻转，重新变回状态0，但此时触发器输出了回答脉冲，这是因为触发器在第二个脉冲到达后回到了初始状态。

所以接下来的工作程序就很清楚了。当第三个脉冲到达后，像第一个
脉冲到达后一样，触发器处于状态1；而第四个脉冲到达后，像第二个脉
冲到达后一样，触发器回归状态0，并输出回答脉冲……如此不断循环，
触发器的状态在每两个脉冲到达之后重复一次。

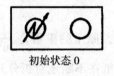

初始状态 0

第一个脉冲后 1 状态

第二个脉冲后 0 状态
同时输出回答脉冲

图1 脉冲信号的传递

现在，假设我们有不止一个触发器，比如图2中有多个触发器从右向
左依次连接。输入的脉冲信号进入第一个触发器后，第一个触发器输出的
回答脉冲作用到第二个触发器上，第二个触发器输出的回答脉冲作用到第
三个触发器上……那么这一串触发器是如何工作的呢？

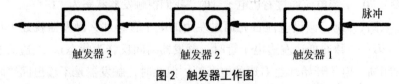

触发器 3　　　　　触发器 2　　　　　触发器 1
图2 触发器工作图

我们首先假设所有的触发器都处于状态0，而触发器的总数是5个。初
始时，触发器的状态组合就是00000。

第一个脉冲到达后，第一个触发器，也就是最右边的那个，瞬间变为
状态1，而此时并未发出回答脉冲，所以其他的触发器仍处于状态0，这时
5个触发器的状态组合是00001。

第二个脉冲到达后，第一个触发器变回状态0，同时发出了回答脉冲，于是第二个触发器被接通，变为状态1，此时其他触发器仍是状态0，这时5个触发器的状态组合是00010。

第三个脉冲到达后，第一个触发器再次变为状态1，其他触发器没有变化，此时5个触发器的状态组合是00011。

第四个脉冲到达后，第一个触发器又回归状态0并发出回答脉冲，第二个触发器也变回状态0，同时它发出的回答脉冲使第三个触发器被接通，变为状态1，此时5个触发器的状态组合为00100。

……就这样不断推断下去，会得到如下的结果：

第一个脉冲	状态组合 00001
第二个脉冲	状态组合 00010
第三个脉冲	状态组合 00011
第四个脉冲	状态组合 00100
第五个脉冲	状态组合 00101
第六个脉冲	状态组合 00110
第七个脉冲	状态组合 00111
第八个脉冲	状态组合 01000

…… ……

这时我们就会发现，这一串触发器不仅数出了外来信号的数量，还用自己独特的方式将它们记录了下来。但是，怎样看懂它们的记录？只需要换个思路就可以了。我们惯用的计数法为十进制，而它们的记录所用的计数法却是二进制。因此用二进制计数法来分析这些组合，就能得到想要的答案。

二进制计数法用数字0和1来表示所有的数，每个数位上的1都是前一数位上的1的2倍——在十进制计数法中这个倍数是10，因此二进制中，末尾数位上的1表达的是它本身，也就是我们通常意义上的1，倒数第二位上的1相当于十进制的2，倒数第三位上的1相当于十进制的4，再前面的一位相当于8，接下来是同样的规律。

举例来说，19=16+2+1使用二进制计数法来表示就是10011。

这一串触发器使用二进制的计数法，就像我们所分析的那样，数出了输入信号的数目，并将它们记录了下来。需要指出的是，这个记录速度非常快，触发器工作的每一次状态都会被记录一个输入脉冲，而它的持续时间只是一亿分之几秒。人凭肉眼识别的最快速度是识别出每隔0.1秒出现一次的信号，而现代触发器的计数速度却是最快的人眼识别速度的100万倍，它每秒钟"计算"出来的脉冲可以达到1 000万个以上！

我们可以将思路再放开一点，假设这一连串的触发器足有20个，可以记录下多少个输入的脉冲呢？可见，需要记录的输入脉冲的数量并未超过二进制的二十位，它能够记录下的总数是（$2^{20}-1$）个。这个数到底有多大？它比100万还要大！如果连在一起的触发器有64个呢？用它们来记录著名的"象棋数字"是再好不过的了！

计数的速度高达每秒钟数百万个信号，没有什么比这更适合应用于核物理的实验研究。比如原子裂变时释放出来的各种粒子的数目等种种庞大数目的计数，有了这种"神器"便不在话下了。

10. 运算与速度

触发器的模式不仅可以用来计数，它还能帮助我们进行数的运算。

我们先从简单的算起，来看看它是怎样把两个数加在一起的。

像图3那样，把触发器排成3排，第一排的任务是记录被加数，第二排的任务是记录加数，第三排的任务是记录两数之和。接通电流，第一、第二排中处于状态1的触发器分别向第三排的触发器输出了电脉冲。

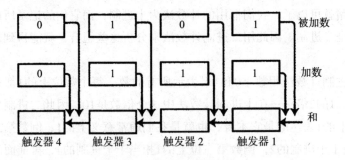

图3　复杂连接的触发器

正如你在图3中看到的，第一排的触发器记录了被加数101，第二排的触发器记录了加数111（二进制）。第三排的触发器1接收到了两个脉冲，这两个脉冲分别来自于第一排（被加数）和第二排（加数）对应的两个触发器。

触发器1虽然得到了两个脉冲，它依然处于状态0，但同时，它向触发器2发出了一个回答脉冲。

触发器2也得到了两个脉冲，一个来自于触发器1，另一个来自于第二排对应的触发器，因此触发器2也处于状态0，并向触发器3发出了一个回答脉冲。

触发器3得到来自于触发器2的一个回答脉冲的同时，还从第一排和第二排对应的触发器那里各得到一个脉冲，它得到的脉冲信号数是三个，因此触发器3处于状态1，并且发出了一个回答脉冲给触发器4。

有了触发器3发出的回答脉冲，触发器4得到了一个脉冲，并且只有这一个，前面两排对应的触发器并没有向它发送信号，因此触发器4处于状态1。

图3中的三排触发器就这样完成了两个数相加的竖式运算过程（二进制计数法）：

$$\begin{array}{r} 101 \\ + 111 \\ \hline 1\,100 \end{array}$$

如果用十进制来表示，这个算式就是：5+7=12。第三排触发器输出的回答脉冲，就像我们用竖式做加法时进位一样，把1"记忆"下来并进到了前面的数位上。

假如每一排有20个触发器，就可以计算百万以内的加法运算了。再多些，加法运算的数就更大些。

图3看起来简单易懂，但用来完成加法运算的装置实际上要比这复杂。比如实际使用时，必须加上信号延迟装置。如果没有这个装置，就像图3中那样，当电流接通的瞬间，第一排和第二排上的触发器分别发出的两个脉冲同时到达第三排的触发器1，两个脉冲汇合后成为一个脉冲，这就会使触发器收到的脉冲变成了一个而不是两个。加装延迟装置就是为了使两个脉冲中的一个稍晚些到达。但安装延迟装置后，加法运算的速度就会比由一个触发器单独记下一个脉冲的速度慢些。

触发器并非只能做加法运算，如果我们改变一下模式，那么减法、乘法（乘法其实就是累加，它所需要的时间会是加法的几倍）甚至是除法以及其他运算都是可以进行的。

事实上，现代的计算机已经使用了我们所提到的触发器装置，因此每秒钟进行几万甚至几十万次的运算对于计算机来说完全不是问题，甚至随着科技的不断进步，未来的计算机可以实现每秒钟运算几百万次！这种速度看起来令人眩晕，也许你会觉得没有什么意义，你或许会想，用四分之一秒算出一个15位数的平方，和用几万分之一秒算出它的结果，这之间似乎没有什么太大的区别，因为这两个时间对于我们来说，都是极小的瞬间。

但我不得不说，你的这种想法太片面了。让我们来举一个通俗易懂的例子。比如一位水平高超的棋手，他在下棋的时候，每走一步都要在心里衡量出几十种甚至几百种方案，假如他每思考一种方案只需要几秒钟的时间，那么几百种方案全部想一遍也要几分钟甚至几十分钟。我们在一些重大的比赛中，常看到一些棋手在后期感觉时间不足，其原因在于前面走的几步，每一步都耗费了太长时间，以至于规定的时间早早被用完了，最后难免虎头蛇尾。但如果这个思考的过程由计算机来完成会比人脑思考节省多少时间呢？计算机每秒钟能计算几千次，把全部的方案都考虑一遍，也不过是一瞬间的事，比眨眼的速度还要快，永远都不会陷入时间不足的窘境。

也许你会觉得，即使是最复杂的计算，与下棋也是两码事儿。计算机是用来计算的，不是用来下棋的！棋手思考下棋的方案也不是在做计算题，人家是在思考！对于这个观点，我们暂时不必争论，下面我们会专门对这个问题进行分析。

11. 棋局

在象棋的棋盘上可能出现多少种不同的棋局呢？精确计算的难度大到不可想象。我们最好进行一个大概的计算，以求得到一个近似值。比利时数学家克赖奇克著有《游戏的数学和数学的游戏》一书，书中就进行了这样的计算。

第一步，如果你会下象棋，应该知道白色的棋子有20种走法，其中8个卒各有2种走法，2个马各有2种走法。同理，与之相对应的黑色的棋子也有20种走法。因此，下棋的双方各走一步的话，就可能出现20×20=400种不同的棋局。

接下来的走法开始越来越多。打个比方说，比如白色的棋子走出第一步 $e2-e4$，第二步就有29种走法，以后更多。拿王后这个棋子为例，假设

它占的格子是 $d5$，而所有的出路都是空格，那么它就可能有27种走法。为了使计算更简便些，我们来取一个平均数——前5步双方各有20种走法，后面每一步都各有30种走法。

现在我们假设双方完成一局棋每人各走了40步，在这个过程中可能出现的棋局数目就是：$(20 \times 20)^5 \times (30 \times 30)^{35}$。

这个算式的近似值是：$20^{10} \times 30^{70} = 2^{10} \times 8^{17} \times 10^{80}$。

我们知道，$2^{10} \approx 10^3$，

$$3^{70} = 3^{68} \times 3^2 \approx 10(3^4)^{17} \approx 10 \times 80^{17} = 10 \times 8^{17} \times 10^{17} = 2^{51} \times 10^{18}$$
$$= 2(2^{10})^5 \times 10^{18} \approx 2 \times 10^{15} \times 10^{18} = 2 \times 10^{33}$$

结果为：$(20 \times 20)^5 \times (30 \times 30)^{36} \approx 10^3 \times 2 \times 10^{33} \times 10^{80} = 2 \times 10^{116}$

这个结果可比传说中印度国王赏赐给象棋发明者的麦粒数目（$2^{64} - 1 \approx 18 \times 10^{18}$）多太多了。按照这个棋局数，如果地球上所有的人都昼夜不停地下棋，并且每秒钟就走一步，要想玩遍所有棋局也得至少下 10^{100} 个世纪才行。

12. 自动下棋的机器

不知你是否听说过一种自动下棋的机器，这的确是一种令人惊奇的东西。棋盘上可能出现的棋局不计其数，却居然有这种机器被发明出来！

不过真相其实并不复杂。

以前根本没有能够真正自动下棋的机器，但人们总是坚信并期待它的出现，所以那时候以自动下棋机器的形象被发明出来的机器并不少，其中匈牙利的机械师沃里弗兰克·冯·坎别林（1734—1804）发明的那一台名气最大——它曾进入奥地利和俄罗斯的宫廷里供国王消遣，也曾公开在巴黎和伦敦举办过展览，连拿破仑都曾与之一决高下。遗憾的是，19世纪中期，这位"大明星"来到了美国费城，在一场事故中葬身火海。

除此而外，其他的自动下棋机就没有这么大的名气了，但这丝毫不影响人们对这种有自动运算功能的机器的钟爱，并始终坚信不疑。

所有的这些号称能自动下棋的机器其实都是骗局，那时候的任何一台机器都不能自动运算。

就拿我们刚刚提到的名气最大的那台来说，它不过是一个大箱子，里

面塞满了复杂的机械装置，箱子上有棋盘和棋子，棋子靠一个木偶的手移动。在正式开始下棋之前，它的发明者总会向别人展示一下箱子内部那些复杂的机器零件，但事实上在整个下棋的过程中，它们唯一的作用，就是在展示内部结构的环节，掩护藏在箱子里的人！是的，这些看似复杂的零件的下面有一个空间足够容纳一个身材瘦小的人！大名鼎鼎的棋手约翰·阿尔盖勒和威廉·刘易斯都曾藏身于此，在零件的掩护下悄悄操纵过木偶。

我们因此得出了一个结论，那就是棋盘上可能出现的棋局不计其数，自动选择最佳走法的机器不过是那些容易被骗的人的想象罢了，担心机器战胜人无异于杞人忧天。

但这个结论只能针对"以前"，因为近年来出现的一些事物足以让这个结论被推翻——会自动"下棋"的机器事实上已经出现了！我们提到的能用一秒钟的时间完成成千上万次运算的计算机就是这样的机器。那么计算机是如何"下棋"的呢？

我们必须承认，计算机只会进行数的运算，根本不会下棋，但它的运算是按照一定的步骤——也就是事先编好的程序来进行的。数学家依据特定的下棋战术为计算机编写了下棋的程序，这套程序能为棋盘上的每一个落子点在某个战术中选择最恰当的走棋方案。比如下面的战术中，每个棋子都被编写了特定的分值。

国王·············· +200分　　卒·················· +1分

皇后·············· +9分　　落后卒·············· −0.5分

车················ +5分　　被困卒·············· −0.5分

象················ +3分　　并卒················ −0.5分

马················ +3分

此外，为计算机编写的下棋程序还可以根据一定的方法来判定棋子位置的优劣，这一部分的分值不会高于1分。在某种程度上来讲，从白棋的总分值与黑棋的总分值之差可以明显看出双方阵容的优劣，如果差数为正，则白棋胜算更大，如果差数为负，则更有可能获胜的是黑棋。

计算机会利用自己所擅长的计算来判断怎样在三步之内使这个差数最大，它从所有可能的组合中选出一个最佳的方案，打印在专门的卡片上，生成"一步棋"[1]。这个过程所用的时间的长短，与所用的下棋程序的种类和计算机的速度都有关系。但显而易见，计算机所用的时间在我们看来都是极少的，根本不必担心时间是否够用。

必须强调的是，只能从三步之内择优的机器其实只相当于水平极低的棋手[2]。高手对弈时，甚至要提前预计出十步甚至更多步才可以应付。但我们又必须承认这一切都不是问题，因为计算机的技术必将不断完善，其"下棋"的本领也必将不断提高。

为了使读者感觉到轻松阅读的乐趣，我觉得不必介绍太多关于计算机编程的复杂问题，因此下一章我们会简单介绍几个易懂的计算机程序。

13. 三个 2

如果有这样一个问题：用三个同样的数字怎样摆出最大的数？或许大家都知道答案应该是：9^{9^9}。

这种摆出三层"9"的摆法是9的第三级"超乘方"。

这个数有多大？事实上没有任何事物可以拿来让我们举例说明这个数到底大到什么程度，就算把宇宙间的电子数拿来与之相比都是天壤之别。在我的那本《趣味算术学》中曾对这一点有过分析，这里重新提到它，只是为了引出我所要说的另外一个题目。

【题目】不使用数学运算符，用三个2表示出最大的数。

【解题】我用"三个9"的例子引出这道题，也许会误导你认为本题的答案是摆出三层"2"，从而将它写成：2^{2^2}。

很遗憾要让你失望了。如果你计算一下就会知道，这个数并不大，它的结果只是2^4，或者说只是16而已，这甚至比222都少太多了。

这道题的真实答案，也就是由三个2能写出的最大的数，既不是222，也不是22^2（即484），而是：$2^{22}=4\,194\,304$。

你也许会问，既然"三个9"的例子会明显地起到误导作用，为什么

---

[1] 并非所有的下棋程序都如此，比如有些计算机在计算时并不考虑对手可能出现的所有走法，而是只考虑其关键步，比如将军、吃子、进攻、防守等，也有的计算机在对手出招比较高明的时候，会提前许多步计算出最佳的方案，而不是三步。甚至有的计算机用其他单位表示棋子的分值，不同的战术风格导致计算机的程序的风格也不尽相同。

[2] 高手对弈时，往往能预先考虑出十步或十步以上。

还要用它引出这道题呢？其实它的意义正在于此。

被误导的经历使我们明白，数学是一门严谨的学科，使用类推法来解数学题是十分危险的做法，很容易使我们的计算"误入歧途"，从而得到错误的答案。

14. 三个3

我相信在解答这道题时，你会更谨慎一些。

【题目】不使用数学运算符号，用三个3表示出的最大的数。

【解题】同样的，这道题中像"三个9"那样摆出三层"3"是不行的，因为：$3^{3^3}=3^{27}$，由于3^{27}比3^{33}要小，所以本题正确的答案应该是：3^{33}。

15. 三个4

【题目】不使用数学运算符号，用三个4表示出的最大的数。

【解题】经历过前面两道题之后，也许会有人在无意间重新犯了使用类推法的错误，以为正确的答案会是：4^{44}。

但这一次却是不对的，因为本题的正确答案是：4^{4^4}。

你也许会吃惊，为什么这一次摆成三层就正确了呢？很简单：

$$4^4=256, \quad 4^{256}>4^{44}$$

因此4^{44}不是本题的答案。

16. 三个相同的数

同样是用三个相同的数摆出最大的数，为什么有时候摆三层就是对的，有时候摆三层却是错的呢？这让有些读者感觉迷惑不解了，因此我们有必要来分析一下这个现象。

【题目】不使用数学运算符号，用三个相同的数表示出最大的数。

【解题】我们用表示题目中所提到的已知数，那么两层摆法的2^{22}、3^{33}、4^{44}这样的数就相当于这样的形式：a^{10a+a}。

也可以写成：a^{11a}。

三层摆法就可以写成：a^{a^a}。

那么在什么情况下用两层的摆法能得到最大数，什么时候用三层的摆法能得到最大数呢？

其实无论是两层的摆法还是三层的摆法，都是用来表示乘方。我们知道，在同一底数的情况下，指数越大，数值也就越大。

什么情况下三层摆法得到的数值最大呢？很显然，a的值必须满足不等式：$a^a > 11a$。

我们来计算一下，将不等式两端同时除以a，可以得到：$a^{a-1} > 11$。

这就很容易看出答案了。当a的值小于或等于3时，这个不等式都是成立的，但当a的值大于3时，这个不等式就不能成立了。

比如当$a=4$时，$4^{4-1} > 11$。而当$a=3$或2时，$3^2 < 11$，$2^1 < 11$。

计算到这里，相信读者们心中因为前面的几道题所产生的迷惑已经解开了。是的，当题目中所提到的三个同样的数是2或者3时，与这三个同样的数是4或者更大的数时，所用的摆法是不同的。

17. 四个1

【题目】不使用数学运算符号，用四个1表示出最大的数。

【解题】乍一看这道题，我们会下意识地想到1 111，但这并不是符合本题要求的答案，因为正确的答案要比它大上很多倍，那就是：11^{11}。

让我们计算出这个数值，恐怕极少有人有耐心计算到底，不过通过查对数表的方式可以快速得到它的近似值。

你也许会不敢相信，这个数比2 850亿还要大！它是我们所原以为的那个1 111的25 000多万倍！

18. 四个2

【题目】我们有必要做进一步的讨论，比如研究一下四个2的问题，这有助于我们将这一类的问题不断拓展开来。

现在的题目是：不使用数学运算符号，用四个2表示出最大的数。

【解题】根据本题的要求，可能成为正确答案的摆法有下面8种：

$$2\,222 \qquad 222^2 \qquad 22^{22} \qquad 2^{222}$$
$$22^{2^2} \qquad 2^{22^2} \qquad 2^{2^{22}} \qquad 2^{2^{2^2}}$$

我们要做的是，找出其中最大的一个。

让我们从第一行开始判断，这一行的四个数都是两层的摆法。

很显然，$2\,222$ 是最小的，可以淘汰了。

22^{22} 可以做一下变形：$22^{22}=22^{2\times 11}=(22^2)^{11}=484^{11}$。

484^{11} 与 222^2 相比，无论是底数还是指数都要大得多，222^2 也被淘汰了。

接下来我们将 22^{22} 与 2^{222} 来进行一下比较。在这之前，我们先用一个比 22^{22} 大的数来代替它参与对比，那就是 32^{22}。

$$32^{22}=(2^5)^{22}=2^{110}$$

很显然：$2^{110}<2^{222}$，也就是说：$32^{22}<2^{222}$。

32^{22} 比 2^{222} 小，那么比它小的 22^{22} 就比 2^{222} 小得更多了，因此 22^{22} 也被淘汰了。

可见，第一行最大的数是 2^{222}。接下来我们要将它与第二行的四个数放在一起，选出最大的一个：2^{222}、22^{2^2}、2^{22^2}、$2^{2^{22}}$、$2^{2^{2^2}}$。

首先可以淘汰的是 $2^{2^{2^2}}$，因为它的值不过是 2^{16}，显然是其中最小的。

22^{2^2} 相当于 22^4，它比 32^4（即 2^{20}）小，在余下的数中无疑是最小的，因此也被淘汰了。

现在还剩下三个数：2^{222}、2^{22^2}、$2^{2^{22}}$。

这三个数的底数相等，因此指数最大的一个就是最大的数。它们的指数分别是：222；22^2（即 484）；2^{22}（即 $2^{10\times 2+2}=2^{10\times 2}\times 2^2 \approx 10^6\times 4$）。

答案已经很明确了，$2^{2^{22}}$ 是用四个 2 可以表示出的最大的数。

但这个数到底有多大呢？这一次不需要查对数表，利用我们所熟知的 $2^{10}\approx 10^3$ 就可以求出它的近似值。

$$2^{22}=2^{20}\times 2^2 \approx 4\times 10^6, \quad 2^{2^{22}} \approx 2^{4\,000\,000}>10^{1\,200\,000}$$

这样看起来就很直观了，$2^{2^{22}}$ 的值是一百万位以上的数字。

第二章

代数语言

1. 巧列方程

方程是代数的语言。在《普遍的算术》一书中，牛顿是这样说的：
"对于含有数量间抽象关系的问题，将其由普通的语言变为代数的语言就
可以得出答案。"那么如何将普通的语言变为代数的语言呢？牛顿用一些
例子进行了说明，下面我们来看表1：

表1

普通语言	代数语言
某人有一笔钱	x
第一年花了 100 镑	$x-100$
赚到了剩余部分的三分之一	$(x-100)+\dfrac{x-100}{3}=\dfrac{4x-400}{3}$
第二年又花了 100 镑	$\dfrac{4x-400}{3}-100=\dfrac{4x-700}{3}$
又赚到了剩余部分的三分之一	$\dfrac{4x-700}{3}+\dfrac{4x-700}{9}=\dfrac{16x-2\,800}{9}$
第三年还是花了 100 镑	$\dfrac{16x-2\,800}{9}-100=\dfrac{16x-3\,700}{9}$
还是赚到了剩余部分的三分之一	$\dfrac{16x-3\,700}{9}+\dfrac{16x-3\,700}{27}=\dfrac{64x-14\,800}{27}$
他的钱数是最初那笔钱的两倍了	$\dfrac{64x-14\,800}{27}=2x$

这只是一个一元一次方程，解方程就可以知道这个人原来的那笔钱是
多少。

事实上解方程并不难，真正有难度的是根据已知的条件列方程。现在
我们已经知道，列方程的窍门就是学会把普通语言变成代数语言。不过，
并非我们日常生活中的每句话都能变成代数语言。代数语言过于简洁，转
换的过程中难免会遇到各种不同的困难，这在我们下面所列举的一次方程
中可以有深刻的体会。

2. 刁藩都生平

【题目】有关著名的古代数学家刁藩都生平的记录很少，目前我们所知道的一切信息都来自于他的墓碑，刁藩都墓碑上的题词完全可以变成一道数学题。用代数的语言来描述，他的墓碑上的碑文是这样的，如表2所示：

表2

普通语言	代数语言
过路的人啊！这里埋葬的是刁藩都，你可以从下面的描述中知道他的寿命是多少。	x
他的童年是他整个生命的六分之一。	$\dfrac{x}{6}$
再过了他生命的十二分之一的时间之后，他成为一个长出胡须的年轻人。	$\dfrac{x}{12}$
他结婚了，但在长达相当于他生命的七分之一的时间里，他都没有孩子。	$\dfrac{x}{7}$
又过了五年，他迎来了自己的孩子，成为一个幸福的父亲。	5
但这个孩子的命运是不幸的，他那美好的灿烂的一生极其短暂，只不过是他父亲生命的一半而已。	$\dfrac{x}{2}$
失去儿子的刁藩都陷入了巨大的悲痛之中，仅仅过了四年，他便撒手人寰。	$x = \dfrac{x}{6} + \dfrac{x}{12} + \dfrac{x}{7} + 5 + \dfrac{x}{2} + 4$
你知道刁藩都活了多少岁吗？	

【解题】解出 $x = \dfrac{x}{6} + \dfrac{x}{12} + \dfrac{x}{7} + 5 + \dfrac{x}{2} + 4$ 这个方程的答案并不难，经过一番计算，我们很快得到了这样的信息：刁藩都，21岁结婚，38岁有了自己的孩子，80岁老年丧子，84岁去世。

3. 马与骡子的负重

【题目】这是一个古老的题目，难度并不大，从普通语言变为代数语言很容易。题目是这样的：

马和骡子都驮着很重的行李，它们并排向前走。马抱怨道："我背的东西太重了！"骡子责怪它说："你有什么可抱怨的？如果从你的背上拿一袋放在我背上，我的负重就是你的两倍了！如果从我背上拿一袋放在你的背上，你的负重才与我一样多！"

聪明的读者们，读完这个故事，你猜到马和骡子的背上各驮了几袋行李吗？

【解题】假设马的负重为x，骡子的负重为y，将本题中的普通语言变为代数语言是这样的，见表3：

表 3

普通语言	代数语言
从你的背上拿一袋放在我背上	$x-1$
我的负重	$y+1$
就是你的两倍了	$y+1=2(x-1)$
从我背上拿一袋放在你的背上	$y-1$
你的负重	$x+1$
才与我一样多	$y-1=x+1$

我们可以把这道题列为含有两个未知数的方程组：

$$\begin{cases} y+1=2(x-1) \\ y-1=x+1 \end{cases} \quad 即：\begin{cases} 2x-y=3 \\ y-x=2 \end{cases}$$

解这个方程组，我们可以得到：$x=5$，$y=7$。

可见，马背上驮了5袋行李，骡子背上驮了7袋行李。

4. 四兄弟的积蓄

【题目】四个亲兄弟一共攒了45卢布。如果老大多攒2卢布，老二花掉2卢布，老三的存款达到原来的2倍，老四用掉积蓄的一半，四兄弟攒下的钱数就一样多了。

你知道这四兄弟每人攒了多少钱吗？

【解题】假设老大、老二、老三、老四的积蓄分别为x、y、z、t，将本题中的普通语言变为代数语言是这样的，见表4：

表4

普通语言	代数语言
四个亲兄弟一共攒了45卢布	$x+y+z+t=45$
如果老大多攒2卢布	$x+2$
老二花掉2卢布	$y-2$
老三的存款达到原来的2倍	$2z$
老四用掉积蓄的一半	$\dfrac{t}{2}$
四兄弟攒下的钱数就一样多了	$x+2=y-2=2z=\dfrac{t}{2}$

将 $x+2=y-2=2z=\dfrac{t}{2}$ 分成三个方程式：

$$x+2=y-2 \qquad x+2=2z \qquad x+2=\dfrac{t}{2}$$

分别计算后可以得到如下数值：

$$y=x+4 \qquad z=\dfrac{x+2}{2} \qquad t=2x+4$$

将它们带入方程 $x+y+z+t=45$，可得：$x=8$。

接下来另外的几个未知数也会比较快地被解出：

$$y=12，z=5，t=20$$

现在我们知道，老大攒了8卢布，老二攒了12卢布，老三攒了5卢布，老四攒了20卢布。

5. 鱼出现的位置

【题目】这道题来自11世纪阿拉伯的一位数学家：

两棵棕榈树生长在河的两岸，隔岸相望。它们的高度分别是30肘尺和20肘尺[1]，树根之间的距离是50肘尺。两只鹰分别落在两棵树的树顶，

图4 鹰抓鱼

---

[1] 肘尺是古代的一种长度测量单位，指从肘节到中指指尖的长度，1肘尺约等于43至56厘米。

它们同时发现两树之间的河面上出现了一条鱼（A处），便立刻向着那条鱼俯冲下去，并同时捕获了它。

你知道这条鱼出现的地方离那棵比较高的棕榈树的树根有多远吗？

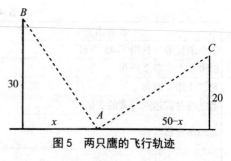

图5　两只鹰的飞行轨迹

【解题】图5比较直观地绘出了题目中的场景，我们可以根据勾股定理得到如下算式：

$$\overline{AB}^2 = 30^2 + x^2$$
$$\overline{AC}^2 = 20^2 + (50 - x)^2$$

两只鹰同时发现了那条鱼，同时俯冲下去，并同时捕获了它，这说明它们分别由B点和C点飞到A点所用的时间是相同的，可见 $AB = AC$。列方程式：$30^2 + x^2 = 20^2 + (50 - x)^2$。

解方程可得：$x = 20$。

也就是说，鱼出现的位置距离高度为30肘尺的那棵棕榈树的树根有20肘尺远。

6. 散步

【题目】一位老医生邀请他的朋友来家里做客，他的朋友说："好的，我会在明天三点钟的时候从家里出发，不如你也出来走走吧，像我一样，也在三点钟出门，我们路上见怎么样？然后一起去您家里。"

老医生说："你忘记了我是个老头儿吗？我可没有本事用一小时的时间走3千米。而你正是壮年，就算慢慢走，一小时也能走4千米，还是让我少走点儿路吧。"

朋友做出了让步："好吧，既然我一小时能比你多走1千米，那么我就把这个时间让出来。你还是三点钟准时出门，而我比你早走一刻钟，这样可以吗？"

"好的，谢谢你能体谅我这个老人家。"老医生答应了。

年轻的朋友说到做到。第二天，他差一刻钟三点从家里出发，以4000

米/小时的速度向老医生家走去。老医生呢？他三点钟离开家门，以3000米/小时的速度向朋友家的方向走，显然，他们在路上相遇了，老医生和他的年轻朋友一起返回家中。

年轻人原以为自己早走一刻钟，可以使年迈的老医生只走自己一半的路。但直到走完全程他才发现，原来大方地让出这一刻钟所导致的后果，居然使自己走的路是老医生的4倍！

你知道两家距离多远吗？

【解题】我们假设两人的家距离x千米，那么根据题意，年轻人走的总路程是$2x$，老医生走的总路程是年轻人的$\frac{1}{4}$，即$\frac{x}{2}$。

当二人在中途相遇时，老医生走了他的总路程的$\frac{1}{2}$，也就是$\frac{x}{4}$，而年轻人已经走过的路程比两家之间的距离少$\frac{x}{4}$，也就是$\frac{3x}{4}$。

根据二人的速度，可知在这个过程中，老医生用的时间是$\frac{x}{12}$小时，年轻人用的时间是$\frac{3x}{16}$小时。

最后，由于年轻人比老医生多走了一刻钟，也就是$\frac{1}{4}$小时，所以我们得到了方程式：$\frac{3x}{16}-\frac{x}{12}=\frac{1}{4}$。

解方程可得：$x=2.4$，可见两家之间的距离是2.4千米。

7. 农夫割草

【题目】著名的物理学家辛格尔曾提到了大作家列夫·托尔斯泰非常感兴趣的一道数学题：

一群农夫想要把两块草地上的草割光，这两块草地一大一小，大块草地的面积是小块草地的2倍。农夫们先是一起在大块草地上割了半天，然后改变了策

图6 割草的农夫

略。他们平均分成两队，一队继续割大草地上剩余的草，另一队到小草地上劳作。天黑时，大草地上的草恰好割完了，而小草地上还剩下一小片儿没干完。第二天，一个农夫用了一整天的时间，把小草地上剩余的草割完了。

你知道这群农夫一共有几个人吗？

【解题】假设农夫的总人数是 x，为了方便运算，我们多设一个未知数，假设平均每个农夫每天割草的面积是 y。

我们先来看大块的草地。先是由全部的人割了半天，这半天完成的草地面积是：$x \times \dfrac{1}{2} \times y = \dfrac{xy}{2}$。

然后由一半的人（$\dfrac{x}{2}$ 人）又工作了半天，恰好割完，后面这半天完成的草地面积是：$\dfrac{x}{2} \times \dfrac{1}{2} \times y = \dfrac{xy}{4}$。

因此大块草地的总面积就应该是 $\dfrac{xy}{2} + \dfrac{xy}{4} = \dfrac{3xy}{4}$。

接下来我们看小块的草地。第一天，由一半的农夫割了半天，这半天完成的草地面积是：$\dfrac{x}{2} \times \dfrac{1}{2} \times y = \dfrac{xy}{4}$。

第二天，剩余的部分由一位农夫割了整整一天。由于我们所设的未知数 y 就是每个农夫每天的工作量，因此剩余这块地的面积恰好是 y，小块草地的总面积就应该是：$\dfrac{xy}{4} + y = \dfrac{xy + 4y}{4}$。

最后我们要做的是把"大块草地的面积是小块草地面积的2倍"这句话变为代数语言，很简单：$\dfrac{3xy}{4} \div \dfrac{xy + 4y}{4} = 2$，即 $\dfrac{3xy}{xy + 4y} = 2$。

将分子与分母同时除以 y，我们多设的未知数 y 就消失了，而原方程则变成了：$\dfrac{3x}{x + 4} = 2$，即 $3x = 2x + 8$。

解方程可得：$x = 8$。

因此农夫的总人数是8人。

在我的这本《趣味代数学》第一版出版后，A.B.齐格教授曾给我写了一封信，并提到了这道数学题。他认为这只不过是一道非常简单的算术题，根本算不上代数题，但由于它的出题方式一改以往刻板的数学题出题法，因此会让人觉得非常有难度。

他在信中给我讲了这道题的来历。他说：当年，我的父亲与我的舅舅伊·拉耶夫斯基同在莫斯科大学数学系就读。为了学习一门类似于教学法的课程，他们必须去市立民众中学进行学习。在那里，他们得以与经验丰富的中学教师们共同探讨教学法。

他们的一位名叫彼得罗夫的同学对学习有着很高的天赋，对任何事都有着独特的见解。不过很遗憾，听说好像是因为肺痨的原因，他很早就过世了。当时，这位彼得罗夫认为学生们在算术课上做的习题无论是出题方法还是解题方法都太模式化了，这对学生们并没有什么好处。为此，他特意发明了一套"灵活"的数学题，没想到，这些题让那些经验丰富的中学教师大伤脑筋，反而是头脑还没有被彻底僵化的孩子们毫不费力地解出了答案。

我们这里提到的这道计算农夫人数的数学题就是彼得罗夫发明的那套"灵活"数学题其中的一个，经验丰富的教师们自然能用方程法解出答案，但他们忽略了更简单的算术解法。实际上这道题完全没必要使用方程。

大块的草地先由全部农夫割了半天，又由一半农夫割了半天就割完了，可见一半农夫半天割的草地面积是大草地面积的 $\frac{1}{3}$，那么小块草地割了半天之后，剩下的面积就是：$\frac{1}{2}-\frac{1}{3}=\frac{1}{6}$。

这也是一个农夫一天能割的草地面积，而第一天全部的人一共割了多少草地呢？显然是：$\frac{6}{6}+\frac{1}{3}=\frac{8}{6}$。

现在就已经可以知道一共有8名农夫了。

我的父亲与舅舅是同学，而列夫·托尔斯泰与我的舅舅是好朋友，因此托尔斯泰学生时代与我的父亲也常有来往，这道题就是他从我父亲那里听来的。托尔斯泰一生都非常喜欢这种简单而有趣的问题，但遗憾的是，一直到他老年的时候，我才有机会和他面对面地谈论起过去的事情，包括这道题。他很高兴地提到，这道题如果用图来解会

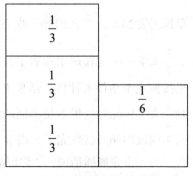

图7　农夫割草计算简图

更清晰，哪怕是只画一张草图（图7）也足以让答案更明了。

接下来的几道题，与这道题有着同样的特点，也就是用算术的方法来解答要比用代数法更简单。

8. 牛吃草

【题目】牛顿认为："在学习科学的时候，做题比记规则更有用。"在《普遍的算术》一书中，牛顿常常会用一些实例对他所阐述的理论加以说明，下面的"牛吃草"一题就属于这一类的母题。

图8　草地上的牛

这里有一大片草地，草地上的所有青草长得同样密集，成长的速度也一样快。现在有70头牛，如果它们把这片草地上的草全部吃光需要24天。但如果是30头牛，就得用上60天才能完成这个任务。

那么如果想使这片草地上的草在96天内被吃完，需要多少头牛呢？

这个题目来自于契诃夫的作品《家庭教师》中的一个情节。家庭教师给他的学生出了这道题，他的学生连同两个成年的亲戚一起做了好久都没有解出答案，这令他们迷惑不解。

一个亲戚说："真是奇怪，96天是24天的4倍，既然70头牛吃完这片草地需要24天，那么用96天吃完这片草地的牛数一定是70头的$\frac{1}{4}$，也就是$17\frac{1}{2}$头……这真是太荒唐了。可是再往下看，30头牛要用60天吃完，如果按照这个条件来计算，结果更糟糕了——用90天吃完这片草地起码需要$18\frac{3}{4}$头牛！况且这根本是不同的结果。再有，70头牛用24天吃完的话，30头牛应该用56天就吃完了，根本不是60天啊！"

另一个亲戚插话说："你可能忘记了一点，草是一直在生长着的。"

这的确是一个中肯的意见，是的，草在不停地生长着，必须要考虑这一点，否则根本解不出答案，因为题目中的条件也会互相矛盾。

那么你来想一想，这道题的正确解法应该是怎样的呢？

【解题】想要解出这道题，我们最好先弄清楚每天长出来的草量在总草量中占多大的比重。设每天长出的草量为y，24天长出的草量就是$24y$。再假设第一天的草量为1，则70头牛在24天里吃到的总草量为$1+24y$，现在我们可以知道70头牛每天吃掉的草量为：

$$\frac{1+24y}{24}$$

那么每头牛每天吃掉的草就是：$\frac{1+24y}{24\times70}$。

再来看30头牛用60天吃完整片草地这一已知条件，同样的方法可以得到，每头牛每天吃掉的草为：$\frac{1+60y}{60\times30}$。

不论是70头牛的这一群，还是30头牛的这一群，每头牛每天吃草量都是相等的，由此可以得到方程：

$$\frac{1+24y}{24\times70}=\frac{1-60y}{60\times30}$$

通过解方程可得：$y=\frac{1}{480}$。

可见草地上每天长出来的草量是总草量的$\frac{1}{480}$，那么每头牛每天吃掉的草量与第一天草地上的草量之比就是：

$$\frac{1+24y}{24\times70}=\frac{1+24\times\frac{1}{480}}{24\times70}=\frac{1}{1600}$$

有了上面的结论，我们就可以轻松地解出这道题了。假设能用96天吃完整片草地的牛数是x头，可列出如下的方程式：

$$\frac{1+96\times\frac{1}{480}}{96x}=\frac{1}{1600}$$

解方程可得：$x=20$。

本题的答案是：想使这片草地上的草在96天内被吃完，需要20头牛。

9. 三个牧场

【题目】上面那道题就是从下面这道牛顿的母题中衍生出来的，但有必要指出，这道题并非牛顿本人想出来的，它是人们在学习数学的过程中创造出来的：

有三个牧场，牧场的草长得同样密集，生长的速度也一样，这三块草地的面积分别是 $3\frac{1}{3}$ 公顷、10公顷和24公顷。第一个牧场上的草可以供12头牛吃4周，第二个牧场上的草可以供21头牛吃9周。

请问第三个牧场上的草恰好可以供几头牛吃18周？

【解题】我们应该先弄清楚每公顷的牧场上每周生长出的草量在原有草量中所占的比重，假设这个比重是 y，那么第一周第一个牧场每公顷的面积内新长出的草量所占的比重即为原草量的 $3\frac{1}{3}y$ 倍，4周的时间新长出的草量就是原草量的 $3\frac{1}{3}y \times 4 = \frac{40}{3}y$ 倍。

这意味着4周后第一个牧场内的总草量已经相当于 $(3\frac{1}{3}+\frac{40}{3}y)$ 公顷面积内的草量了。换一个说法就是，第一个牧场内的牛在4周的时间里吃掉了相当于 $(3\frac{1}{3}+\frac{40}{3}y)$ 公顷牧场上的草。这12头牛每周吃掉 $\frac{1}{4}$ 个牧场的草量，每头牛每周吃掉的草量就是总量的 $\frac{1}{48}$，计算一下这个比例相当于多少公顷牧场上的草量：

$$(3\frac{1}{3}+\frac{40}{3}y) \div 48 = \frac{10+40y}{144} \text{公顷}$$

同样的方法我们可以来计算一下第二个牧场上每头牛每周吃掉多大面积的草。假设每公顷牧场内每周新长出的草为 y，则每公顷牧场9周内新长出的草是 $9y$，9周内第二块牧场长出的总草量是 $9y$。因此21头牛在9周的时间里吃掉的草相当于 $(10+90y)$ 公顷面积内的草量，每头牛每周吃掉的草量所占的面积相当于：

$$\frac{10+90y}{9\times21}=\frac{10+90y}{189}公顷$$

两个牧场每头牛每周吃掉的草量是相等的，因此：

$$\frac{10+40y}{144}=\frac{10+90y}{189}$$

解方程可得：$y=\frac{1}{12}$，每头牛每周吃掉的草量所占面积的公顷数为：

$$\frac{10+40y}{144}=\frac{10+40\times\frac{1}{12}}{144}=\frac{5}{54}$$

现在我们可以计算这道题的答案了。假设有 x 头牛，可列出方程式：

$$\frac{24+24\times18\times\frac{1}{12}}{18x}=\frac{5}{54}$$

解方程可得：36。

本题的答案是第三个牧场上的草恰好可以供36头牛吃18周。

10. 表针对调

【题目】传记作者莫希柯夫斯基有一次为了逗生病的爱因斯坦开心，给他出了这样的一道题（见图9）：

"当表的指针处于12点整的位置时，如果把时针和分针对调一下，这个新时间也是存在的。但并非任何时间都可以这么做，比如6点钟的时候，如果把两个指针对调，出现的新时间就有些离谱了。我们知道，时针指向12时，分针恰好指向6，这对于正常运行的钟表来说是根本不可能的。那么，当表针处于什么位置的时候时针与分针可以对调，并且出现的新时间是能够真实存在的呢？"

爱因斯坦对此很感兴趣，他说：

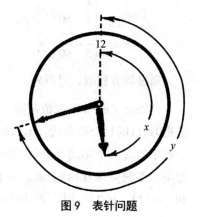

图9 表针问题

"对于我这种卧病在床的人来说,这种既有趣又有点难度的问题的确是很好的消遣,不过这道题或许用不了多少时间,我想我马上就解出来了。"

然后他从床上坐起来,在纸上迅速画出了一幅草图,并不比我描述这道题所用的时间更久,他已经得到了答案……

你知道他是怎么解答出来的吗?

【解题】以表盘圆周的 $\frac{1}{60}$ 为单位来度量表针从12起走过的距离。

现在假设当时针从12起走到要求的位置上时已经走过了 x 个刻度,分针已经走了 y 个刻度。时针走过60个刻度需要12小时,这说明它每小时能走5个刻度,那么它走完这 x 个刻度所用的时间应该是 $\frac{x}{5}$ 小时。或者说,当时针从12起走到要求的位置上时,已走了 $\frac{x}{5}$ 小时。分针走了 y 个刻度,用的时间是 y 分钟,可见,当分针从12起走到要求的位置上时,已走了 $\frac{y}{60}$ 小时。也可以说,时针与分针从同时指向12起,用 $(\frac{x}{5}-\frac{y}{60})$ 小时走到了要求的位置。由于我们所指的是12点后的整小时数,因此这个时间应该是0到11的整数。

现在我们把时针与分针对调,用上述方法也可得到从12起至两针所指的时间经过了 $(\frac{x}{5}-\frac{y}{60})$ 小时,这个时间也应该是0到11的整数。

现在我们得到一个方程组:

$$\begin{cases} \dfrac{x}{5}-\dfrac{y}{60}=m \\ \dfrac{x}{5}-\dfrac{y}{60}=n \end{cases} \quad (m、n 为 0 到 11 的任意整数)$$

通过解方程组,可得到: $x=\dfrac{60(12m+n)}{143}$, $y=\dfrac{60(12n+m)}{143}$ 。

已知道了 m 和 n 的取值范围,想要得到本题所需要的表针位置,我们只需把0到11的每个整数代入上面的两个算式中就可以了,因为 m 所代表的12个数中的每一个都能与 n 所代表的12个数中的每一个组合在一起。这样看起来,本题应该有144个解,但事实上是143个,因为当"$m=0$,$n=0$"时和"$m=11$,$n=11$"时,表针所指的是同一位置;当"$m=11$,$n=11$"时,

x与y的值都是60，因此两指针都指向12，这与"$m=0$，$n=0$"时两指针所指的位置是一样的。

我在这里并不打算对本题的143个解全部进行分析，只举其中两个有代表性的例子。

第一例，当"$m=1$，$n=1$"时：

$$x = \frac{60 \times 13}{143} = 5\frac{5}{11}, \quad y = 5\frac{5}{11}$$

这个时间是1点$5\frac{5}{11}$分，这时两指针是重合的，对调位置与原来没有区别，除此而外，其他每个两指针重合的时间也是这种情况。

第二例，当"$m=8$，$n=5$"时：

$$x = \frac{60(5+12\times8)}{143} \approx 42.38, \quad y = \frac{60(8+12\times5)}{143} \approx 28.53$$

想要确定所有143个符合题目要求的指针位置，我们需要把表盘圆周分成143等份，这样得出的143个点就是本题的答案，其他任何点上的指针都是不可以对调的。

11. 表针重合

【题目】正常运行的钟表，时针与分针重合的位置有多少个？

【解题】由上面一题我们可以知道，当时针与分针重合时，其位置对调后所指的时间不变，因此本题可以借用上题中的方程来进行分析。

当时针与分针重合时，它们从12起走过的刻度x与y是相等的（即$x=y$），用方程式来表示：

$$\frac{x}{5} - \frac{x}{60} = m \quad （m为0到11的任意整数）$$

解方程可得：$x = \frac{60m}{11}$。

我们把m所代表的12个数逐一带入算式，会发现时针与分针重合的位置是11个而不是12个，因为当$m=11$时，$x=60$，两指针分别走过60个刻度后同时指向12，这与$m=0$时一样。

12. 猜数游戏

你玩儿过猜数游戏吗？出题者会先让你想一个数，然后加2、乘3、减5，再减去这个数，或者还有其他的计算，这个过程大概是五步，当然也可能是十步。最后他会问你得数，然后说出你原来想的那个数。这种游戏看似很神奇，其实它的基础只不过是一系列的方程罢了。

举个例子，比如出题者向你描述了表5左栏中所示的计算过程：

当你按照出题者的描述完成计算之后，他会问你最后的结果。听完你的得数，他能立刻说出你心里想的那个数，他是怎么做到的?

想弄懂这个过程，看看表5右栏的内容就知道了。表5的右栏将出题者描述的每一步计算过程都变成了代数语言：设你心里想的数为x，经过他所要求的一系列计算之后，得数是$4x+1$，听到你的得数后，他当然很快"猜"到了你心里想的那个数。

表5

心里想一个数	x
把它加 2	$x+2$
乘以 3	$3x+6$
减去 5	$3x+1$
再减掉它本身	$2x+1$
乘以 2	$4x+2$
减去 1	$4x+1$

假设你说出的得数是33，出题者就会迅速地在大脑中计算方程$4x+1=33$，并得到$x=8$。更简单的方法是用你的33减去1再除以4，得数当然是你心里想的"8"。如果你说出的得数是25，那么他也可以很快地计算出（25–1）÷4=6，从而揭晓你心里的那个数——6。

了解了这个计算规律，你就可以和自己的小伙伴们来玩儿这个游戏了。你甚至可以很大度地让你的小伙伴自己决定怎样对他们心里想的数进行运算，当然只要你知道这个运算的过程，那么无论他们心里想的数是什么，你都能根据运算的结果得到最初的数，这无疑会使你的伙伴们感觉困惑，并对你心生崇拜。

比如你建议他们在心里想一个数，然后随便以任何顺序进行这种性质的运算：加上或减去一个数、乘上一个数、加上或减去这个数本身。你的小伙伴一定想要把你绕晕，从而说出很多的计算步骤。比如他心里想的数是5，然后一边心算，一边描述说：

"我心里已经想好了一个数，把它乘以2，加上3，再加上它本身，然后加1，乘以2，再减掉它本身，减3，再一次减掉它本身，现在减去2，好吧，再把得数乘以2，最后加上3。"

现在他一定十分得意地认为你被绕得晕头转向了，于是得意地告诉你最终的得数是"49"。

但他还是失算了，因为你立刻就说出了他心里想的数是"5"。你是怎么知道的呢？这一定是让他迷惑不解的问题。

其实这再简单不过了。当他得意扬扬地向你描述他对自己心里想的数做了哪些运算的同时，你也在心里对未知数进行着一模一样的计算。当他说"我心里已经想好了一个数"时，你也在心里说"有一个未知数x"。当他说"把它乘以2"的时候，你同时在心里得到了"$2x$"。当他说"加上3"时，你及时地得到了"$2x+3$"……最后，当他认为已经把你绕晕，并为之沾沾自喜时，你实际上已经完成了全部的计算。

表6就是你与伙伴的整个计算过程。左栏是他说出的全部内容，右边是你心里默默进行的计算过程：

表6

我心里已经想好了一个数	x
把它乘以 2	$2x$
加上 3	$2x+3$
再加上它本身	$3x+3$
然后加 1	$3x+4$
乘以 2	$6x+8$
再减掉它本身	$5x+8$
减 3	$5x+5$
再一次减掉它本身	$4x+5$
现在减去 2	$4x+3$
好吧，再把得数乘以 2	$8x+6$
最后加上 3	$8x+9$

当他向你宣布最终的得数是"49"时，你心里就有了$8x+9=49$这个方

程式，解这个方程毫无难度，你可以很轻松地说那个数是"5"。

这个游戏的妙处在于，你对小伙伴心里想的那个数所进行的全部计算都是由他自己决定的，表面上看来，你并没有"操纵"这个游戏。

不过再巧妙的计划也不是万无一失的，总会有意外存在，比如你在心里伴随着你的小伙伴进行了一系列的计算之后，得到了 $x+14$ 这个结果，可他却突然继续说："最后再减掉它本身，最终的结果是14！"当然，你会顺势在心里进行这最后的一步：$(x+14)-x=14$。这一定会让你非常为难，因为你计算出的结果里没有了未知数，怎么办？为了不被可能发生的这种意外把自己难住，你必须在每一次"游戏"时都保持高度警惕，同时要有快速的计算与反应能力。一旦发现计算结果中没有未知数，趁他还没有把最后的得数说出口，你要立刻发声打断他："停！不要说！我来说！最后的结果一定是14对不对？"先发制人也没有什么不好，这已经足够让你的小伙伴目瞪口呆了，他可是既没告诉你心里想的数，也还没来得及说出最终的结果啊！就算你到底也没能知道他心里想的数是什么，但在这个游戏里你的表现已经足够精彩了。

这里有一个这种类型的例子，我们把普通语言与代数语言对比着看如表7所示：

表7

我心里想好了一个数	x
将它加上2	$x+2$
把结果乘以2	$2x+4$
再加上3	$2x+7$
减去它本身	$x+7$
再加5	$x+12$
再次减去它本身	12

当你在心里得到"12"这个结果时，会立刻反应出这个结果中已经没有了未知数 x，于是就立刻打断他，向他宣布"12"这个得数！

这个游戏并不难不是吗？只要私下里练习几遍就可以"表演"了！

13. "荒唐"的问题

【题目】这道题看起来好像有点荒唐：

如果8×8=54，那么84等于什么？

其实这个看似无厘头的问题是可以用方程解出来的，不如我们来试着做一做吧。

【解题】你一定已经猜到了什么，是的，这道题中的数不是十进制的写法，不然的话"84等于什么"这种问题本身就很荒唐。

设这种我们尚不知道的计数法为x进制，解释起来就简单多了。

"84"这个数可以解释为左数位上的8个单位加右数位上的4个单位，写成方程式就是："84"=$8x+4$。

同理，"54"可以解释为$5x+4$，"8×8=54"可以写为方程式：

$$8×8=5x+4$$

解方程可得：$x=12$。

也就是说本题中的数是按照十二进制写出来的，答案为：

$$"84"=8×12+4=100，即"84"=100$$

再来做一道同样的题：如果5×6=33，那么100等于什么？

这道题中的数是按照九进制写出来的，答案是"100"=81，具体的过程就由你自己亲自动手试一试吧！

14. "清醒"的方程

在很多时候，方程比我们有远见多了，你不相信吗？那么就来解解下面这道题吧：

一位父亲今年32岁，他的儿子是5岁，如果想使父亲的年龄是儿子的10倍，需要过去多少年？

我们假设符合本题要求的年数是"x"。x年后，父亲的年龄是$(32+x)$岁，儿子的年龄是$(5+x)$岁。根据题目中的已知条件，这时候父亲的年龄是儿子的10倍，可以写出方程式：$32+x=10(5+x)$。

解方程可得：$x=-2$。

本题的答案是："–2"年之后，父亲的年龄是儿子的10倍。

这就让人疑惑了，为什么答案会是负数？其实，"–2年之后"的意思是"2年之前"，我们在解这道题的时候，完全没有意识到，不管过去多少年，父亲的年龄根本不可能是儿子的10倍了，这种等式只在以前曾经存在过，"–2"这个答案提醒了我们这一点。

可见方程比我们考虑问题周全多了，在那些我们容易疏忽的问题上，它始终保持着清醒。

15."出乎意料"的解

我们解方程时常会得出一些令人费解的答案，比如下面的几个例子。

例1　某个两位数，它个位上的数字比十位上的数字大4，用十位和个位上的数字互换后得到的新两位数减去这个两位数本身，差是27，求这个两位数。

我们设这个两位数十位上的数字为x，个位上的数字为y，根据题意列出方程组：

$$\begin{cases} x = y - 4 \\ (10y + x) - (10x + y) = 27 \end{cases}$$

将方程组中的第一个方程代入第二个方程，得到：

$$10y + y - 4 - [10(y-4) + y] = 27$$

简化可得：36=27。

这个结果让人有点摸不着头脑，不仅没有求出未知数的值，还出现了根本不相等的两个数，这是怎么回事呢？

其实得出这样的结果，说明这道题没有解。也就是说，符合题意的两位数根本不存在，我们列出的两个方程组也是自相矛盾的。

换一种解法也能得出同样的结果：把第一个方程两边分别乘以9，可得到：$9y - 9x = 36$。

把第二个方程化简后可得：$9y - 9x = 27$。

同一个方程，不可能既等于36，又等于27，因为$36 \neq 27$，可见本题无解。

下面这个方程组也属于这一种类型：

$$\begin{cases} x^2 y^2 = 8 \\ xy = 4 \end{cases}$$

用第一个方程除以第二个方程，可以得到：$xy=2$。这就出现矛盾了，因为第二个方程明明是$xy=4$，这里又有$xy=2$，换言之就是4=2，这显然并不可能成立，所以根本不存在可以满足这个方程组的数。

这些无解的方程组被称为"互不相容"方程组。

例2 还是上面这道题，只要稍加改变，就会是另外的情形了：个位上的数比十位上的数大3，而不再是4，其他的条件不变，那么这个两位数是什么呢？

这次我们只设一个未知数，设十位上的数是x，显然，个位上的数字是$x+3$，根据题目中的描述，可得出方程式：

$$10(x+3)+x-[10x+(x+3)]=27$$

将这个方程式的左边化简，可得：27=27。

这里的未知数又没有了，但等式分明是成立的，这种情况是否仍旧意味着本题无解呢？答案是否定的。本题不仅有解，而且无论x的值是多少，都能满足题目的要求，也就是说，我们列的这个方程是恒等式。

如果你对此仍旧感觉到疑惑，我们可以举一些例子来证明一下：

$$14+27=41 \qquad 47+27=74 \qquad 25+27=52$$
$$58+27=85 \qquad 36+27=63 \qquad 69+27=96$$

这回你相信了吧？任何一个个位上的数比十位上的数大3的两位数，都是符合本题要求的。

例3 有一个三位数，它个位上的数比百位上的数大4，十位上的数是7，把这个三位数首尾数字互换得到的新的三位数，比这个三位数本身大396，请你求出这个三位数。

我们假设交换前个位上的数是x，根据题意可列出方程式：

$$100x+70+x-4-[100(x-4)+70+x]=396$$

将这个方程式化简可得：396=396。你当然知道这意味着什么——任意一个个位上的数比百位上的数大4的三位数都符合本题的要求。

我们分析的这些题事实上都是人为制造出来的，并不切合实际。这些题目的作用在于锻炼大家列方程与解方程的能力，显然它们的目的达到了，下面我们就从不同的领域找些实例来看看吧！

16. 理发店里的代数题

【题目】看到题目你一定感觉奇怪了，难道理发馆里也有代数题？这没什么稀奇的，代数无处不在，我本人就在理发馆里遇到过代数题。

那天，我去理发馆理发，一位理发师向我提出了一个请求，他说："有一个问题，我们绞尽脑汁也解不出来，您能帮助我们一下吗？"

另外一个理发师插嘴说："为了这道题，我们浪费了好多溶液呢！"

"是什么问题呢？"我感兴趣地问。

"是这样的，"那位向我提问的理发师说，"我们现在需要用两种浓度分别为30%和3%的过氧化氢溶液，勾兑出浓度为12%的溶液，但无论如何也计算不出合适的比例。"

我向他们要了一张纸，很快就把正确的比例计算了出来。

这道题其实并没有什么难度，你知道我是怎样计算出来的吗？

【解题】用算术方法就能解出这道题，但相比较而言，还是用代数语言更简单些，也更快一些。

假设我们需要x克3%的溶液，y克30%的溶液，那么3%的溶液中所含的纯过氧化氢就是0.03x克，30%的溶液中所含的纯过氧化氢是0.3y克，两种溶液中的纯过氧化氢总量为：(0.03x+0.3y)克，将这两份溶液混合在一起，将得到(x+y)克浓度为12%的新溶液，在这份新溶液中，纯净过氧化氢的含量为0.12(x+y)克。

根据以上的条件，我们可以列出如下的方程式：

$$0.03x + 0.3y = 0.12(x + y)$$

这是一个二元一次方程式，我们只需将它化简一下就可以了：

$$x = 2y$$

这说明，勾兑出12%的溶液所需要的3%溶液应该是30%溶液的两倍，也就是说：3%溶液与30%溶液的比例是2∶1。

17. 无轨电车

【题目】当我在街上沿着电车道行走时，无意间发现，每隔12分钟，就会有一辆无轨电车从后面追上我，而每两辆迎面向我开来的无轨电车之间有4分钟的间隔。当然，无论是我还是无轨电车都是匀速前进的。

我的问题是：无轨电车的始发站每隔几分钟发车一次？

【解题】我们假设无轨电车的始发站每隔x分钟发车一次，这意味着，在任意一辆无轨电车赶上我的地方，每隔x分钟就会再经过一辆。也就是说，第二辆追上我的无轨电车只用（12-x）分钟就走完了我用12分钟走过的距离，可见与我同向而行的无轨电车只需要走 $\dfrac{(12-x)}{12}$ 分钟就能走完我用1分钟走完的路。

同样的，在第一辆向我迎面驶来的无轨电车与我擦肩而过之后4分钟，就会有第二辆无轨电车与我迎面相遇。也就是说，我用4分钟走过的距离，这第二辆车需要行驶（x-4）分钟，可见与我相向而行的无轨电车只需走 $\dfrac{(x-4)}{4}$ 分钟就能走完我用1分钟走完的路。

无论是与我同向而行还是与我相向而行的无轨电车，其速度都是一样的，因此可得出方程式：$\dfrac{(12-x)}{12}=\dfrac{(x-4)}{4}$。

解方程可得，也就是说无轨电车的始发站每隔6分钟发车一次。

当然算术方法也能解出这道题，我们将同样方向的两辆电车之间的距离定义为a，那么向我迎面开来的电车与我之间的距离每分钟缩短 $\dfrac{a}{4}$，从我身后向我开来的电车与我之间的距离每分钟缩短 $\dfrac{a}{12}$。假设我现在向前走1分钟，立刻转身向回走1分钟，无疑又回到了1分钟之前所在的位置上。在这个过程中，第一辆迎面向我驶来的电车与我之间的距离在第一分钟缩短了 $\dfrac{a}{4}$，又在第二分钟缩短了。因为在第二分钟我的方向发生了改变，那辆前一分钟还在向我迎面驶来的电车，后一分钟就变成在后面追赶我了。可见在这两分钟的时间里，我与同一辆电车之间的距离一共缩短了 $\dfrac{a}{4}+\dfrac{a}{12}=\dfrac{a}{3}$。

如果我停住脚步，站在原地不动呢？结果仍旧是这样，因为我还是在原来的位置上。假如我站在原地1分钟（注意不是2分钟），这1分钟之内，无轨电车与我之间的距离缩短了 $\dfrac{a}{3}\div 2=\dfrac{a}{6}$，如果那辆车想走完全程a，需要整整6分钟。

这也就意味着，如果你伫立在那条街头，每隔6分钟就会有一辆无轨电车在你身边经过。

18. 乘木筏

【题目】 A、B两城位于同一条河流沿岸，其中B城位于A城的下游。一艘轮船一刻不停地从A城驶向B城，一共行驶了5个小时，而它从B城返回A城时，由于逆流行驶，虽然与来时用了同样的速度，并且中间同样没有停歇，还是用了7个小时才走完全程。

现在有一艘小木筏，它的行驶速度与水流速度相等，请你想一想，如果乘这艘小木筏从A城到B城，需要多长时间呢？

【解题】 我们假设轮船在静止的水中行驶，从A城到B城需要x小时，而同样的情况下木筏需要y小时。那么1小时内轮船走过的距离就是总路程的$\frac{1}{x}$，木筏走过的距离是总路程的$\frac{1}{y}$。由于木筏的速度与水流的速度相等，顺水时，轮船每小时走过的距离就是总路程的$\frac{1}{x}+\frac{1}{y}$。同理，逆水时，轮船每小时走过的距离就是总路程的$\frac{1}{x}-\frac{1}{y}$。

根据题意可知，轮船从A城到B城顺水行驶时每小时走过的距离是总路程的$\frac{1}{5}$，从B城返回A城逆水行驶时每小时走过的距离是总路程的$\frac{1}{7}$，我们可以得到一个方程组：

$$\begin{cases} \dfrac{1}{x}+\dfrac{1}{y}=\dfrac{1}{5} \\ \dfrac{1}{x}-\dfrac{1}{y}=\dfrac{1}{7} \end{cases}$$

解这个方程组非常简单，大可不必去消分母，只要用第一个方程去减第二个方程就可以得到：$\frac{2}{y}=\frac{2}{35}$。

因此y=35，本题的答案是：乘木筏从A城到B城需要35个小时。

19. 咖啡净重

【题目】有两个同样形状同样材质的铁皮罐，里面都装满了咖啡。其中一个铁皮罐的重量是2千克，高度是12厘米，另一个铁皮罐仅有1千克重、9.5厘米高。

请问：每个铁皮罐子里的咖啡有多重？

【解题】我们假设比较大的那个铁罐里所装的咖啡重x千克，小铁罐里的咖啡重y千克，大铁罐本身重z千克，小铁罐重t千克，根据题意，可得出一个方程组：$\begin{cases} x+z=2 \\ y+t=1 \end{cases}$

咖啡重量与铁罐体积之间是正比例关系，与铁罐高度的立方之间也同样是正比例关系[1]。我们可以据此写出如下方程：

$$\frac{x}{y}=\frac{12^3}{9.5^3}\approx 2.02，即 x=2.02y$$

铁罐重量与自身表面积之间是正比例关系，与自身高度的平方同样是正比例关系。因此可写下方程：$\frac{z}{t}=\frac{12^2}{9.5^2}\approx 1.60$，即$z=1.60t$。

将刚刚得到的两个值带入方程组可得：

$$\begin{cases} 2.02y+1.60t=2 \\ y+t=1 \end{cases}$$

解这个方程组：$y=\frac{20}{21}=0.95$，$t=0.05$。

因此：$x=1.92$，$z=0.08$。

大铁罐中的咖啡重1.92千克，小铁罐中的咖啡重0.95千克。

20. 热闹的舞会

【题目】在热闹的舞会上，有20个人在跳舞，玛丽亚、奥尔加、薇拉、尼娜等几个姑娘都不断换着舞伴。整场舞会下来，玛丽亚一共和7位

---

[1]　这种关系只在铁皮较薄的时候适用，如果铁皮较厚，那么罐子的内外表面积和内外的高度都会有明显的不同。

男士跳过舞，奥尔加的男舞伴有8个，薇拉有9个……依此类推，最后是尼娜，舞会上所有的男士都做过她的舞伴。

你知道舞会上跳舞的男士有多少位吗？

【解题】轻松得出答案的关键在于选对未知数，我们暂时不管男士的人数，先设女士的人数为x，求出参加舞会的女士有几位。

可以确定的是，我们知道以下几位女士的情况：

第1位　玛丽亚　共有7位（即6+1位）男士与她跳过舞；

第2位　奥尔加　共有8位（即6+2位）男士与她跳过舞；

第3位　薇　拉　共有9位（即6+3位）男士与她跳过舞；

……

第x位　尼　娜　全部的（即$6+x$位）男士都与她跳过舞。

根据这些已知条件，可以写出方程式：$x+(6+x)=20$。

解方程可得：$x=7$。

因此，参加舞会的女士有7人，参加舞会的男士有20-7=13人。

21. 侦察船

【题目1】见图10，有一艘侦察船奉命侦查所在舰队前方70英里（1英里约为1.61千米）的海域，已知舰队的前进速度为35英里/小时，侦察船自身的行驶速度为70英里/小时，你知道这艘侦察船用多长时间才能回到自己的舰队里来吗？

【解题】我们假设侦察船归队需要x小时，x小时内，舰队前进了$35x$英里，侦察船自身行驶了$70x$英里。需要注意的是，侦察船并非一直前行，它是先向前航行了70英里，然后返回航行了一段里程，直到与舰队会合。在这段

图10　海上航行的舰船

时间里，舰队和侦察船航行的总里程是 $70x+35x$，根据题意可知，这相当于两个70英里，2×70=140英里。可列出方程式：

$$70x+35x=140$$

解方程可得：$x=\dfrac{140}{105}=1\dfrac{1}{3}$。

本题的答案是：侦察船用 $1\dfrac{1}{3}$ 小时（1小时20分钟）即可归队。

【题目2】一艘侦察船接到上级命令，要对舰队行进前方海域进行侦察，并在3小时内归队。已知侦察船的速度是60海里/小时，舰队的速度是40海里/小时。

你知道舰队应该在出发后多久返航吗？

【解题】我们假设这个时间是 x 小时，那么侦察船向前行驶 x 小时之后立刻掉头返回，再航行（$3-x$）小时就可以回归舰队了。

当二者同向而行时，它们之间的距离是 x 小时内分别行驶的路程之差，即：$60x-40x=20x$ 海里。

当侦察船掉头返航后，二者相向而行，它们在（$3-x$）小时内一共行驶了 $20x$ 海里。即：$60(3-x)+40(3-x)=20x$。

解方程可得：$x=2\dfrac{1}{2}$。

本题的答案是：侦察船应在离开舰队 $2\dfrac{1}{2}$（2小时30分钟）后掉头返航。

22. 骑行速度

【题目】两位自行车手沿环形赛道匀速骑行，如果二者的骑行方向相反，那么每10秒钟就会相遇一次。但是当二者的骑行方向一致时，每隔170秒钟，速度快的车手就会追上速度慢的车手一次。

现在已知环形赛道长170米，你能计算出两位自行车手的骑行速度分别是多少吗？

【解题】我们设其中一位车手的骑行速度是 x 米/秒。当二人相向而行时每10秒钟相遇一次，10秒钟内这位车手能向前骑行 $10x$ 米，而另一位车手骑行的距离就是赛道其余的部分，即（$170-10x$）米。我们设另一位车手的骑行速度是y米/秒，10秒内他骑行的距离就是$10y$米。由此可列出方程式：$170-10x=10y$。

当两人同向而行时，每隔170秒，速度快的车手就会追上速度慢的车手一次，170秒内这两位车手骑行的距离分别是$170x$和$170y$。我们假定第一位的速度快些，那么170秒的时间他正好骑完一圈，因此可以列出方程式：$170x-170y=170$。

将这两个方程式分别化简：$x+y=17$，$x-y=1$。

解为：$x=9$，$y=8$。

因此，两位车手的骑行速度分别是9米/秒和8米/秒。

23. 摩托车比赛

【题目】这是一场摩托车比赛，参赛的摩托车一共有三辆。发令枪响后，三辆同时冲出起点。第一辆每小时比第二辆快15千米，第三辆每小时比第二辆慢3千米。第一辆到达终点的时间比第二辆早12分钟，第三辆到达终点的时间比第二辆晚3分钟。它们在路上没有停过。

有三个问题：这场比赛的全程有多长？三辆摩托车的速度分别是多少？它们各用多长时间完成了比赛？

【解题】三个问题中共有七个需要解答的数，我们只设其中的两个为未知数。

先设第二辆车的速度是x千米/小时，根据题意，第一辆车的速度就是（$x+15$）千米/小时，第三辆车的速度就是（$x-3$）千米/小时。

再设本场比赛的全程为y千米，根据题意：

第一辆跑完全程要用$\dfrac{y}{x+15}$小时；

第二辆跑完全程要用$\dfrac{y}{x}$小时；

第三辆跑完全程要用$\dfrac{y}{x-3}$小时。

第一辆比第二辆早12分钟（$\dfrac{1}{5}$小时）到达终点，第三辆比第二辆晚3分钟（$\dfrac{1}{20}$小时）。可列出方程组：

$$\begin{cases} \dfrac{y}{x} - \dfrac{y}{x+15} = \dfrac{1}{5} \\ \dfrac{y}{x-3} - \dfrac{y}{x} = \dfrac{1}{20} \end{cases}$$

解这个方程组，先将第二个方程的左右两边分别乘以4，得到一个新方程：

$$4\left(\dfrac{y}{x-3} - \dfrac{y}{x}\right) = \dfrac{1}{5}$$

然后用第一个方程减去这个新方程：$\dfrac{y}{x} - \dfrac{y}{x+15} - 4\left(\dfrac{y}{x-3} - \dfrac{y}{x}\right) = 0$。

化简。将两边分别除以y（根据题意可知$y \neq 0$），再去分母，可得：

$$(x+15)(x-3) - x(x-3) - 4x(x+15) + 4(x+15)(x-3) = 0$$

去括号后合并同类项：$3x - 225 = 0$。

可以顺利解出$x = 75$。

把x的值代入方程组中的第一个方程：$\dfrac{y}{75} - \dfrac{y}{90} = \dfrac{1}{5}$。

可求出：$y = 90$。

这场比赛的全程是90千米，三辆摩托车的速度分别是90千米/小时、75千米/小时、72千米/小时，三辆摩托车的比赛用时（赛程÷速度）分别是1小时、1小时12分钟、1小时15分钟。

24. 平均速度

【题目】一辆汽车从A市驶向B市，行驶速度为60千米/小时。当它从B市返回A市时，行驶的速度为40千米/小时。

请你计算出这辆车的平均速度。

【解题】这是一道很容易对人做出错误引导的题目，有些人会下意识地认为答案为60与40之和的平均数：$\dfrac{60+40}{2} = 50$。

事实上，这个答案只在一种情况下正确，那就是这辆汽车往返的时间相等。但很明显这辆车返程的时间要长一些，因此这个答案是错误的。

用列方程的方法会让我们得到一个与此不同的，却是正确的答案。

我们假设汽车的平均速度为x，同时再多设一个未知数l，用它来表示A市与B市之间的距离，现在可以列出方程式：$\dfrac{2l}{x} = \dfrac{l}{60} + \dfrac{l}{40}$。

先将方程式两边分别除以l（根据题意可知$l \neq 0$），得到一个新方程：

$$\frac{2}{x} = \frac{1}{60} + \frac{1}{40}$$

解方程可得：

$$x = \frac{2}{\dfrac{1}{60} + \dfrac{1}{40}} = 48$$

因此本题的正确答案是48千米/小时。

我们可以用字母来表示这种类型的题目：汽车从A地去B地时的行驶速度是a千米/小时，返回时的速度是b千米/小时。设汽车的平均速度为x，AB两地之间的距离为l，可列出方程式：$\dfrac{2l}{x} = \dfrac{l}{a} + \dfrac{l}{b}$。

解得：$x = \dfrac{2}{\dfrac{1}{a} + \dfrac{1}{b}}$。

这里x的值被称为a与b的调和平均值。

我们可以得出结论：平均行驶速度应该用调和平均值来表示，而不是用算术平均值。而且正如我们在题目中看到的"48比50小"那样，对于正数a与b来说，它们的调和平均值总是会比算术平均值小。

25. 计算程序

提到方程，用计算机解方程这个话题是一定会涉及的。我们在前面曾提到过计算机可以用来下棋，当然它还有别的"本事"，比如把一种语言翻译成另外一种，或者演奏乐器，等等。

我们在这里并不打算对下棋或者进行语言翻译等过于复杂的计算机程序进行研究，我们想要分析的只不过是两个极简单的程序，但在这之前，还是要先来简单地谈谈计算机的构造。

我们在第一章曾提到过的，能用一秒钟的时间进行成千上万次运算的装置，是计算机中负责进行计算的部分，它叫作"运算器"。事实上计算机中还包括控制器和存储器（记忆装置），控制器负责整体调控计算机的工作，存储器的作用是存放数据和预定信号。除此而外，计算机中还有专门用于输入新数据和输出计算结果的装置，打印机会帮助计算机将这些计算结果以十进制的形式打印在专门的卡片上。

就像你所知道的那样，我们可以用唱片或录音带录下人的声音，然后用机器反复播放。但这两种录音方式也有不同，用唱片录音是一次性的，一张唱片只能录一次，而用录音带就不一样了。录音机在录制声音时，是借助一种特殊胶带的磁性作用来进行的，录在录音带上的声音，不仅可以反复播放，还可以把录过的内容"抹掉"再录新的。每条磁带都能反复使用，想要"抹掉"旧内容，只要直接录上新内容就可以了。

计算机的记忆装置与上述原理相同。计算机借助电信号、磁信号或机械信号，将数和预定的信号录到专门的磁鼓、磁带或其他装置上，这些数与信号可以随时"读取"，或随时"抹掉"后重新录入。在记忆或读取这些数与信号时，计算机所用的时间只不过是百万分之几秒而已。

存储器内包含着几千个单元，其中的每个单元内又有磁性元件等几十个存贮原件。我们假定二进制的存贮方式为：用数字1表示1个被磁化了的原件，用数字0表示没有被磁化的元件。例如存储器内的每个单元里含有的元件数是25个（即有25个二进制位数），其中第1个元件用来表示数的符号（+或-），第2～15个用来存贮数的整数部分，其余的10个记录小数部分。图11中显示的是存储器中的两个单元，每个单元里都有25个数位，"+"号表示被磁化的元件，"-"号表示没有被磁化的元件。我们首先来观察第1个单元（虚线的作用是将表示符号的数位与其他数位区分开，逗号的作用是将整数与小数部分区分开），这个单元计入的数是二进制的"+1 011.01"，也就是十进制的"11.25"。

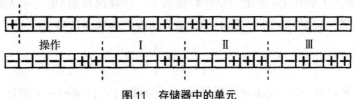

图11　存储器中的单元

存储器不仅可以用来存贮数，它也可以用来存贮指令，我们所说的"程序"就由指令组成。现在我为你介绍所谓的三地址的计算机指令：为了记入指令，要将存储器的单元分成4段，图11中的第二个单元就被虚线分成了4段，第几段就表示第几道程序，每道程序都以数（编码）的形式被记入存贮单元里。比如：

加——操作Ⅰ

减——操作Ⅱ

乘——操作Ⅲ

……

指令是如何被完成的呢？存贮单元的第1段是操作码；第2、第3段是存贮单元的编号（地址码），为了完成这一程序，应从这两段中抽取数字，第4段是用来存放所得结果的贮存单元的编号（地址码）。比如，图11中第2个单元所计入的数是二进制的"11、11、111、1 011"，也就是十进制的"3、3、7、11"，它们代表的指令是：使用第3和第7存贮单元的数字完成第Ⅲ道程序（即乘法程序），将结果存入第11存贮单元。

接下来我们不需要像图11中所显示的那样，将预先设定好的符号记录下来，而是要直接用十进制的形式把数和命令记录下来。比如图11中的第2单元，我们只需记录：乘 3 7 11。

现在我们可以对两个最简单的程序进行分析了。首先是第一个：

（1）　　　加　　　4　　　5　　　4

（2）　　　乘　　　4　　　4　　　→

（3）　　　转移　　　　　　　　　　1

（4）　　　0

（5）　　　1

这个程序的5个存贮单元记录下了计算机上述指令进行工作的过程。

首先指令1：要求计算机把第4单元和第5单元的数相加，将结果存入第4单元（取代第4单元的原存贮数据）。计算机在第4单元记入的数是0+1=1，完成这条指令后，第4、第5单元所存贮的数应该是：

（4）　　　1

（5）　　　1

再来看指令2：要求计算机把第4单元的数与它自身相乘（即算出它的平方），将结果1^2记到卡片上，箭头的意思是将结果输出。

接下来是指令3：要求计算机将操作转移到第1单元。也就是说，要从指令1开始依次重复执行各条指令。于是计算机开始重复执行指令1。

指令1：把第4单元和第5单元的数相加，将结果存入第4单元，现在第4单元里的数据就变成了1+1=2：

$$(4) \qquad 2$$
$$(5) \qquad 1$$

指令2：把第4单元的数与它自身相乘，将结果2^2写到卡片上。

指令3：将操作转移到第1单元，也就是再次从指令1开始重复。

指令1：将2+1=3存入第4单元：

$$(4) \qquad 3$$
$$(5) \qquad 1$$

指令2：将3的平方3^2写到卡片上。

指令3：将操作转移到第1存贮单元。

……

现在我们已经弄清楚了计算机的工作程序：按顺序计算整数的平方，并将结果写到卡片上。在这个过程中，不需要你亲自去用手敲出每个数，计算机会自己按顺序把整数选出来并且逐一计算出它们的平方。只用几秒钟的时间，甚至是在不到1秒钟的时间内，计算机就可以算出从1到10 000的所有整数的平方。

不过，在实际的操作中，让计算机计算整数平方的程序比我们所写的这个程序可要复杂多了，而这个"复杂"的部分首先就出现在指令2。要知道，将结果写在卡片上所用的时间要比完成一道程序多好多倍，所以计算结果出现以后并不能及时地被记入卡片，而是要先被"寄存"在存储器中的"空"单元里，然后再被"慢条斯理"地写在卡片上。具体的方法是这样的：第一个结果寄存进第一个空单元，第二个结果寄存进第二个空单元，第三个结果寄存进第三个空单元……而我们所举的例子里所写的程序就没有详细到这个地步，关于这个内容提也没提。

除此而外，我们还有一个内容没有提到，那就是计算机并不能这样持续不停地进行平方运算，原因在于存储器中的存储单元数量有限。也许你会想，既然我们只想要它计算从1到10 000的整数的平方，那么等它算完10 000的平方立刻把计算机关掉就好了。但你怎么会知道什么时候恰好算到了10 000呢？计算机每秒钟能进行几千次运算，我们根本不可能及时地发现它计算到了我们想要的数，并及时打断它。怎么办呢？很简单，在编写程序时就为它设计一套特殊的指令，使它在一定的时候自动关机。比如编写这个程序时，我们就可以加入让机器计算完1到10 000的所有整数平方后自动停机的指令。

说好了只分析简单的程序，因此我们就不再涉及更复杂的指令了。计算从1到10 000全部整数平方数的完整程序应该是这样的：

（1）　　加　　　　8　　　9　　　8

（2）　　乘　　　　8　　　8　　　10

（3）　　加　　　　2　　　6　　　2

（4）　　条件转移8　　　7　　　1

（5）　　停

（6）　　　　　　　0　　　0　　　1

（7）　10 000

（8）　0

（9）　1

（10）　0

（11）　0

（12）　0

　　　　……

指令1、2与前面分析的简单程序区别不大，完成这两条指令，第8、9、10单元的数据变为：

（8）　1

（9）　1

（10）　1^2

指令3：求计算出第2和第6单元的数据之和，再将结果存入第2单元。第2单元发生如下变化：

（2）　乘　　　8　　　8　　　11

这里可以很清晰地看到，指令3完成后，指令2中的一个地址发生了变化，这种现象的原因，我们会在后面进行分析。

指令4：这条指令与前面简单程序中的指令3一样，要进行条件转移。这条指令的具体内容是：如果第8单元的数小于第7单元的数，则转移到第

1单元，如果情况正好相反，则进行到下一指令（指令5）。我们可以看到，第8单元的数"1"的确比第7单元的"10 000"小，所以转移到第1单元，重复指令1。

指令1完成后：第8单元变为

（8）　2

指令2完成后：第2单元变为

（2）　乘　　8　　8　　11

即将2^2的结果存入第11个单元。现在你知道为什么要提前完成指令3了吗？是的，因为第10个单元已经被占用，新计算出的2^2必须被送入下一单元。

完成指令1、2之后，我们得到了如下数据：

（8）　2
（9）　1
（10）　1^2
（11）　2^2

指令3完成后，第2单元有了新变化：

（2）　乘　8　　8　　12

这意味着计算机已经做好将计算结果存入下一单元（即第12单元）的准备。你一定已经发现，目前第8单元里的数据仍然小于第7单元里的数据，所以执行指令4的方式仍旧是回到第1单元。

计算机再次完成了指令1和指令2，我们得到的数据为：

（8）　3
（9）　1
（10）　1^2
（11）　2^2
（12）　3^2

就像你看到的那样，计算机会按照这个程序，不停地将平方数的计算进行下去。等到第8单元中的数变成10 000之后，这种计算才会停止。因为计算机按照程序算完了从1到10 000全部整数的平方数，这时第8单元里的数已经不再比第7单元里的数小，指令4不会再要求转移至第1单元，而是进行到下一指令，指令5的命令就是"停机"。

下面来看我们要分析的第二个程序，这个程序相对复杂一些：解方程组。当然，这里所给出的仍旧会是一个被简化了的程序，如果你有兴趣，也可以将它完整地写出来，这个方程组是这样的：

$$\begin{cases} ax+by=c \\ dx+ey=f \end{cases} （a、b、c、d、e、f 是已知的常数）$$

解方程组，这并不难：

$$y=\frac{ce-bf}{ae-bd}, \quad y=\frac{af-cd}{ae-bd}$$

解出这个方程组，你至少也要花上几十秒的时间，但计算机解几千个这种方程组，最多只需要1秒钟。

假设有下面一些方程组：

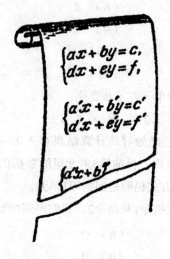

其中 a、b、c、d、e、f、a'、b'、c'……都是已知的常数。

我们来看看让计算机解这些方程组所用的相应程序：

（1）	×	28	30	20	（14）	+	3	19	3	（27）	b
（2）	×	27	31	21	（15）	+	4	19	4	（28）	c
（3）	×	26	30	22	（16）	+	5	19	5	（29）	d
（4）	×	27	29	23	（17）	+	6	19	6	（30）	e
（5）	×	26	31	24	（18）	转移		1	（31）	f

（6）	×	28	29	25	（19）	6	6	0	（32）	a'
（7）	−	20	21	20	（20）	0			（33）	b'
（8）	−	22	23	21	（21）	0			（34）	c'
（9）	−	24	25	22	（22）	0			（35）	d'
（10）	÷	20	21	→	（23）	0			（36）	e'
（11）	÷	22	21	→	（24）	0			（37）	f'
（12）	+	1	19	1	（25）	0			（38）	a''
（13）	+	2	19	2	（26）	a			……	

指令1：将第28单元与第30单元里的数据相乘，将结果存入第20单元，即将 ce 写入第20单元。

接下来依此执行指令2～6，完成后第20～25单元里的数会变为：

（20）ce

（21）bf

（22）ae

（23）bd

（24）af

（25）cd

指令7：用第20单元里的数减第21单元里的数，将结果存入第20单元，即将 $ce-bf$ 写入第20单元。

接下来依此执行指令8～9，完成后第20～22单元里的数会变为：

（20）$ce-bf$

（21）$ae-bd$

（22）$af-cd$

指令10和指令11要求完成除法：

$$\frac{ce-bf}{ae-bd} \text{ 和 } \frac{af-cd}{ae-bd}$$

并将结果记入卡片。

到此为止，第一个方程组中的未知数就全部解完了。

那么其他指令的作用是什么呢？本程序的第12～19单元是使计算机解第二个方程组的指令，其中指令12～17是要求计算机分别计算第1～6单元里的数与第19单元里的数之和，再将结果存回第1～6单元。指令17完成后，第1～6单元里的数据发生了如下变化：

（1）	×	34	36	20
（2）	×	33	37	21
（3）	×	32	36	22
（4）	×	33	35	23
（5）	×	32	37	24
（6）	×	34	35	25

指令18要求转移到第1单元。

在接下来执行指令的过程中，第1～6单元里的数据会发生什么变化呢？很简单，前两个地址的编码不再是26～31，而是变成了32～37。也就是说，机器反复进行着同样的运算，只是这一次是从第二个方程组各系数所在的第32～37单元选数，而不是存贮着第一个方程组各系数的第26～31单元了。第二个方程组就这样解完了，同样的方法，机器继续解第三个方程组，甚至更多的方程组，直到将要求解出的方程组全部解完为止。

分析上面两个程序的过程让我们清楚地意识到学会正确编写程序的重要性。机器靠"自己"其实是什么都不会做的，它只会完成人交给它的程序。这些程序种类繁多，比如计算平方根的程序、计算对数的程序、计算正弦函数的程序、解高次方程的程序，当然还有我们所提到过的下棋程序、翻译程序等。一个明显的特征是：人要求计算机做的工作越复杂，交给它的相应程序就会越复杂。

计算机还有一个重要的功能，那就是编写程序，但这需要人首先交给它一种"编程程序"，有了这种"编程程序"，计算机就能按照程序中的指令自动编写出相应的程序来。编程工作通常是非常繁重的，这种编程程序的使用，能大大减轻人工编程所要承受的"沉重"负担。

第三章

代数与算术

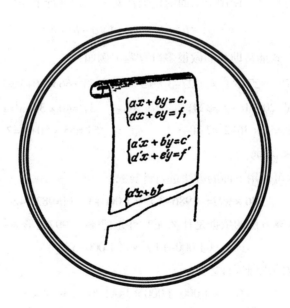

当算术的方法不能严格证明某些论断的正确性时，就必须使用代数的概括的方法。很多的简便算法、一些数的特性、是否能被整除等，这些算术命题都需要用代数的方法进行证明，代数的方法在这里为算术起到了辅助作用，本章我们就要讲讲这一类型的问题。

1. 乘法的速算

计算能力比较强的人在多数情况下会借助简单的代数法对算术式进行变形，以达到减轻计算难度的目的，我们来举几个例子：

例1　988^2

他们通常会这样计算：

$$988 \times 988 = (988+12) \times (988-12) +12^2$$
$$=1\,000 \times 976+144$$
$$=976\,144$$

这个计算过程使用了下面的代数法对算术式进行了变形：

$$a^2 = a^2 - b^2 + b^2 = (a+b)(a-b) + b^2$$

这个公式能帮助我们做很多口算题。例如：

$27^2 = (27+3) \times (27-3) +3^2 = 729$;　$63^2 = 66 \times 60 + 3^2 = 3\,969$

$18^2 = 20 \times 16 + 2^2 = 324$;　　　　　$37^2 = 40 \times 34 + 3^2 = 1\,369$

$48^2 = 50 \times 46 + 2^2 = 2\,304$;　　　　$54^2 = 58 \times 50 + 4^2 = 2\,916$

例2　986×997

这道题可以用下面的方法进行计算：

$$986 \times 997 = (986-3) \times 1\,000+3 \times 14 = 983\,042$$

这种计算方法的依据是什么呢？首先把986×997变形为：

$$(1\,000-14) \times (1\,000-3)$$

按代数的规则进行运算：

$$1\,000 \times 1\,000-1\,000 \times 14-1\,000 \times 3+14 \times 3$$
$$=1\,000 \times (1\,000-14) -1\,000 \times 3+14 \times 3$$
$$=1\,000 \times 986-1\,000 \times 3+14 \times 3$$
$$=1\,000 \times (986-3) +14 \times 3$$

这最后的一行恰好就是我们上面使用的计算方法。

例3　有一种计算两个不同的三位数的乘积的方法是非常有趣的，它对这两个三位数有着严格的要求：十位和百位上的数字要相等，个位上的数字之和要等于10，比如783×787。

计算步骤非常简单：

$$78 \times 79=6\ 162 \quad 3 \times 7=21$$

计算结果为：

$$783 \times 787=616\ 221$$

这种方法的计算依据是这样的：

$$783 \times 787=（780+3）\times（780+7）$$
$$=780 \times 780+780 \times 3+780 \times 7+3 \times 7$$
$$=780 \times（780+3+7）+3 \times 7$$
$$=780 \times（780+10）+3 \times 7$$
$$=780 \times 790+21$$
$$=616\ 200+21$$
$$=616\ 221$$

还有一种更简单的算法：

$$783 \times 787=（785-2）\times（785+2）=785^2-4=616\ 225-4=616\ 221$$

不过选用这种"更简单"的算法也是有代价的，那就是必须求出785的平方。上面一种方法尽管麻烦一些，但计算起来相对轻松。

例4　计算末尾数字为5的两位数的平方，只需用十位数字乘以比自身大1的数，得出积后在结尾写上25。例如：

$$35^2：3 \times 4=12 \quad 答案是：1\ 225$$
$$65^2：6 \times 7=42 \quad 答案是：4\ 225$$
$$75^2：7 \times 8=56 \quad 答案是：5\ 625$$

这种方法的计算依据是：将十位上的数字看作a，则该数可表示为二项式，这个二项式的平方为：

$$(10a+5)^2=100a^2+100a+25=100a(a+1)+25$$

其中$a(a+1)$就是十位上的数字与一个比它本身大1的数的乘积，将这个积乘以100再加上25，与在这个积的结尾写上25没有任何区别。

用同样的方法也可以计算某些分数的平方，但仅包括后面带有 $\frac{1}{2}$ 的分数。比如：

$$\left(3\frac{1}{2}\right)^2 = 3.5^2 = 12.25 = 12\frac{1}{4}$$

$$\left(7\frac{1}{2}\right)^2 = 7.5^2 = 56.25 = 56\frac{1}{4}$$

$$\left(8\frac{1}{2}\right)^2 = 8.5^2 = 72.25 = 72\frac{1}{4}$$

2. 奇特的 1、5、6

在日常的计算过程中，大多数人都应该发现了一个规律，那就是末位为1或5的数连乘后仍会得到末位为1或5的数。

但是你是否发现末位为6的数也有这个特点呢？而且对末位为6的数来说，其任意次方都会是末位为6的数。比如 $46^2=2\,116$，$46^3=97\,336$。

我们可以用代数的方法来证明数字1、5、6的这种特性。先从数字6说起：$10a+6$、$10b+6$ 等都可以用来表示末位为6的数，其中 a、b 是任意正整数，让我们来计算一下 $10a+6$ 和 $10b+6$ 的乘积：

$$(10a+6)(10b+6)$$
$$=100ab+60b+60a+36$$
$$=10(10ab+6b+6a)+30+6$$
$$=10(10ab+6b+6a+3)+6$$

从这个结果可以很清晰地看出，乘积的构成仍是10的倍数与数字6，6仍然处于末位。这种方法也同样能用来证实数字1和数字5的这一特性。

了解了以上规则，我们可以快速判断出以这三个数为末位的数的任意次方的末位数。比如：$386^{2\,567}$ 的末位是6，815^{723} 的末位是5，$491^{1\,732}$ 的末位是1，等等。

3. 结尾的 25 与 76

刚刚我们讲到了数字1、5、6的奇特个性，但你知道有些两位数也有这种特性吗？比如25，甚至还有76呢！

我们就以76为例，任意两个末尾是76的数相乘后得到末尾同样是76的积，现在我们来证明一下这种说法的正确性：

$100a+76$、$100b+76$ 等都可以用来表示结尾为76的数，其中a、b是任意正整数，我们来看看$100a+76$与$100b+76$的乘积：

$$(100a+76)\times(100b+76)$$
$$=10\,000ab+7\,600b+7\,600a+5\,776$$
$$=10\,000ab+7\,600b+7\,600a+5\,700+76$$
$$=100(100ab+76b+76a+57)+76$$

现在你相信了吧？结尾为76的两个数的乘积末位仍是76！

同样的道理，末尾是76的数的任意次方，末位仍旧是76，比如$376^2=141\,376$，$576^3=191\,102\,976$，等等。

4. 无限数位的大数

还有一些"尾巴长长"的数，在经过了连乘之后，所得的积仍旧带有同样的"长尾巴"，这与我们前面讲过的25或76的特性是相同的。

比如我们想要找出属于这一类的三位数，就需要在25或76前加上一位数字。

仍旧以76为例，假设在它的前面增加的数字是k，那么得到的三位数就是：$100k+76$。以这个数为结尾的数可写为$1\,000a+100k+76$、$1\,000b+100k+76$，等等。计算$1\,000a+100k+76$与$1\,000b+100k+76$的乘积可得：

$$(1\,000a+100k+76)(1\,000b+100k+76)$$
$$=1\,000\,000ab+100\,000ak+100\,000bk+76\,000a$$
$$+76\,000b+10\,000k^2+15\,200k+5\,776$$

在这个结果的各部分当中，除了最后两数之外，其他各数都含有三个以上的0，因此我们只看最后两个数。来计算一下这两个数之和与$100k+76$的差：

$$15\,200k+5\,776-(100k+76)$$
$$=15\,100k-5\,700$$
$$=15\,000k+5\,000+100(k+7)$$

如果这个差能被1 000整除，那么上面所求的两数乘积就一定是以100k+76为结尾。从这个结果中我们可以看到，只有当k=3时，这个差肯定能被1 000整除。因此我们正在求的这个三位数是376，376具有我们目前所探讨的这一特性，也就是它的任意次方同样是结尾为376的数，比如376^2=141 376。

现在继续找下去，这一次要找到的是一个具有这种特性的四位数。在376的前面加一位数，假设这个数是l，那么当l等于几时，两个以376为结尾的四位数10 000a+1 000l+376和10 000b+1 000l+376的积的结尾一定是1 000l+376呢？你可以自己动笔计算一下，算出两数之积后，将乘积中的括号去掉，结尾中不少于4个0的各项也去掉，剩下的两项之和就是1 000l+376。用这两项之和减去1 000+376：

$$752\,000l+141\,376-(1\,000+376)$$
$$=751\,000l+141\,000$$
$$=(750\,000l+140\,000)+1\,000(l+1)$$

我们知道，只有当这个差能被10 000整除时，上面两数乘积的结尾才会是1 000l+376，因此l=9,我们所求的四位数是9 376。

如果还想继续向前推理，那么用同样的方法，可以得到09 376、109 376、7 109 376，等等。就这样，一步一步地在求出的数前面（即左边）的数位上不断进行添加，最终将得到一个有无限多个数位的"尾巴长长"的大"数"：

$$……7\,109\,376$$

事实上，如果用同样的方法对两位数"76"进行推理，那么也就是要求出在6的前面加一个什么数字，能使组成的两位数具有我们所探讨的这一特性，所以我们也可以说这个数位无限多的"数"……7 109 376，是在6前面逐一加上相应的数得到的。

这一类型的数能够按照我们通常所用的规则进行加法和乘法运算，原因在于使用竖式进行加法或乘法运算时都必须从右向左完成，而且具有这一特性的两数之和还可以逐位地减去任意多的数字。

但你一定没有想到的是，我们刚刚得到的那个有着无限多个数位的"尾巴长长"的"数"居然能够满足方程：

$$x^2=x$$

这一点对于任何人来说都是难以置信的，那么它的依据是什么呢？

由于这个数的结尾是76，那么它的平方（该数与它自身的乘积）的结尾一定也是76。但同样的，它的结尾也一定是376，或者9 376……换一个说法就是：当x的值是"……7 109 376"时，对它的平方x^2的值从右向左逐位去掉每个数位上的数字，一定会得到一个与x的值相等的数，因此$x^2=x$在这里是成立的。

我们已经分析过了结尾为76的数，用同样的方法也可以对结尾是5的数进行分析，并可以得到5、25、625、0 625、90 625、890 625、2 890 625……最终也将得到一个有无限多个数位的大"数"：

$$……2\ 890\ 625$$

同时，它也可以满足方程$x^2=x$，并且能够证实这个数"等于"：

$$(((5^2)^2)^2)^{2\cdots}$$

这个结果无疑令人觉得乐趣无穷，如果用代数语言来描述它，那就是：方程$x^2=x$（$x=0$和$x=1$除外）有两个"无限"的解，它们分别是：$x=$……7 109 376和$x=$……2 890 625，在十进制中，只有这两个解。

这种数位无限多的数在其他进制中也有，并非十进制的"专利"。

5. 平分羊群

【题目】两个一起贩卖牲口的人把他们共有的一群牛卖了个好价钱，每头牛卖出的钱数都相当于这群牛的总数。然后他们用这笔钱买回了一群大羊和一只小羊羔，大羊的价格是每只10卢布，买完大羊剩下的零头就是那只小羊羔的价钱。现在两个人不再一起做生意了，所以这群羊必须平均分开，分到最后，还有一只大羊和一只小羊羔。两个人商定，分到大羊的人给分到小羊羔的人一些钱来补差额。

那么这个差额是多少钱呢（假定是整数）？

【解题】这道题无法直接变成代数语言，原因是无法列出方程，因此只能用自由的数学思考来找出它的解，但我们必须承认，即便如此，代数还是起到了关键的作用。

根据题意可知，1头牛的价格与牛的总数相等，如果一共有n头牛，那么每头牛的价格就是n卢布，两个人共有的那群牛的总价应该是完全平方数——n^2。

题中提到，平分羊群时，分到最后，还剩下一只大羊与一只小羊羔，可见大羊的数量是奇数，那么n^2的十位上的数也一定是奇数，但个位上是几呢？是6。对于一个完全平方数来说，如果它的十位上是奇数，那么个位上一定是6。我们来证明一下：

用a表示十位上的数字，用b表示个位上的数字，计算这个数的平方可得：

$$(10a+b)^2 = 100a^2 + 20ab + b^2 = (10a^2 + 2ab)\times10 + b^2$$

这个得数并不能直接看出十位上是几，因为十位上的数并非只是$10a^2 + 2ab$，另有一部分包含在b^2里，但可以肯定的是$10a^2 + 2ab$能被2整除，所以它是个偶数，那么现在就只需要看b^2的值了。

b^2是个位上的数字的平方，个位上的数字只可能是0～9，因此b^2的值一定是0、1、4、9、16、25、36、49、64、81这十个数中的一个。而在这十个数中，只有16和36十位上的数字是奇数，而这两个数个位上的数都是6。

因此对于完全平方数$100a^2 + 20ab + b^2$来说，只有当它的个位数为6时，它的十位数才能是奇数。

得到答案已经没有什么难度了：小羊羔的价格是6卢布，10−6=4卢布，分到大羊的人相当于比分到小羊羔的人多得到4卢布，他只有补偿给对方2卢布，才能使双方的所得一样多，因此这个差额是2卢布。

6. 能被 11 整除的数

在做除法的时候，不要忙于开始计算，应该先分析一下被除数的特征，以判断它能否被除数整除。

代数的方法能使这个分析的过程轻松进行。能被2、3、4、5、6、7、8、9、10整除的数都有哪些特征，这已经是常识了，我们没必要在这里进行分析，我们要分析的是能被11整除的数所具备的特征，这无疑是非常实用的。

假设N是一个多位数，它的个位数是a，十位数是b，百位数是c，千位数是d，依次类推。则可以用来表示这个多位数N的算式为：

$$N = a + 10b + 100c + 1000d + \cdots = a + 10(b + 10c + 100d + \cdots)$$

省略号所代表的是N这个多位数后面未写出的各个位数的和。

现在我们从这个代表的算式中减掉一个能被11整除的数：

$$11(b+10c+100d+\cdots\cdots)$$

得到的差数就是：

$$a-b-10(c+10d+\cdots\cdots)$$

如果我们分别计算两个除法——即用刚刚得到的这个差数除以11，和用N除以11，就会发现二者得到的余数是相等的。

现在我们再用这个差数加上一个能被11整除的数：

$$11(c+10d+\cdots\cdots)$$

得到的和就是：

$$a-b+c+10(d+\cdots\cdots)$$

用这个和除以11得到的余数，也与前者相同。

接下来我们再从这所得的数中减去一个能被11整除的数：

$$11(d+\cdots\cdots)$$

就这样一直继续下去，会得到：

$$a-b+c-d+\cdots\cdots=(a+c+\cdots\cdots)-(b+d+\cdots\cdots)$$

用这个数除以11所得的余数，仍与用N除以11得到的余数相等。

所以我们可以给所有能被11整除的数总结出如下特征：当一个数所有奇数位上的数字和与所有偶数位上的数字和之差为0或11的倍数（正负均可）时，这个数能被11整除。如果这个差既不是0也不是11的倍数，则该数不能被11整除。

我们来随便写个数字，比如87 635 064，看看它是否具有这一特征：

奇数位上的数字之和：8+6+5+6=25

偶数位上的数字之和：7+3+0+4=14

二者之差：25−14=11

11能被11整除，因此87 635 064可以被11整除。

除此而外，能被11整除的数还有另外一个特征，这会使那些数位并不多的数更方便判断一些：

将被除数从右向左，按每两位数一节的规则进行分节，然后把每一节上的数都加在一起，如果得数能被11整除，则这个被除数就能被11整除，如果不能，结论就正好相反。

现在我们选一个数来验证一下，比如528。将528从右向左每两个数位分为一节，一共可分为两节，即（5|28），将这两个节上的数相加可得：5+28=33。33能被11整除，所以528可以被11除尽。

那么用这种判断方法是否一定正确呢？我们来证明一下。

将多位数N从右向左按两个数位或者一个数位[1]进行分节，并将每一节上的数分别用a、b、c……来表示，则可将N写为：

$$N = a + 100b + 10\,000c + \cdots\cdots = a + 100(b + 100c + \cdots\cdots)$$

从这个数中减去一个能被11整除的数：

$$99(b + 100c + \cdots\cdots)$$

得到的差数为：

$$a + (b + 100c + \cdots\cdots) = a + b + 100(c + \cdots\cdots)$$

用这个差数除以11得到的余数，与N除以11后得到的余数相等。

接下来用这个差数再减去一个能被11整除的数：

$$99(c + \cdots\cdots)$$

……就这样一直计算下去，最后得到的 $a + b + c + \cdots\cdots$ 除以11得到的余数，仍旧与N除以11所得的余数一模一样。

7. 四位数车牌号

【题目】一辆汽车在大街上公然违反交通规则，三位数学系的大学生目睹了这一场景，遗憾的是他们谁都没记住汽车的四位数车牌号。不过，好在他们学的是数学，有专业上的敏感度，因此多少也注意到了四位数车牌号的一些特点。比如第一位学生记得前两位数字是一样的，第二位记得后两位数字是一样的，第三位记得这个四位数恰好是一个完全平方数。根据他们的这些记忆，能确定出那辆汽车的车牌号吗？

【解题】我们设四位车牌号的前两位是a，后两位是b，这个四位数可以表示为：

---

[1] 当多位数 N 的数位是奇数个时，从右向左按每两位数一节进行分节，最后（最左边）一节一定只有一位数。另外，即使是每两位数一节，但类似"03"这样的一节也可以看作是只有一位数。

$$1\ 000a+100a+10b+b=1\ 100a+11b=11(100a+b)$$

　　显然，这是一个能被11整除的数，根据已知的条件，它又是一个完全平方数，因此它一定能被11^2整除。这也就意味着，$100a+b$一定能被11整除。

　　有了这个前提，根据上一节中总结出的能被11整除的数所具备的任意特征，我们都可以判定$a+b$能被11除尽，而a与b都是小于10的数字，因此a与b的和应该恰好是11。

　　由于$a+b=11$，a的值就应该是$11-b$。

　　对于这个四位数的完全平方数来说，其末位上的只可能是0、1、4、5、6、9，因此a的值也就只可能是11、10、7、6、5、2。

　　这其中符合本题要求的数字只有以下四组：

$$b=4，a=7；b=5，a=6$$
$$b=6，a=5；b=9，a=2$$

　　所以正确的汽车牌照号只能是下面四个数之一：

$$7\ 744、6\ 655、5\ 566、2\ 299$$

　　其中：$2\ 299=121\times19$，5 566能被2整除却不能被4整除，6 655能被5整除却不能被25整除，$7\ 744=88^2$。

　　在这四个数中，只有7 744是完全平方数，因此违反交通规则的那辆车的车牌号是7 744。

8. 能被 19 整除的数

　　在分析过能被11整除的数之后，我们来分析一下能被19整除的数。

　　一个能被19整除的数，去掉它的个位数，用剩下的数加上个位数的两倍，得到的和数一定能被19整除。

　　这条结论是否正确呢？我们来证明一下：假设用x代表10的倍数，用y代表个位上的数字，那么任意数N就可以表示为：

$$N=10x+y$$

　　为了证明能被19整除，我们必须证明$N'=x+2y$能被19整除。

　　现在我们计算N'的10倍与N的差：

$$10N'-N=10(x+2y)-(10x+y)=19y$$

　　根据这个计算过程可以得出：

$$N = 10N' - 19y, \quad 10N' = N + 19y$$

可见：如果N能被19整除，那么$N = 10N' - 19y$也一定能被19整除。同样的，如果N能被19整除，那么$10N' = N + 19y$也一定能被19整除，因此N一定是19的倍数。

我们来举例说明，比如47 045 881，这个数是19的倍数吗？

连续地使用上面提到的方法：

```
4 7 0 4 5 8 8 | 1
              2
4 7 0 4 5 | 9 0
          1 8
4 7 0 6 | 3
        6
4 7 1 | 2
      4
4 7 | 5
1 0
5 | 7
1 4
1 9
```

最后的19无疑是可以被19整除的，所以57、475、4 712、47 063、4 704 590、47 045 881都可以被19整除。

由此可以确定47 045 881是19的倍数。

9. 苏菲·热门定理

这道题来自19世纪的法国数学家苏菲·热门。

求证：任何一个能写成$a^4 + 4$这种形式的数都是合数（$a \neq 1$）。

证明：

$$a^4 + 4 = a^4 + 4a^2 + 4 - 4a^2 = (a^2 + 2)^2 - 4a^2 = (a^2 + 2)^2 - (2a)^2$$
$$= (a^2 + 2 - 2a)(a^2 + 2 + 2a)$$

可见，$a^4 + 4$能表示为两因数的乘积，而这两个因数既不等于1，也不等于它们的乘积$a^4 + 4$。

如何知道这两个因数不等于1呢？首先$a^2 + 2 + 2a$肯定不等于1，另一个因数$a^2 + 2 - 2a$可变形为$(a^2 - 2a + 1) + 1 = (a - 1)^2 + 1$，只有当$a = 1$时，这

个因数才等于1。但题目中已知 $a \neq 1$，所以第二个因数也不等于1，

因此能写成 a^4+4 这种形式的数一定是一个合数。

10. 合数数列

素数，是大于1且不能被除了1和它自身以外的其他任何整数整除的自然数，素数有无限个，又叫质数，

"2、3、5、7、11、13、17、19、23、31……"是个无限长的素数列，把这个数列中的数插入到自然数列，会将其分割成大小不等的合数区段。这样分隔成的区段，会不会有的居然包括一千个连续的、没有被素数隔断的合数呢？

答案是肯定的。尽管让人感觉难以置信，但素数之间的合数区段可以无限长，这是不争的事实。构成某一区段的连续出现的合数可能是一千个，也可能是一百万个、一万亿个，甚至更多。

为了证明这一点，我们需要引用一个阶乘符号 $n!$，它所代表的是从1到 n 这所有 n 个整数的乘积，比如 $5!=1 \times 2 \times 3 \times 4 \times 5$。现在我们要做的，是证明数列

$$[(n+1)!+2] \ 、[(n+1)!+3] \ 、[(n+1)!+4] \cdots\cdots [(n+1)!+n+1]$$

是由 n 个顺序连接的合数组成的数列。

由于所有相邻的两个数都有一个共同的特点：前面的数比后面的数小1，所以这些数的确是按照自然数的顺序排列的，但它们是否全部都是合数呢？我们逐一分析：

第一个数 $[(n+1)!+2]$ 可写为：

$$1 \times 2 \times 3 \times 4 \times 5 \times 6 \times 7 \cdots\cdots (n+1) + 2$$

这无疑是一个合数，本式中的两个加项均含有因数2，可判断这是一个偶数，而任何大于2的偶数都是合数。

第二个数 $(n+1)!+3$ 可写为：

$$1 \times 2 \times 3 \times 4 \times 5 \cdots\cdots (n+1) + 3$$

这也是一个合数，因为本式中的两个加项都是3的倍数。

第三个数 $(n+1)!+4$ 可写为：

$$1 \times 2 \times 3 \times 4 \times 5 \cdots\cdots (n+1) + 4$$

同样是合数，因为式中的两个加项都是4的倍数，可以被4整除。

同理，$(n+1)!+5$ 一定是5的倍数，依此类推，可证明该数列中的每个数都是合数，因为各数均含有除1和它自身之外的因数。

举一个例子：将上述数列中n的换成5，可以写出五个接连出现的合数：722、723、724、725、726。

但这只是由五个接连出现的合数组成的数列中的一种，其他的还有很多，比如：62、63、64、65、66。

或者更小的数：24、25、26、27、28。

【题目】写出由十个接连出现的合数组成的数列。

【解题】根据上述分析过的内容，我们从中选择

$$1 \times 2 \times 3 \times 4 \times 5 \times 6 \times 7 \times 8 \times 9 \times 10 \times 11 + 2 = 39\,916\,802$$

作为所求数列中的一个，那么这个数列可以写为：

$$39\,916\,802、39\,916\,803、39\,916\,804 \cdots \cdots$$

不过同样符合要求的数列并非只此一种，其中有的要比这小很多。

更多个接连出现的合数同样可以很简单地写出来，比如下面是一个由13个接连出现的合数组成的数列，它们只比100稍大些：

$$114、115、116、117 \cdots \cdots 126$$

11. 无限多的素数

经历过前面的分析，你或许会有疑问，既然接连出现的合数数列可以无限长，那么素数的个数是否真的无穷尽呢？看来我们有必要对素数列的无限性进行证明。

这种证明方法是一种反证法，最早出现在《几何原本》里，它的作者是古希腊数学家欧几里得。

证明：假设素数列是有限的，并且最后的一个素数是N，那么数列中各数的乘积就是：

$$1 \times 2 \times 3 \times 4 \times 5 \times 6 \times 7 \cdots \cdots N = N!$$

用这个乘积加1可得到：

$$N! + 1$$

$N!+1$ 作为一个整数，应该至少可以被一个素数整除。但我们已经假

设素数列是有限的，并且最大的数是N。按照这个假设，素数列中的所有数都不会比N大，$N!+1$当然也不可能被小于或者等于$N!+1$的素数整除，因为总会出现余数1，这就得出了自相矛盾的结论。

所以素数个数有限的假设是无法成立的，由此可见，不管我们在自然数列中遇到的连续出现的合数列有多长，它后面的素数都是无限多的。

12. 已知的最大素数

我们不能仅仅确信存在无穷大的素数，同时也要知道哪些数是素数。当一个自然数出现时，它的数值越大，就越吸引人们想知道它是不是素数。但判断一个数是不是素数，仅凭观察与想象还不行，必须要经过严格的计算。到目前为止，我们所知道的最大的素数是

$$2^{2\,281}-1$$

这个数究竟有多大？它是一个十进制的700位数，经过计算机的计算，确定了它是一个素数。

13. 重要计算

在实际计算的过程中经常会遇到一些纯算术的计算，这些计算非常复杂，必须借助代数的方法才会使其变得简易可行。例如需要计算的是：

$$\cfrac{2}{1+\cfrac{1}{90\,000\,000\,000}}$$

这种计算在某些时候是十分必要的，比如我们在计算比电磁波的传播速度慢得多的物体运动速度时，是否只需要按照原来的速度相加规律即可，而不必去考虑相对论引起的力学变化呢？

当一个物体分别以v_1千米/秒和v_2千米/秒的速度进行相同方向的两种运动时，在旧的力学原理与新的相对论力学中，计算物体运动总速度的方法是不一样的。在前者的理论中，其总速度应该是：

$$(v_1+v_2)\ 千米/秒$$

后者却将该速度确定为：

$$\frac{v_1+v_2}{1+\dfrac{v_1 v_2}{c^2}}\ 千米/秒$$

c表示光在真空中的传播速度，大约相当于每秒300 000千米。

举例来说，假设一个物体参与相同方向的两种运动，所用的速度均为每秒1千米，依据旧的力学原理来计算它的总速度，应该是2千米/秒。但按照新的力学原理，它的总速度却是：

$$\frac{2}{1+\dfrac{1}{90\,000\,000\,000}}\ 千米/秒$$

这两个结果之间有多大差距呢？是否可以用精确度极高的测量仪器测出其中的差别呢？我们只有完成上面的计算才能弄清这一点。

我们将分别用算术法和代数法来进行计算，首先是算术法：

先将繁分数化简：

$$\frac{2}{1+\dfrac{1}{90\,000\,000\,000}}=\frac{180\,000\,000\,000}{90\,000\,000\,001}$$

再计算分子除以分母：

```
180 000 000 000      ⌐ 90 000 000 001
 90 000 000 001        1.999 999 999 997…
899 999 999 990
810 000 000 009
 899 999 999 810
 810 000 000 009
  899 999 998 010
  810 000 000 009
   899 999 980 010
   810 000 000 009
    899 999 800 010
    810 000 000 009
     899 998 000 010
     810 000 000 009
      899 980 000 010
      810 000 000 009
       899 800 000 010
       810 000 000 009
        898 000 000 010
        810 000 000 009
         880 000 000 010
         810 000 000 009
          700 000 000 010
          630 000 000 007
           70 000 000 003
```

这一串又一串的数字看得人眼花缭乱，进行这种计算既劳心又伤神，一个不小心就会陷入混乱。在进行这一计算的过程中，重点是要弄清楚所得商中的9到底要重复出现几次。

与之形成鲜明对比的是使用代数法进行计算的过程，这一过程简洁、快速，具有较强的优越性。

这里需要用到一个近似等式：

$$若a是一个极小的分数，那么\frac{1}{1+a} \approx 1-a$$

我们可以验证一下这个近似等式的正确性：

将除数与商的乘积与被除数1进行比较：

$$1 = (1+a)(1-a)，即 1 = 1 - a^2$$

根据已知，a是一个很小的分数（比如0.001），那么a^2一定是一个更小的分数（0.000 001），在这里可以忽略不计，可见这个近似等式是成立的。

由此可以推断，$\frac{A}{1+a} \approx A(1-a)$ 也是成立的。

将上面的分析应用于我们接下来所要进行的计算中[1]：

$$\frac{2}{1+\dfrac{1}{90\,000\,000\,000}} = \frac{2}{1+\dfrac{1}{9\times10^{10}}}$$

$$\approx 2(1 - 0.111\cdots\cdots\times10^{-10})$$

$$= 2 - 0.000\,000\,000\,022\,2\cdots\cdots$$

$$= 1.999\,999\,999\,977\,7\cdots\cdots$$

这一定让你目瞪口呆，因为经过这几个简单的计算步骤，结果就已经出来了。这与前面很长一串复杂的计算得出的结果是一样的，但力气却花费得少得多。

你一定希望了解更多，比如这个结果和我们在举例时提到的与力学有关的题目之间有什么关系。

这个结果说明：在大多数情况下，力学中处理的速度要比光速小得多，所以依据旧的力学原理计算出来的速度中包含的偏差是不易察觉的，这个偏差小到即使是1千米/秒的速度也只是精确到小数点后11位，而在平

---

[1]　我们还要用到这个近似等式：$\frac{A}{1+a} \approx A(1-a)$。

常的技术工作中，甚至也只限于精确到小数点后 4～6 位。因此我们可以说，爱因斯坦新力学在计算比光速慢太多的运动物体的技术数据时几乎产生不了什么影响。

但这种观点并不绝对，因为在现代生活的某些领域中，对于这种偏差就必须小心对待。比如在航空技术领域，卫星和火箭运行的常规速度已经突破 10 千米/秒，在这个前提下，旧的力学原理与爱因斯坦的新力学之间的差别看起来就非常大了，更何况在现实中实现更大的速度也并非不可能的事。

14. 双刃剑

在参与算术的过程中，代数无疑是一把双刃剑。代数的方法的确为算术提供了很大的帮助，但它并不能取代算术，因为在某些时候，代数方法的盲目介入只能使问题变得更麻烦。

真正学好数学的关键在于熟练掌握每一种数学方法，并善于在任何情况下选择适当的方法，从中找出解决问题的最便捷、可靠的途径，而不是花费心思去分辨解题的方法究竟属于哪一领域。

为了给读者们说明一下这种因代数方法的使用反而使问题复杂化的情况存在，我们来举一个可供借鉴的例子：

【题目】一个数，用 2 除余 1，用 3 除余 2，用 4 除余 3，用 5 除余 4，用 6 除余 5，用 7 除余 6，用 8 除余 7，用 9 除余 8。

请问：符合本题条件的最小的一个数是什么？

【解题】曾有人说过，这道题里包含的方程太多了，可是用方程又解不出来。

为什么会这样呢？其实很简单，解这道题根本就不需要列方程，也不需要代数，只用简单的算术推理就足够了。

将这个最小的数加 1，再用和数除以 2，余数肯定是 1+1=2，也可以说，这个和数可以被 2 整除。

同样的道理，这个和数也能被 3、4、5、6、7、8、9 各数分别整除。

能同时被上述各数整除的数，最小的一个是 $9 \times 8 \times 7 \times 5 = 2\,520$，从这个数里减掉 1，就是我们所求的数：

$$2\,520 - 1 = 2\,519$$

本题的答案是 2 519，你可以亲自动手检验一下，它一定是正确的。

第四章

刁藩都方程

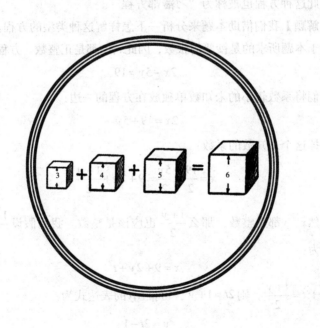

1. 怎样付款

【题目】假如你在商场里看中了一件毛衣，价格是19卢布，而你的钱包中的钞票全部都是2卢布面值的。不巧的是，售货员的钞票又全部是5卢布面值的，你该怎样支付才能将这件毛衣买到手？

想要解出这道题，实际上是求出你该支付几张2卢布面值的钞票，而售货员又应该找给你几张5卢布面值的钞票，这道题中有两个未知数：

x——2卢布面值钞票的张数；y——5卢布面值钞票的张数。

但根据题目中给出的已知条件，这道题只能列出一个方程：

$$2x - 5y = 19$$

这个方程可以有无数组解，但从中找出一组符合题目要求的正整数解并非是一件轻而易举的事，而代数要找出方法来解开这种"不定方程"的原因也正在于此。由于这种方法是由古代著名数学家刁藩都引入代数中的，因此这种方程也被称为"刁藩都方程"。

【解题】我们借助本题来分析一下怎样解这种类型的方程。

由于本题所求的是钞票的张数，因此x和y都是正整数。方程式为：

$$2x - 5y = 19$$

我们将系数较小的未知数单独放在方程的一边：

$$2x = 19 + 5y$$

去掉这个未知数的系数：

$$x = \frac{19}{2} + \frac{5y}{2} = 9 + 2y + \frac{1+y}{2}$$

既然x、y都是整数，那么$\frac{1+y}{2}$也应该是整数。我们假设$\frac{1+y}{2} = t$，方程可写为：

$$x = 9 + 2y + t$$

由于$t = \frac{1+y}{2}$，则$2t = 1 + y$，可推出y的表达式为：

$$y = 2t - 1$$

代入方程：

$$x = 9 + 2(2t - 1) + t = 5t + 7$$

现在我们将上面得到x的y与的表达式写在一起来分析：

$$\begin{cases} x = 5t + 7 \\ y = 2t - 1 \end{cases}$$

可以确定的是，只要t的值为整数，x与y的值就一定是整数。根据题意我们已经知道，x与y的值不仅是整数，更是正整数，因此下面的不等式一定成立：

$$5t+7>0，2t-1>0$$

解这两个不等式可得：

$$5t>-7，t>-\frac{7}{5}；2t>1，t>\frac{1}{2}$$

可见能同时满足两个不等式的解是$t>\frac{1}{2}$，同时t必须是整数，因此t的值一定在下列数中：

$$1、2、3、4\cdots\cdots$$

将这些数分别代入表达式，可以得到：

$$x=7+5t=12、17、22、27\cdots\cdots；\quad y=2t-1=1、3、5、7\cdots\cdots$$

现在答案已经出现了，支付钞票的方式不止一种。

比如你可以支付12张2卢布面值的钞票，并由售货员找回1张5卢布面值的钞票给你：$12×2-5=19$；

或者支付17张2卢布的钞票，并由售货员找回3张5卢布面值的钞票给你：$17×2-3×5=19$，等等。

尽管根据这道题列出的方程有无数组解，但现实应用中可取的解还是有限的。因为对于售货员和顾客来说，每个人能够付出的钞票数都不是无限多的。假设每个人都只有15张钞票，那么支付的方法就只有一种，也就是付12张2卢布面值的钞票，找回1张5卢布面值的钞票。因此用这个不定方程解决实际问题时，其实它给出的只有几种固定的答案。

回顾一下分析这道题的过程，我建议读者朋友们还是亲自动手来做一做这一类型的题目，就当作是做做小练习也好。假如作为顾客的你随身带的只有5卢布面值的钞票，而售货员手中的钞票全部是3卢布面值的，要怎样支付这件毛衣的钱呢？你会得到这样的解：

$$x=5、7、9、11\cdots\cdots，y=3、8、13、18\cdots\cdots$$

检验一下就知道这些解是正确的：

$$5 \times 5 - 2 \times 3 = 19 、 7 \times 5 - 8 \times 2 = 19 、 9 \times 5 - 13 \times 2 = 19 \cdots\cdots$$

用简单的代数方法从本题的母题的解法中也可以得出正确的结果。支付5卢布面值的钞票并找回2卢布面值的钞票，相当于"支付负的2卢布面值的钞票，找回负的5卢布面值的钞票"。所以依然能使用它的母题方程：$2x - 5y = 19$，但已知条件改为 x、y 均为负数。

由于 $x < 0$，$y < 0$，所以根据等式

$$x = 5t + 7 , \quad y = 2t - 1$$

可得到不等式：

$$5t + 7 < 0 , \quad 2t - 1 < 0$$

解不等式可得：

$$t < -\frac{7}{5}$$

所以 t 的取值为 -2、-3、-4……

相对应的 x 与 y 的值为：

$$x = -3 、 -8 、 -13 \cdots\cdots , \quad y = -5 、 -7 、 -9 \cdots\cdots$$

我们以第一组解为例，来描述一下正确的支付方式：

当方程的解为 $x = -3$、$y = -5$ 时，正确的描述是：支付负3张面值为2卢布的钞票，找回负5张面值为5卢布的钞票。改为平常语言就是：支付5张面值为5卢布的钞票，找回3张面值为2卢布的钞票。

其他的解也可以用这种方式来进行描述。

2. 恢复记录

【题目】商店里每隔一定的时间都要进行商品盘点，但在最近的一次盘点时，发现一份记录被墨水弄脏了，墨水遮盖了一些很重要的数据（图12）。

现在已经看不清到底卖掉了多少米的毛绒布，但可以判断不是分数。此外，卖掉的毛绒布的总钱数还有3个数字没有被弄脏，另外能确定在这3个数字之前，还有3个数字被墨点遮盖住了。

毛绒布　米

（每米价 49.36 卢布）

7.28

图 12　被污染的数据

这些蛛丝马迹能帮助盘点人员将这份记录复原吗？

【解题】假设卖出的毛绒布为米，那么卖出这些布料所得的钱数就可以表示为 4 936x 戈比。

再设这份记录中的总钱数被遮住的三位数为 y，它所表示的显然是几千戈比（1 卢布=100 戈比），那么卖掉这些布料所得的钱数还可以表示为 1 000y+728 戈比。

可以列出方程式：

$$4\,936x = 1\,000y + 728$$

两边分别除以 8，可将方程化简为：

$$617x = 125y + 91$$

移项可得：

$$617x - 125y = 91$$

根据题意可知 x 和 y 都是整数，而且 y 一定小于 1 000，我们用前面分析过的方法来解这个方程：

$$125y = 617x - 91$$

$$y = 5x - 1 + \frac{34 - 8x}{125} = 5x - 1 + \frac{2(17 - 4x)}{125}$$

在解这个方程的过程中，我们为了便于运算，将 $\frac{617}{125}$ 写成了 $5 - \frac{8}{125}$。此外，分数 $\frac{2(17 - 4x)}{125}$ 显然是一个整数，而且由于 2 无法被 125 整除，因此 $\frac{(17 - 4x)}{125}$ 也必须是一个整数。我们设 $t = \frac{(17 - 4x)}{125}$，则：

$$y = 5x - 1 + 2t$$

根据 $t = \dfrac{(17-4x)}{125}$，可以得出：

$$17 - 4x = 125t$$

$$x = 4 - 31t + \frac{1-t}{4}$$

再设 $t_1 = \dfrac{1-t}{4}$，x 的表达式可写成：

$$x = 4 - 3t + t_1$$

根据 $t_1 = \dfrac{1-t}{4}$，可以得出：

$$t = 1 - 4t_1，\quad x = 125t_1 - 27，\quad y = 617t_1 - 134$$

由于 y 的范围是 $100 \leq y < 1\,000$，因此 $617t_1 - 134$ 的范围是：

$$100 \leq 617t_1 - 134 < 1\,000$$

解这个不等式，可得出两个解：

$$t_1 \geq \frac{234}{617}，\quad t_1 < \frac{1\,134}{617}$$

根据这两个解可以判断，t_1 的值只能是整数1。

因此：$x=98$，$y=483$。

被墨水弄脏的记录已经复原了：卖出的毛绒布是98米，卖得的钱数是 4 837卢布28戈比，也就是4 837.28卢布。

3. 邮票的数量

【题目】买40张单价分别为1戈比、4戈比和12戈比的邮票一共花了1卢布，请问不同单价的邮票各有几张？

【解题】假设单价为1戈比的邮票有 x 张，单价为4戈比的邮票有 y 张，单价为12戈比的邮票有 z 张，列出方程式：

$$\begin{cases} x + 4y + 12z = 100\,100 \\ x + y + z = 40 \end{cases}$$

将两个方程相减，可得出新方程：$3y+11z=60$，并推出：

$$y=20-11\times\frac{z}{3}$$

由于y是整数，因此$\frac{z}{3}$也一定是整数。设$\frac{z}{3}=t$，则有：

$$y=20-11t \; ; \; z=3t$$

代入第二个方程，可得：

$$x+20-11t+3t=40$$
$$x=20+8t$$

根据题意可知，x、y、z均为正整数，因此t的取值范围是：

$$0\le t\le 1$$

现在可以确定，t的值只能是两个整数，即：

$$t=0 \text{ 或者 } t=1$$

与之相对应的x、y、z值分别是：

当$t=0$时，$x=20$ $y=20$ $z=0$

当$t=1$时，$x=28$ $y=9$ $z=3$

我们来验算一下这两组结果：

$$20\times1+20\times4+0\times12=100；\quad 28\times1+9\times4+3\times12=100$$

可见，这两种买法都符合题目的要求，但如果不允许某一种邮票为0张，那么正确的答案就只能是后面的一种买法了。

下面的题目仍旧属于这种类型。

4. 水果各买几个

【题目】某人花了5卢布买了三种不同的水果（图13），总数量是100个，其中西瓜的单价是每个50戈比，苹果的单价是每个10戈比，李子的单价是每个1戈比，请问这三种水果各买了多少个？

图13 各种水果

【解题】假设共买了x个西

瓜、y个苹果、z个李子，列出方程式：

$$\begin{cases} 50x+10y+z=500 \\ x+y+z=100 \end{cases}$$

将两个方程相减，得到一个新方程：

$$49x+9y=400$$

并推出：

$$y=\frac{400-49x}{9}=44-5x+\frac{4(1-x)}{9}=44-5x+4t$$

接下来的解题过程如下：

$$t=\frac{1-x}{9}$$

$$x=1-9t$$

$$y=44-5(1-9t)+4t=39+49t$$

$$1-9t\geq 0,\quad 39+49t\geq 0$$

$$\frac{1}{9}\geq t\geq -\frac{39}{49}$$

显然，t的值为0，相应的x、y、z的值为：$x=1$，$y=39$，$z=60$。

因此，共买了1个西瓜、39个苹果和60个李子，这是唯一的答案。

5. 出生日期

掌握解不定方程的方法，就能和朋友们玩儿下面的游戏了。

【题目】请一位同学和你一起玩儿这个游戏，让他用自己出生的日子乘以12，用出生的月份乘以31，再计算出两个乘积的和，并把得数告诉你，然后你就能说出他的出生日期了。

举例来说，比如他的生日是2月9日，他会按你的要求做下面的计算：

$$9\times 12=108 \quad 2\times 31=62 \quad 108+62=170$$

算完后，他把最后的计算结果170告诉了你。

你该怎么确定他的生日呢？

【解题】设出生的那一天是x日，所在月份为y月，解出下面的方程式就可以知道同学的出生日期了：

$$12x + 31y = 170$$

由于x和y所代表的是日子与月份，因此不能大于31，y不能大于12，并且必须是正整数。

根据这个方程式可以推出：

$$x = \frac{170 - 31y}{12}$$

对这个表达式进行如下的计算：

$$x = \frac{170 - 31y}{12} = 14 - 3y + \frac{2 + 5y}{12} = 14 - 3y + t$$

由$\frac{2 + 5y}{12} = t$，可得2+5y=12t：

$$y = \frac{-2 + 12t}{5} = 2t - \frac{2(1 - t)}{5} = 2t - 2t_1$$

由$\frac{1 - t}{5} = t_1$，可得$1 - t = 5t_1$：

$$t = 1 - 5t_1$$

代入y的表达式：

$$y = 2(1 - 5t_1) - 2t_1 = 2 - 12t_1$$

代入x的表达式：

$$x = 14 - 3(2 - 12t_1) + 1 - 5t_1 = 9 + 31t_1$$

根据已知条件31≥x>0和12≥y>0，确定t_1的取值范围：

$$-\frac{9}{31} < t_1 < \frac{1}{6}$$

可见t_1的值为0，代入x、y的表达式，方程的解为：

$$x=9，\quad y=2$$

这位同学的生日是2月9日。

这道题还有一种不用方程的解法。假如用a表示和，我们已知$a = 12x + 31y$，可知：

$$a = 12x + 24y + 7y$$

$12x + 24y$能被12除尽，则7y和a分别除以12后得到的余数相同。

事实上，把7y和a分别乘以7，得到的49y和7a分别除以12，得到的余数仍旧相同。

$49y = 48y + y$，$48y$能被12除尽。

综合以上分析可以判定，将y和$7a$分别除以12，得到的余数相等。或者说，当a不能被12除尽时，$7a$除以12得到的余数就是y，当a能被12除尽时，y的值就是12，即$y=12$。到这一步为止，y的数值就有了，那么接下来自然就能轻松地得到x的值。

在大家试着对本题进行计算时，我对大家有一个小小的建议，那就是在计算$7a$除以12之前，用a除以12所得的余数代替a来参与这个计算，难度会小很多。比如本题中，a的值是170，在计算$7a$除以12之前，我们先完成下面的心算：

$$170 = 12 \times 14 + 2 \text{（余数）}$$

$$2 \times 7 = 14$$

$$14 = 12 \times 1 + 2 \text{（}y = 2\text{）}$$

$$x = \frac{170 - 31y}{12} = \frac{170 - 31 \times 2}{12} = \frac{108}{12} = 9 \text{（x=9）}$$

现在已经得到结果：$x = 9$，$y = 2$。

向你的同学宣布吧，他的生日是2月9日！

为了解除你的后顾之忧，现在我们来证明一下这个游戏是否一贯可行，或者说，证明一下这个方程是否永远都会有一组正整数的解。

假设同学的计算结果是a，列出方程$12x + 31y = a$。

这里使用反证法。假设方程有两组正整数解，分别是x_1、y_1和x_2、y_2，并且x_1、x_2不大于31，y_1、y_2不大于12。则：

$$12x_1 + 31y_1 = a$$

$$12x_2 + 31y_2 = a$$

两个方程相减，得到一个新方程：

$$12(x_1 - x_2) + 31(y_1 - y_2) = 0$$

显然，方程式中的$12(x_1 - x_2)$能被31除尽。根据已知，x_1与x_2都是整数且不等于31，因此它们的差一定小于31。但如果x_1与x_2不相等，$12(x_1 - x_2)$不可能被31整除。

可见假设本题有两组解是不可行的。

6. 不同的价格

【题目】三姐妹到集市上卖鸡，大姐带了10只鸡，二姐带了16只鸡，小妹带了26只鸡。从早上卖到中午，她们卖出了一部分，并且每只鸡卖得的钱数相同。下午的时候，三姐妹担心当天卖不完，把剩下的鸡降价出售。调整价钱之后，剩下的鸡很快以同样的价格卖光了。晚上，三姐妹核对了一下钱数，发现每人拿到了35卢布。

你知道三姐妹上午和下午分别把每只鸡卖了多少钱吗？

【解题】假设上午大姐卖掉了x只鸡，二姐卖掉了y只鸡，三妹卖掉了z只鸡，那么三姐妹下午卖掉的鸡就分别是：（$10-x$）只、（$16-y$）只、（$26-z$）只。再假设上午每只鸡的卖价是m卢布，下午每只鸡的卖价是n卢布。我们根据这些情况做了一个表格，如表8所示：

表8

卖出的鸡数				价格
上午	x	y	z	m
下午	$10-x$	$16-y$	$26-z$	n

大姐的10只鸡一共卖了35卢布：$mx+n(10-x)=35$；

二姐的16只鸡一共卖了35卢布：$my+n(16-y)=35$；

三妹的26只鸡一共卖了35卢布：$mz+n(26-z)=35$。

将上述方程适当变形后得到方程组：

$$\begin{cases} (m-n)x+10n=35 \\ (m-n)y+16n=35 \\ (m-n)z+26n=35 \end{cases}$$

用第三个方程分别减去第一、第二个方程，可得：

$$\begin{cases} (m-n)(z-x)+16n=0 \\ (m-n)(z-y)+10n=0 \end{cases} \text{或：} \begin{cases} (m-n)(x-z)=16n \\ (m-n)(y-z)=10n \end{cases}$$

用第一个方程除以第二个方程可推出：

$$\frac{x-z}{y-z}=\frac{8}{5} \text{或} \frac{x-z}{8}=\frac{y-z}{5}$$

由于 x、y、z 三个未知数都是整数，所以 $x-z$ 和 $y-z$ 也是整数。在这种情况下，只有当 $x-z$ 能被8整除且 $y-z$ 能被5整除时，$\dfrac{x-z}{8}=\dfrac{y-z}{5}$ 才能成立，因此 $\dfrac{x-z}{8}=t=\dfrac{y-z}{5}$，并可得：

$$x=z+8t,\quad y=z+5t$$

由于 $x<10$，而大姐和三妹卖到的鸡钱一样多，所以大姐上午卖掉的鸡一定比三妹上午卖掉的鸡数量多，因此 $x>z$。而同时，t 不仅是一个整数，还是一个正数，可见：$z+8t<10$。

我们知道，z 和 t 都是正整数，那么如果要使这个不等式成立，z 和 t 的值只能是 $t=1$，$z=1$。代入方程 $x=z+8t$ 和 $y=z+5t$，可得：

$$x=9,\quad y=6$$

将刚刚求出的 x、y、z 的值代入第一个方程组，得出：

$$m=3\frac{3}{4},\quad n=1\frac{1}{4}$$

三姐妹上午卖掉的鸡每只售价 $3\dfrac{3}{4}$ 卢布，即3卢布75戈比；下午卖掉的鸡每只售价 $1\dfrac{1}{4}$ 卢布，即1卢布25戈比。

7. 两个正整数

【题目】上一题中涉及了三个方程和五个未知数，我们使用了自由思考的解题方法。下面我们要接触到的题目需要使用二次不定方程，上一题中用过的方法同样可取：

对两个正整数进行如下的运算：

（1）将两数相加；（2）用大数减去小数；（3）将两数相乘；（4）用大数除以小数。

将上述四个步骤中得到的结果相加，和是243。

你知道这两个正整数分别是多少吗？

【解题】假设较大的正整数是 x，较小的正整数是 y，可列方程式：

$$(x+y)+(x-y)+xy+\frac{x}{y}=243$$

去分母、去括号、合并同类项，可得：

$$x(2y + y^2 + 1) = 243y$$

由于 $2y + y^2 + 1 = (y+1)^2$ 因此：

$$x = \frac{243y}{(y+1)^2}$$

y 和 $y+1$ 没有公因数，因此只有当243能被 $(y+1)^2$ 整除时，x 才能是整数。而我们知道的是 $243 = 3^5$，可见只有1、3^2、9^2 这三个完全平方数能够整除243。现在我们知道 $(y+1)^2$ 应该等于1、3^2 或 9^2，可见 y 的值应该是8或者2，即：$y=8$ 或 $y=2$。

将 y 的值代入 x 的表达式，可解出：

$$x = \frac{243 \times 8}{81} \text{ 或 } x = \frac{243 \times 2}{9}$$

因此，符合本题要求的答案有两组：24和8或54和2。

8. 一个矩形

【题目】一个矩形的边长是正整数，周长和面积的数值相同，求这个矩形的边长。

【解题】假设这个矩形的边长为 x 和 y。列出方程式：

$$2x + 2y = xy$$

可推出 x 的表达式为：$x = \dfrac{2y}{y-2}$。

根据题意可知，x 和 y 均为正整数，因此：

$$y-2>0，即 y>2$$

将上面得出的表达式变形：

$$x = \frac{2y}{y-2} = \frac{2(y-2)+4}{y-2} = 2 + \frac{4}{y-2}$$

因为 x 是整数，所以 $\dfrac{4}{y-2}$ 同样是整数。但 $y>2$，y 的取值只能是3、4、6，与之相对应 x 的取值为6、4、3。

本题的答案是：符合本题的图形可能是一个长为6宽为3的矩形，也可能是一个边长为4的正方形。

9. 有趣的伙伴

【题目】46和96是一对有趣的伙伴，分别将它们个位与十位上的数字互换位置，得到的两个新的两位数的乘积，与两个数原来的乘积相等。算式为：

$$46 \times 96 = 4\,416 = 64 \times 69$$

你还知道其他有这种特点的两位数吗？能不能把它们全部找出来？

【解题】假设符合要求的一对两位数"伙伴"的十位与个位上的数字分别是 x、y 与 z、t。列出方程式：

$$(10x + y)(10z + t) = (10y + x)(10t + z)$$

化简可得：$xz = yt$。

根据题意可知，x、y、z、t 都小于10且都是整数，现在我们把从1到9这九个数字中乘积相等的数全部列出：

$$1 \times 4 = 2 \times 2 \quad 1 \times 6 = 2 \times 3 \quad 1 \times 8 = 2 \times 4$$
$$1 \times 9 = 3 \times 3 \quad 2 \times 6 = 3 \times 4 \quad 2 \times 8 = 4 \times 4$$
$$2 \times 9 = 3 \times 6 \quad 3 \times 8 = 4 \times 6 \quad 4 \times 9 = 6 \times 6$$

这里一共是9个等式，每个等式都能为我们提供一到两组符合本题要求的"伙伴"。

比如根据 $1 \times 4 = 2 \times 2$，可得到一组符合本题要求的数：

$$12 \times 42 = 21 \times 24$$

根据 $1 \times 6 = 2 \times 3$，可得到两组符合本题要求的数：

$$12 \times 63 = 21 \times 36 \quad 13 \times 62 = 31 \times 26$$

从上面9个等式中我们可以找到的符合本题要求的数一共有14组：

$$12 \times 42 = 21 \times 24 \quad 23 \times 96 = 32 \times 69$$
$$12 \times 63 = 21 \times 36 \quad 24 \times 63 = 42 \times 36$$
$$12 \times 84 = 21 \times 48 \quad 24 \times 84 = 42 \times 48$$
$$13 \times 62 = 31 \times 26 \quad 26 \times 93 = 62 \times 39$$
$$13 \times 93 = 31 \times 39 \quad 34 \times 86 = 43 \times 68$$
$$14 \times 82 = 41 \times 28 \quad 36 \times 84 = 63 \times 48$$

$23 \times 64 = 32 \times 46$ $46 \times 96 = 64 \times 69$

10. 勾股数

测量土地的人员在地上画垂线时，通常会用到一种既方便省力，精确度又高的方法：

如图14所示，假设要通过点A做一条直线，使其垂直于MN，设有任意距离a，在AM上取点B，使BA的距离为3a。取一条足够长的绳子，打两个绳结，使两绳结之间的距离为4a，再打第三个绳结，使第二、第三个绳结间的距离为5a。将第一和第三个绳结分别固定在A点和B点上，用手抓住第二个绳结将绳子拉紧，绳子就被拉成了一个直角三角形，角A为直角。

古代的时候就已经有这种方法了，几千年前古埃及的建筑师在建造金字塔时就曾使用过，那么这种方法的原理是什么呢？

根据勾股定理，对任意一个三角形来说，如果它的三条边的长度成 $3:4:5$ 的比例，这个三角形就一定是直角三角形，因为：$3^2 + 4^2 = 5^2$。

事实上，满足关系式 $a^2 + b^2 = c^2$ 的正整数a、b、c除了3、4、5之外还有很多，这些数被称为"勾股数"，也称为"毕达哥拉斯数"。根据勾股定理，这些数可被视为直角三角形的边长，其中a与b是"直角边"，c是"斜边"。

显然，如果a、b、c是一组整数勾股数，那么pa、pb、pc也是一组整数勾股数（p是整数乘数）。反过来讲，如果一组整数勾股数共有同一个公因数，那么这一组数同时除以这个公因数，就会得到一组新的整数勾股数。既然如此，我们只需讨论一组互为素数的整数勾股数就可以了，因为所有非素数的整数勾股数都是由素数勾股数乘上整数得来的。

任何一组整数勾股数a、b、c中的两个直角边，总会有一个是奇数，而另一个是偶数。现在我们用反证法来证明一下这个结论的正确性。

假设两个直角边a与b都是偶数，那么 $a^2 + b^2$ 肯定也是偶数，相应的，斜边也会是偶数。这就说明a、b、c有了公因数2，但这显然是违背勾股定理的，因此两条直角边a或者b中肯定有一个是奇数。

我们还可以假设两个直角边都是奇数，那么斜边就是偶数，这显然是不可能的。我们假设两条直角边是2x+1和2y+1，它们的平方和为：

$$4x^2 + 4x + 1 + 4y^2 + 4y + 1 = 4(x^2 + x + y^2 + y) + 2$$

这是一个被4除余数为2的数，这说明它不可能是偶数的平方，因为任何一个偶数的平方都是能被4整除的。或者说，两个偶数的平方之和不可能是另一个偶数的平方。换一个说法就是，我们所假设的这一组数不能构成整数勾股数。

所以说，a、b这两条直角边一奇一偶，$a^2 + b^2$是奇数，这意味着斜边c也是奇数。

假设a是奇数，b是偶数，那么：

$$a^2 = c^2 - b^2 = (c+b)(c-b)$$

$c+b$与$c-b$互为素数，证明这一点并不难。

$c+b$与$c-b$的和：$(c+b)+(c-b)=2c$

$c+b$与$c-b$的差：$(c+b)-(c-b)=2b$

$c+b$与$c-b$的积：$(c+b)(c-b)=a^2$

假设$c+b$与$c-b$共有一个不等于1的素因数，也就是说，$2c$、$2b$和a^2共有一个公因数，但因为a是奇数，所以它们的公因数不可能是2。因此，也许a、b、c有公因数，但这是根本不可能的。这使我们的假设与现实之间产生了矛盾，而这种矛盾也恰恰表明，事实上$c+b$与$c-b$的确是互为素数的。

但有一点需要引起我们的注意，那就是如果我们把两个互为素数的数相乘，得到的乘积是一个完全平方数，那么它们中的任何一个都是一个平方数。即：

$$\begin{cases} c+b = m^2 \\ c-b = n^2 \end{cases}$$

这个方程组的解为：

$$c = \frac{m^2 + n^2}{2}, \quad b = \frac{m^2 - n^2}{2}$$

因此：

$$a^2 = (c+b)(c-b) = m^2 n^2, \quad a = mn$$

我们正在分析的整数勾股数的值为：

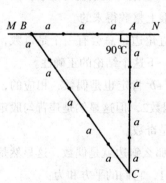

图14　用勾股定理来求解实际问题

$$a = mn, \quad b = \frac{m^2 - n^2}{2}, \quad c = \frac{m^2 + n^2}{2}$$

其中：m 与 n 是一对互为素数的奇数。当然反过来说也是准确的，m 与 n 可以为任何奇数，因为上面的三个表达式总会给出一组整数勾股数。

下面我们为读者列举一些当 m 与 n 为不同的奇数时得到的整数勾股数：

$m=3$	$n=1$	$3^2+4^2=5^2$
$m=5$	$n=1$	$5^2+12^2=13^2$
$m=7$	$n=1$	$7^2+24^2=25^2$
$m=9$	$n=1$	$9^2+40^2=41^2$
$m=11$	$n=1$	$11^2+60^2=61^2$
$m=13$	$n=1$	$13^2+84^2=85^2$
$m=5$	$n=3$	$15^2+8^2=17^2$
$m=7$	$n=3$	$21^2+20^2=29^2$
$m=11$	$n=3$	$33^2+56^2=65^2$
$m=13$	$n=3$	$39^2+80^2=89^2$
$m=7$	$n=5$	$35^2+12^2=37^2$
$m=9$	$n=5$	$45^2+28^2=53^2$
$m=11$	$n=5$	$55^2+48^2=73^2$
$m=13$	$n=5$	$65^2+72^2=97^2$
$m=9$	$n=7$	$63^2+16^2=65^2$
$m=11$	$n=7$	$77^2+36^2=85^2$

除此而外，其他的所有整数勾股数，不是含有公因数，就是含有大于 100 的数。

勾股数（毕达哥拉斯数）有很多令人感觉有趣的特性，我们再为大家介绍一个，但这里就不做证明了：

如果一条直角边小于 3，另一条直角边小于 4，那么斜边一定小于 5。

如果你有兴趣的话，可以用我们刚刚使用过的勾股数来检验一下它的正确性。

11. 方程趣题

据说这是一个令柏拉图产生浓厚兴趣的题目，它的结论是三个整数的立方和等于第四个数的立方。我们来看一下这道题：

三个棱长分别为3厘米、4厘米、5厘米的正方体的体积之和，相当于一个棱长为6厘米的正方体的体积（图15）。

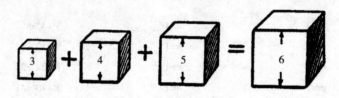

图 15　方块的体积和

为了验证这个结论的正确性，我们看看是否能找到其他可以满足这种关系的等式，也就是说，我们来解这样一个方程式：

$$x^3 + y^3 + z^3 = u^3$$

设 $u = -t$，原方程变为：

$$x^3 + y^3 + z^3 + t^3 = 0$$

现在我们来研究一下如何求得这个方程的所有整数解（无论是正数解还是负数解）：

假设以下是该方程全部整数解中的两组：

第一组：a、b、c、d；　第二组：α、β、γ、δ

将第二组的四个数分别乘以 k，再将结果分别与第一组对应的四个数相加。要求的值要使四个数（$a+k\alpha$、$b+k\beta$、$c+k\gamma$、$d+k\delta$）同样是本方程的整数解，也就是说，k 的值要满足等式：

$$(a+k\alpha)^3 + (b+k\beta)^3 + (c+k\gamma)^3 + (d+k\delta)^3 = 0$$

由于第一、第二组均为本方程的整数解，所以：

$$a^3 + b^3 + c^3 + d^3 = 0 \ ; \ \alpha^3 + \beta^3 + \gamma^3 + \delta^3 = 0$$

将 $(a+k\alpha)^3 + (b+k\beta)^3 + (c+k\gamma)^3 + (d+k\delta)^3 = 0$ 去括号可得：

$$3a^2k\alpha + 3ak^2\alpha^2 + 3b^2k\beta + 3bk^2\beta^2 + 3c^2k\gamma + 3ck^2\gamma^2 + 3d^2k\delta + 3dk^2\delta^2 = 0$$

或：$3k[(a^2\alpha+b^2\beta+c^2\gamma+d^2\delta)+k(a\alpha^2+b\beta^2+c\gamma^2+d\delta^2)]=0$

上式等于0的前提是两项因式中至少有一项的值为0。假设上式中的两个加项所含的每个因数的值都为0，k的值就会出现两个：

$$k=0 \text{ 或 } k=-\frac{a^2\alpha+b^2\beta+c^2\gamma+d^2\delta}{a\alpha^2+b\beta^2+c\gamma^2+d\delta^2}$$

如果$k=0$，则意味着a、b、c、d不加任何数所得的数是我们这个方程的整数解，这个结果对我们来说没有什么意义。

所以我们只能选择$k=-\dfrac{a^2\alpha+b^2\beta+c^2\gamma+d^2\delta}{a\alpha^2+b\beta^2+c\gamma^2+d\delta^2}$。

将这个k值与第二组的四个值分别相乘，再用四个积分别与第一组对应的数相加，就可以得到一组新的数，并且这组数也能够满足我们的方程。

这足以证明，如果能知道这一方程的所有解中的其中两组，就可以求出第三组。

使用这种方法有一个前提，就是要知道这个方程的两组解。但如果我们只知道其中的一组，比如（3、4、5、–6），却不知道另一组是什么，怎么办？也并不难。

假设第二组解为：r、$-r$、s、$-s$，这无疑是可以满足方程要求的。现在的两组解：

第一组：$a=3$，$b=4$，$c=5$，$d=-6$。

第二组：$\alpha=r$，$\beta=-r$，$\gamma=s$，$\delta=-s$。

则k的值为：

$$k=-\frac{-7r-11s}{7r^2-s^2}=\frac{7r+11s}{7r^2-s^2}$$

$a+k\alpha$、$b+k\beta$、$c+k\gamma$、$d+k\delta$的值分别为：

$$a+k\alpha=\frac{28r^2+11rs-3s^2}{7r^2-s^2} \text{；} \quad b+k\beta=\frac{21r^2-11rs-4s^2}{7r^2-s^2}$$

$$c+k\gamma=\frac{35r^2+7rs+6s^2}{7r^2-s^2} \text{；} \quad d+k\delta=\frac{-42r^2-7rs-5s^2}{7r^2-s^2}$$

根据前面的分析可知，这四个表达式能够满足本题的方程。由于四式的分母相同，这意味着由各式的分子组成的一组数也是本方程的解。所以无论r和s如何取值，下列各数均能满足本题方程：

$$x = 28r^2 + 11rs - 3s^2 , \quad y = 21r^2 - 11rs - 4s^2$$
$$z = 35r^2 + 7rs + 6s^2 , \quad t = -42r^2 - 7rs - 5s^2$$

　　将各数分别立方后再相加，就能验证它们是否为本方程的解了。当我们为r、s取各种不同的整数值时，就可以得到符合本方程要求的各种不同的整数解。如果得到了有公因数的解，就可以把公因数除掉。比如当r=1，s=1时，x、y、z、t的值分别为36、6、48、-54，或者是用它们分别除以公因数6之后简化而成的：6、1、8、-9。则这个等式为：

$$6^3 + 1^3 + 8^3 = 9^3$$

　　下面是经过公因数化简后得到的其他一些等式：

r=1	s=2	$38^3 + 73^3 = 17^3 + 76^3$
r=1	s=3	$17^3 + 55^3 = 24^3 + 54^3$
r=1	s=5	$4^3 + 110^3 = 67^3 + 101^3$
r=1	s=4	$8^3 + 53^3 = 29^3 + 50^3$
r=1	s=-1	$7^3 + 14^3 + 17^3 = 20^3$
r=1	s=-2	$2^3 + 16^3 = 9^3 + 15^3$
r=2	s=-1	$29^3 + 34^3 + 44^3 = 53^3$
…	…	……

　　在这里我们发现了一个有趣的细节，那就是如果把最早已知的第一组解，或者把新得到的一组中的四个数调换一下位置，但不改变使用方法，又能得到一组新的解。

　　比如我们将已知的第一组解3、4、5、-6中的数字调换位置，变为：3、5、4、-6，或者说我们假设a=3、b=5、c=4、d=-6，可得到相应的x、y、z、t值：

$$x = 20r^2 + 10rs - 3s^2 , \quad y = 12r^2 - 10rs - 5s^2$$
$$z = 16r^2 + 8rs + 6s^2 , \quad t = -24r^2 - 8rs - 4s^2$$

将与分别取不同的值，就能得到一些新的等式：

r=1	s=1	$9^3 + 10^3 = 1^3 + 12^3$
r=1	s=3	$23^3 + 94^3 = 63^3 + 84^3$
r=1	s=5	$5^3 + 163^3 = 164^3 + 206^3$

$r=1$	$s=6$	$7^3+54^3+57^3=70^3$
$r=2$	$s=1$	$23^3+97^3+86^3=116^3$
$r=1$	$s=-3$	$3^3+36^3+37^3=46^3$
…	…	……

这充分说明，使用这种方法可为本题方程求出的解有无数组。

12. 悬赏证明

这是一道与不定方程有关的"身价不菲"的证明题，出题人曾经许诺出十万马克遗产的馈赠，悬赏寻找能证出此题的人。

这道题是求证一个名为"伟大的费马猜想"或者"费马定理"的命题：两个整数的同次方的和不可能是第三个整数的同次方，二次方除外。

比较通俗地说，就是证明当$n>2$时，$x^n+y^n=z^n$没有整数解。

根据前面的分析，我们已经知道方程$x^2+y^2=z^2$和$x^3+y^3+z^3=t^3$有无数组整数解，但这并不意味着你就能证明的确有能满足$x^3+y^3=z^3$的三个正整数，甚至想要找到四次方、五次方、六次方或者更高次方的解也同样是白费力气，这无疑使我们相信上面提到的伟大猜想的正确性。

那么出题者的许诺是什么呢？也就是使他付出巨额遗产的条件是什么呢？出题者的要求是，证明这一"伟大的猜想"对于所有大于二次方的乘方都是正确的。但问题的关键在于，就连费马定理[1]还没有得到证明呢！

这个问题曾吸引过许多伟大的数学家，但在他们的全部研究结果中，最好的也不过是证明这一定理适用于哪个个别的指数或者某些指数，却没有一个人按照要求以通用的方法证明出这一定理适用于任何整数指数。

戏剧性的是，这个似乎令人摸不到头脑的证明好像被找到过，却没有传下来。

---

[1] 本书第一次出版的时间是 20 世纪上半叶，现在很多文章中都已经有了对费马定理的证明。

费马定理的提出者本人，17世纪的天才数学家费马[1]称自己已经证明了这个定理。他把自己的"伟大猜想"标注在一本刁藩都著作的书页边上，并且写了一句话："我已经找到了证明这一猜想的奇妙的方法，但是这里的空白太小写不下了。"

仅此而已。费马的追随者们找遍了他的所有文稿、书信集，以及其他的地方，都没有发现任何与这种方法相关的蛛丝马迹，他们只好想办法来亲自证明它，并取得了显著的成果：

欧拉（1797年）证明了费马定理的三次方和四次方；

勒让德尔（1823年）证明了五次方；

拉梅和勒贝硌（1840年）证明了七次方[2]；

库莫尔（1849年）证明了小于100的所有整数。

这些成果已经远远超过了费马对数学知识的熟悉范畴，而当初费马本人是如何用通用的方法证明了自己的"伟大猜想"的，就不得而知了，当然，也不排除他证明错了的可能。

如果你有兴趣去了解费马定理的历史与研究现状，可以去看看A.辛钦的作品《伟大的费马定理》，这是一本由专家撰写的向读者介绍基础数学知识的书。

---

[1]　费马（1601—1665）不是职业数学家，他的专业是法律，费马只在业余时间进行数学研究，但他有许多重要的发明，只不过他没有拿这些研究成果去发表，只是写信告诉了他的一些学者朋友，比如帕斯卡、笛卡尔、惠更斯、罗贝瓦尔等。

[2]　对合数指数（4除外）不必进行证明，因为它们可以变成素数指数。

第五章

开　方

1. 开方

加法的逆运算是减法，乘法的逆运算是除法，这是它们唯一的逆运算。但乘方有两种逆运算，分别是求底数和求指数。我们知道代数的运算一共有七种，除加减乘除外，第五种是我们前面介绍过的乘方，第六种就是求底数，也就是开方，求指数是第七种，也叫对数。为什么加法与乘法只有一种逆运算，而乘方却有两种？这是因为对于加法来说，两个加数的作用是一样的，能互换位置，相对来讲，乘法也是如此。但乘方中的两个数——底数与指数却不同，二者不能互换位置，比如 3^5 和 5^3 是不相等的。可以用同样的方法求加法中的任何一个加数，求乘法的任何一个因数也一样，却不能用同一方法求乘方的底数和指数。

开方的符号是 $\sqrt{\ }$，它是拉丁文"根"这个词的第一个字母 r 的变形。16世纪的时候，根号并不是用小写的字母 r，而是用大写字母 R 来表示的，同时还会在的后面写上"平方"的第一个字母 q 或者"立方"的第一个字母 c，比如我们今天的 $\sqrt{4352}$ 在16世纪时被写作：

$$R.q.\,4\,352$$

其实那时候就连加减号都没有通用，当时的加号用字母 p 表示，减号用字母 m 表示，括号与现在也不一样，那时的括号是 ⌊ ⌋。想象一下吧，那时候的代数式在我们今天看来该是多么的不同寻常啊！比如古代的数学家邦贝利（1572年）的著作中有这样一个算式：

$$R.c.\lfloor R.q.4\,352\,p.16\rfloor m.R.c.\lfloor R.q.4\,352m.16\rfloor$$

这让我们看上去简直一头雾水，只有用现在的符号把它"翻译"过来，我们才能看明白：

$$\sqrt[3]{\sqrt{4\,352}+16}-\sqrt[3]{\sqrt{4\,352}-16}$$

开方的运算方法除了用 $\sqrt[n]{a}$ 表示，还可以有另外一种符号，而后者从概括意义上来讲相对更恰当，理由是它直观地强调了方根就是乘方，指数只不过是分数，这个符号的提出者是16世纪荷兰著名的数学家斯台文。

2. 谁大谁小

【题目1】比较 $\sqrt[5]{5}$ 和 $\sqrt{2}$ 的大小（本节中的几道题都只需比大小，不必求值）。

【解题】分别计算出 $\sqrt[5]{5}$ 和 $\sqrt{2}$ 的10次方：

$(\sqrt[5]{5})^{10} = 5^2 = 25$，$(\sqrt{2})^{10} = 2^5 = 32$。因为25<32，所以：$\sqrt[5]{5} < \sqrt{2}$。

【题目2】比较 $\sqrt[4]{4}$ 和 $\sqrt[7]{7}$ 的大小。

【解题】分别计算 $\sqrt[4]{4}$ 和 $\sqrt[7]{7}$ 的28次方：

$(\sqrt[4]{4})^{28} = 4^7 = 2^{14} = 2^7 \times 2^7 = 128^2$，$(\sqrt[7]{7})^{28} = 7^4 = 7^2 \times 7^2 = 49^2$

因为128>49，所以 $\sqrt[4]{4} > \sqrt[7]{7}$。

【题目3】比较 $\sqrt{7} + \sqrt{10}$ 和 $\sqrt{3} + \sqrt{19}$ 的大小。

【解题】分别计算 $\sqrt{7} + \sqrt{10}$ 和 $\sqrt{3} + \sqrt{19}$ 的平方：

$$17 + 2\sqrt{70}，\quad 22 + 2\sqrt{57}$$

用上面得到的两个算式分别减去17：$2\sqrt{70}$，$5 + 2\sqrt{57}$。

再分别计算这两个结果的平方：280，$253 + 20\sqrt{57}$。

接下来分别减去253：27，$20\sqrt{57}$。

现在已经可以对27和 $20\sqrt{57}$ 进行比较了：

由 $\sqrt{57} > 2$ 可知 $20\sqrt{57} > 40 > 27$，因此 $\sqrt{7} + \sqrt{10} < \sqrt{3} + \sqrt{19}$。

3. 一目了然的答案

【题目】请你仔细观察方程 $x^{x^3} = 3$，并说出x的值。

【解题】对代数符号比较熟悉的人会立刻想到x的值是 $\sqrt[3]{3}$，即：$x = \sqrt[3]{3}$。

事实上的确如此，由于 $x^3 + (\sqrt[3]{3})^3 = 3$，所以 $x^{x^3} = x^3 = 3$，可见 $x = \sqrt[3]{3}$ 就是本题的解。

对于不能立刻看出答案的人来说，必须要经过计算的过程求出的值。使用设未知数的方法会更简单些：

我们假设 $x^3 = y$，那么 $x = \sqrt[3]{y}$，方程可变为：$(\sqrt[3]{y})^y = 3$。

用平方的形式来表达就是：$y^y = 3^3$。显然y=3，所以 $x = \sqrt[3]{y} = \sqrt[3]{3}$。

4. 数学滑稽剧

这是一种非常有趣的数学滑稽剧，只有使用第六种数学运算，也就是开方的运算法才能使其顺利演出，比如使 $2 \times 2 = 5$，$2 = 3$，等等。这种数学喜剧之所以吸引人，是因为其中的错误非常简单，每个人都知道，却暗含其中，很难被人一眼就看出来。现在我们就来介绍两出这种代数滑稽剧。

【题目1】首先上场的是一个没有任何争议的等式：$4-10=9-15$。

现在将等式的两边同时加上 $6\frac{1}{4}$：$4-10+6\frac{1}{4}=9-15+6\frac{1}{4}$。

接下来的剧情就会这样发展下去：

$$2^2-2\times2\times\frac{5}{2}+(\frac{5}{2})^2 = 3^2-2\times3\times\frac{5}{2}+(\frac{5}{2})^2$$

$$(2-\frac{5}{2})^2=(3-\frac{5}{2})^2$$

将等式两边同时开平方：$2-\frac{5}{2}=3-\frac{5}{2}$。

再同时加 $\frac{5}{2}$，得到等式：$2=3$。

得到的"等式"让人哭笑不得。为什么会这样？到底是哪里算错了？

【解题】错误的步骤是：$(2-\frac{5}{2})^2=(3-\frac{5}{2})^2$。

两个数的平方相等，但是这两个数不一定相等。比如 $5^2=(-5)^2$，但 $5\neq-5$，一个是正数，一个是负数。

本题就是这样：$(-\frac{1}{2})^2=(\frac{1}{2})^2$，但是 $-\frac{1}{2}\neq\frac{1}{2}$。

【题目2】这是第二场数学滑稽剧，与上一场不仅招数相同，表演的方法也一模一样（图16）。

同样推出一个正确的等式：

$$16-36=25-45$$

将等式两边同时加 $20\frac{1}{4}$：

$$16-36+20\frac{1}{4}=25-45+20\frac{1}{4}$$

图16　这种算法正确吗

使这个等式进行如下变化：

$$4^2 - 2 \times 4 \times \frac{9}{2} + (\frac{9}{2})^2 = 5^2 - 2 \times 5 \times \frac{9}{2} + (\frac{9}{2})^2$$

$$(4 - \frac{9}{2})^2 = (5 - \frac{9}{2})^2$$

$$4 = 5$$

$$2 \times 2 = 5$$

数学的初学者对这种情况应该吸取教训，在解方程时，如果遇到未知数在根号下的情况，要对每一个步骤小心谨慎。

第六章

二次方程

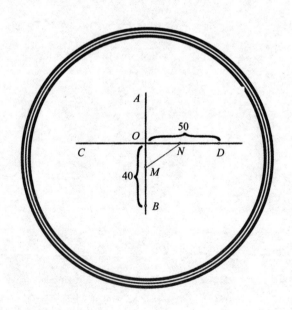

1. 参会人数

【题目】在参加会议的时候，大家都会互相握手。在一次会议前，有个人计算了一下，大家一共握了66次手，你知道参加会议的人有多少吗？

【解题】用代数的方法能够很快解出这道题。设共有x人参加会议，每个人握了$(x-1)$次手，那么全部的人握手的总次数就是$x(x-1)$次。但同时我们还必须注意到一个细节，那就是当一个人握住另一个人的手时，另一个人也同时在握着他的手，这实际上是一次握手，而我们计算的时候却算了两次，所以实际握手的次数应该是$x(x-1)$的一半。列出方程式：

$$\frac{x(x-1)}{2} = 66$$

去分母、去括号、移项：$x^2 - x - 132 = 0$
解方程可得：

$$x = \frac{1 \pm \sqrt{1+528}}{2}$$

本方程的解为：$x_1 = 12$，$x_2 = -11$。

根据题意可知，未知数x的取值应为正整数，因此$x_2 = -11$不符合本题要求，可忽略。正确的答案是：参加会议的一共有12人。

2. 蜜蜂

【题目】古印度流行一种有趣的竞技活动，每当遇到难解的题目就举行竞赛。在某种程度上来说，印度数学教材的编写者们也对这些类似的活动进行了指导，有一位教材编写者这样写道："按照上面的规则，聪明的人能想出一千道题，在公开的竞赛上，当有学识的人提出和解答代数题目时，就像太阳一样光芒万丈，一时间群星暗淡，在他们面前，所有人黯然失色。"原书中用诗一样的语言描述题目，我们特别选取其中的一道题，并将它以散文的形式呈现给读者们：

一群蜜蜂飞向花园，一部分落入茉莉花丛，只数是蜂群一半数量的平方根。在它们后面，只数为全群的 $\frac{8}{9}$ 的蜜蜂紧紧相随。一只小蜜蜂被误入香花陷阱的同伴所吸引，徘徊在一朵莲花旁。这群蜜蜂共有多少只？

【解题】我们设这群蜜蜂的总只数为 x，可列出方程式：

$$\sqrt{\frac{x}{2}} + \frac{8}{9}x + 2 = x$$

为了便于计算，我们再设一个未知数 y，使 $y = \sqrt{\frac{x}{2}}$，则 $x = 2y^2$。

将 x 的表达式代入方程，可得：

$$y + \frac{16y^2}{9} + 2 = 2y^2 \text{ 或 } 2y^2 - 9y - 18 = 0$$

解这个方程，得出：$y_1 = 6$，$y_2 = -\frac{3}{2}$。

与之对应的 x 值为：$x_1 = 72$，$x_2 = 4.5$。

根据题意可知，符合本题要求的 x 的值应为正整数，所以我们只取第一个值，这群蜜蜂的总只数应为72只。我们来验算一下这个答案：

$$\sqrt{\frac{72}{2}} + \frac{8}{9} \times 72 + 2 = 6 + 64 + 2 = 72$$

3. 一群猴子

【题目】这也是一道来自印度的题目，我将用诗歌的形式讲给读者们：

> 一群猴子真调皮，分成两队来游戏。
>
> 八分之一再平方，树林变成竞技场。
>
> 还有剩余十二只，场边加油叫吱吱。
>
> 两队嬉戏乐陶陶，请问猴子共多少？

【解题】假设这两队猴子共有 x 只，可列出方程式：

$$(\frac{x}{8})^2 + 12 = x$$

解方程可得：$x_1 = 48$，$x_2 = 16$。

两个x的值都是正整数解，都符合题目的要求，所以这两队猴子有可能共有48只，也有可能共有16只。

4. 方程先知

对于前面的三道题，我们在对根据题目中的条件列出的方程求解后，又对方程的两个解进行了分析与取舍。在"参会人数"一题中，我们去掉了一个负数解，在"蜜蜂"一题中，我们去掉了分数解，在"一群猴子"一题中，我们用上了全部的解。在一道方程题的解出现时发现居然有两个，这对于解题人来说往往是出乎意料的。即使是对出题人本身来说，也很难提前预知解的个数。下面的例子就属于这一类，在这个题目中，你会发现原来方程早已预知了一切。

【题目】有一个球被向上抛起时的初速度为25米/秒，那么当它处于离地20米的位置时，距离它被抛起的时间过去了几秒？

【解题】根据力学原理，对于向上抛起的物体，在不考虑空气阻力的前提下，符合关系式：

$$h = vt - \frac{1}{2}gt^2$$

其中：h为物体上升高度，v为初始速度，g为重力加速度，t为物体被抛后所经历的时长。

由于物体运动速度相对较小，而空气的阻力也微乎其微，因此这部分阻力可忽略不计。g的常取值为9.8米/秒^2，在这里我们为便于计算，取g值为10米/秒^2（误差仅为2%），将g值及题目中的其他已知值代入上述关系式，可得到方程：

$$20 = 25t - \frac{10t^2}{2}, \ 即 \ t^2 - 5t + 4 = 0$$

解方程可得：$t_1 = 1$，$t_2 = 4$。

根据方程的两个解，可知这个球被抛起有两次处于离地20米高的位置，一次是被抛起后1秒，一次是4秒。

第二个值的出现让人觉得毫无道理，因此我们总会不假思索地将其忽略。但事实上这是个愚蠢的做法，因为第二个解是有充分的存在依据的——这只球的确有两次处于离地20米高的位置。一次是在上升过程中，一次是在下落过程中。我们很容易根据已知的数值计算出，当球以25米/秒的初始速度被向上抛起后，会向上运动2.5秒，这时它的高度是离地31.25米。也就是说，球被抛起大概1秒钟后，会到达离地20米高的位置，接下来它还会继续向上运动约1.5秒，然后开始下落，在又一个1.5秒后，它会再次回到离地20米高的位置，最后用大概1秒钟的时间落回地面。

5. 卖鸡蛋

法国作家司汤达在他的《自传》中提到了发生于他的学生时代的一件事，他写道：

"我从数学老师那里听说了欧拉，也见到了欧拉的那道农妇卖鸡蛋的问题……对于当时的我来说，这可是个重大发现，我发现了利用代数的奇妙之处。关键是在这之前居然从来没有人对我提起过这些，真是岂有此理……"

下面这道题出自欧拉的《代数入门》，是的，这就是让司汤达印象深刻的那道题。

【题目】两农妇结伴到集市上卖鸡蛋，两人一共带了100个。其中一人带得多，一人带得少些，但两人卖到的钱数是一样的。两个人闲聊的时候，第一个农妇说："把你的鸡蛋给我，我能卖15个硬币呢。"第二个农妇说："把你的鸡蛋给我，我只能卖到 $6\frac{2}{3}$ 个硬币。"

每人带了几个鸡蛋呢？

【解题】假设其中一个农妇带了 x 个鸡蛋，那么另一个农妇就带了 $(100-x)$ 个。根据第一个农妇所说，如果她有 $(100-x)$ 个，就能卖出15个硬币，可以推出她定的价格是每个鸡蛋卖 $\frac{15}{100-x}$ 个硬币。同样可知，另一个农妇定的价格是每个鸡蛋卖 $6\frac{2}{3} \div x = \frac{20}{3x}$ 个硬币。

我们已经可以分别列出两个表达式，用来表示两人卖鸡蛋所得的钱数：

$$x \times \frac{15}{100-x} = \frac{15x}{100-x} \text{ 和 } (100-x) \times \frac{20}{3x} = \frac{20(100-x)}{3x}$$

根据题意可知，两位农妇卖得的钱数相等，可列出方程式：

$$\frac{15x}{100-x} = \frac{20(100-x)}{3x}$$

解方程可得：$x_1 = 40$ ，$x_2 = -200$ 。

第二个解为负数解，在此可以忽略。本题的答案只有一个，即：第一个农妇带了40个鸡蛋，第二个带了100-40=60个。

解这道题的方法不止这一种，我还想到了一种更巧妙也更简单的方法，只不过由于不常用，我们常常会想不起它来。

设第二个农妇所带的鸡蛋数量是第一个农妇的k倍，由于两个人卖得同样多的钱数，这说明第一个农妇为每个鸡蛋定的价格是第二个农妇所定价格的k倍。我们假设在开始出售之前两个人互相交换了手里的鸡蛋，那么第一个农妇手里的鸡蛋就是第二个农妇的k倍，售价也是第二个农妇的k倍。这意味着，她卖鸡蛋所得到的总钱数是第二个农妇的 k^2 倍。因此：

$$k^2 = 15 \div 6\frac{2}{3} = \frac{45}{20} = \frac{9}{4} \text{ ，则k值为 } k = \frac{3}{2}$$

接下来我们就把100个鸡蛋分成3：2的比例，答案很快就出现了：第一个农妇带了40个鸡蛋，第二个农妇带了60个。

6. 相同的声音

【题目】广场上分两组放置了5个扬声器，第一组2个，第二组3个，两组之间相隔50米，你知道在哪个位置上两组扬声器传出的声音强弱相同吗？

【解题】如图17所示，如果我们设这个位置距离第一组的2个扬声器x米远，那么它距第二组的3个扬声器就有(50-x)米远。如你所知，扬声器声音的强弱与距离的平方有反比例关系，可列出方程式：

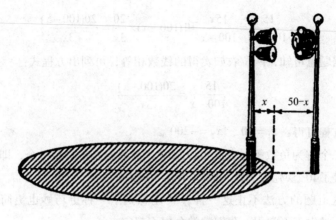

图17　广场上的扬声器

$$\frac{2}{3} = \frac{x^2}{(50-x)^2}$$

化简可得：$x^2 + 200x - 5\,000 = 0$。

解方程：$x_1 = 22.5$，$x_2 = -222.5$。

同样出现了两个解。根据 x_1 的值，我们可以知道，在距离第一组的2个扬声器22.5米远的位置上，听到的两组扬声器传出的声音强弱相同。可以很容易地计算出这个位置距离第二组扬声器50−22.5=27.5米。

但 $x_2 = -222.5$ 这个解是否有意义呢？当然是有意义的。在这里，负号所表明的只不过是方向相反。也就是说，在距离第一组2个扬声器相反的方向222.5米的位置，听到的两组扬声器的声音强弱也是一样的。同理也可以计算出，这个位置距离第二组扬声器222.5+50=272.5米。

现在我们成功地在连接两个声源的直线上找到了两个符合要求的点，不过这样的点在这条线上只有这两个，其他的同样符合要求的点是存在的，但并不在这条线上。正如图17中所绘的那样，满足本题要求的点的几何轨迹是一个圆，我们得到的两个点正是这个圆的直径两端，图上的阴影部分是这个圆内圈定的范围，这个范围是相当大的。在这个圆周的范围之内听到的第一组2个扬声器的声音要比第二组3个扬声器的声音大，在这个圆周的范围之外，情况就正好相反了。

7. 月球引力

使用与上一题同样的方法，我们可以找到地球和月球对宇宙火箭的引力相同的点，让我们来试试。

根据牛顿定律，两物体相互之间的引力与它们质量的乘积成正比，与它们之间的距离的平方成反比。

用表示火箭与地球之间的距离，则地球对每克的火箭质量产生的引力为：

$$\frac{Mk}{x^2}$$

其中，M 为地球质量，k 为当两物体在距离1厘米时双方1克质量与1克质量之间的引力。

同理，月球对每克火箭质量产生的引力为：

$$\frac{mk}{(l-x)^2}$$

其中：m 为月球质量，l 为月球与地球之间的距离（假定火箭在连接地心与月心的直线上）。

根据本题要求列方程式：

$$\frac{Mk}{x^2} = \frac{mk}{(l-x)^2} \ \text{或} \ \frac{M}{m} = \frac{x^2}{l^2 - 2lx + x^2}$$

根据天文知识可以知道 $\frac{M}{m} = 81.5$，因此：

$$\frac{x^2}{l^2 - 2lx + x^2} = 81.5$$

化简：$80.5x^2 - 163lx + 81.5l^2 = 0$。

解方程可得：$x_1 = 0.9l$，$x_2 = 1.12l$。

可见，在地心与月心的连接线上，有两个点符合本题的要求，其中的一点距地心的距离为地球与月球之间距离的0.9倍，另一点距地心的距离为地球与月球之间距离的1.12倍。这一结论与上一题中的结论属于同一类型。现在我们知道地心与月心之间的距离约为384 000千米，因此这两点分别位于地心与月心连接线上距地心346 000千米处和430 000千米处。

从对上一题的分析中我们知道，将我们找到的两个点连接起来，并以这条线段为直径画圆，位于这个圆周上的所有点都能具有相同的性质。如果使这个圆周绕地心与月心的连接线旋转，将会形成一个球面，而这个球面上的所有点也同样满足本题的要求，这个球就是"月球的引力范围"，它的直径是：

$$1.12l - 0.9l = 0.22l \approx 84\ 000\ \text{千米}$$

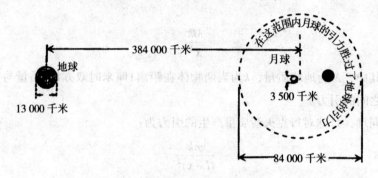

图18　月球的引力范围示意图

有一种看法，认为火箭只要进入月球的引力范围就能到达月球，或者说，认为只要火箭以并不太快的速度进入月球的引力范围，就能滑落到月亮表面，因为月球的引力在这个区域内能够"战胜"地球的引力。如果真是这样，那么到达月球就简单多了，因为只需要把目标放在那个84 000千米、视角为12度的球形区域内，而不再是直径在天空中只有 $\frac{1}{2}$ 度视角的月球本身了。

但这种看法无疑是错误的。假设一支火箭从地球发射升空，它的运行速度随地球引力的变化而逐渐变小，当它终于进入月球的引力范围时，速度降低到0，那么这个时候它会落到月球上吗？绝对不可能。

就算是在月球的引力范围之内，地球引力也并没有失去作用，所以在连接地心与月心的直线之外，月球引力并非"战胜"地球引力，真相是二者按照平行四边形的法则形成了一种合力，而且这种合力并不直接指向月球，但在地球和月球连接线上，这种合力是指向月心的。

还有一个最重要的理由是，月球并非静止不动的。我们在研究火箭相对于月球的运动时，或者说在研究火箭是否会"落到"月球上的时候，必须要注意到火箭相对月球的运行速度，而这个速度会是0吗？不可能的。因为懂常识的人都会知道，月球本身在以1千米/秒的速度绕地球旋转。所以说，如果月球想把火箭吸引过来，哪怕是只使它像一颗人造卫星一样活动在自己的引力范围之内，就必须让火箭相对于月球的运动速度足够大，否则是完全不可能的。

事实上，早在火箭接近月球引力范围之前，月球引力就已经开始对火箭的运动产生实质性的影响了。火箭在太空中运行时，直到它进入半径为66 000千米的月球影响范围的那一刻，才开始考虑到月球的引力，在这个时候对火箭相对月球的运行情况进行分析，完全可以对地球引力忽略不计，但火箭相对月球的运行速度必须进行准确的计算。

所以，科研人员在对针对月球的火箭发射轨道进行设计时，必须以使火箭可以直接飞向月球的标准去设计火箭进入月球引力范围时相对月球的运行速度。当来势汹汹的火箭冲向月球时，在进入月球引力范围的瞬间，应该与月球引力范围有一个碰撞点。

现在你应该知道，到达月球根本不是一件像进入那个直径为84 000千米的球形区域那么简单的事儿。

8. 难题

【题目】波格达诺夫—别尔斯基的名画《口算》对大多数人来说并不陌生，但其画中的那道"难题"却很少有人有兴趣进行研究（图19）。

这道题最大的难度在于，必须在最短的时间内口算说出这个算式的结果：

$$(10^2+11^2+12^2+13^2+14^2)÷365$$

这道题的确难度不小，但对图中那位老师的一个学生来说易如反掌。那位老师是自然科学领域的教授拉金斯基，他为了到乡村中学做一名普通的老师，放弃了自己在大学里的教研室。他是一位天才的教育家，他在中学里教学生们靠对数的特性的熟练掌握进行口算的方法。那道题中的10、11、12、13、14便具有一种非常有趣的特性：

$$10^2+11^2+12^2=13^2+14^2$$

由于100+121+144=365，所以很容易就可以心算出画中算式的结果为2。

关于这一有趣的数列特性的问题，代数可以为我们发现更多。

那么是否还有其他由五个连续整数组成的系列，前三个数的平方和等于后两个数的平方和呢？

图19　波格达诺夫—别尔斯基的《口算》

【解题】我们假设 x 是这种数列的第一个数，可列出方程：

$$x^2+(x+1)^2+(x+2)^2=(x+3)^2+(x+4)^2$$

但比较而言，假设 x 是第二个数会使计算更简单：

$$(x-1)^2+x^2+(x+1)^2=(x+2)^2+(x+3)^2$$

去括号： $x^2-10x-11=0$

解方程可得： $x=5\pm\sqrt{25+11}$

$$x_1=11,\quad x_2=-1$$

所以具有本题所分析的这一特性的数列一共有两组，第一组就是画中的那组：10、11、12、13、14。

第二组是：-2、-1、0、1、2。

你可以计算一下这个等式是否成立：$(-2)^2+(-1)^2+0^2=1^2+2^2$。

9. 找出三个这样的数

【题目】请你找出有这一特性的三个连续整数：第二个数的平方恰好比第一、第三个数的乘积大1。

【解题】设符合本题要求的三个数中的第一个数是x，可列出方程：

$$(x+1)^2 = x(x+2)+1$$

去括号：$x^2+2x+1=x^2+2x+1$

虽然得到的这个等式让我们无法确切地求出x值，但它给了x一个无限的取值范围——它证明了我们所列的是一个恒等式。这意味着方程中的未知数x并非只能取某些值，而是能取任何值。也就是说，任意三个连续整数都具有题目所要求的特性。比如我们随便取三个连续整数：

$$17、18、19$$

可以证明的确具有这一特性：$18^2-17\times19=324-323=1$

证明三个连续整数一定具备这种关系有一种非常简单直接的方法，那就是设第二个数为x，列出方程式：

$$x^2-1=(x+1)(x-1)$$

这明显是一个恒等式。

第七章

最大值与最小值

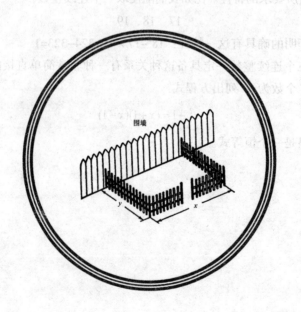

围墙

这一章的题目都非常有趣，所求的是某些量的最大值或者最小值。这些题的解法不止一种，我们在这里介绍其中的一种。

俄罗斯数学家切比雪夫著有《地图绘制》一书，他在书中写道，有些科学方法的意义重大，因为它解决的问题都是人类实践活动中普遍存在着的，也就是解决了如何获得最大利益的问题。

1. 火车头的距离

【题目】在两条垂直交叉的铁路上，有两列火车同时驶向交叉点方向。其中一列火车从距离该点40千米的车站发出，另一列由距离该点50千米的车站发出。已知第一列火车的速度为800米/分钟，第二列的速度为600米/分钟，请问两车发车几分钟后两车头之间距离最短？这时两车头之间距离有多远？

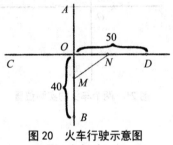

图20　火车行驶示意图

【解题】图20是按本题条件画出的示意图，假设直线 AB 和 CD 为两条垂直交叉于点 O 的铁路线，车站 B 距离点 O 有40千米，车站 D 距离点 O 有50千米。

设当两车发车 x 分钟后，两车头之间距离 m（即 MN）最短。从点 B 发车的第一列火车出发 x 分钟后，行驶的路程是 $BM=0.8x$（800米=0.8千米），则 OM 的距离是 $40-0.8x$。同理， ON 的距离是 $50-0.6x$。根据勾股定理，可得：

$$MN = m = \sqrt{\overline{OM}^2 + \overline{ON}^2} = \sqrt{(40-0.8x)^2 + (50-0.6x)^2}$$

现在将 $m = \sqrt{(40-0.8x)^2 + (50-0.6x)^2}$ 两边平方，简化可得：

$$x^2 - 124x + 4\,100 - m^2 = 0$$

解方程可得： $x = 62 \pm \sqrt{m^2 - 256}$ 。

根据题意可知， x 不可能是虚数，只能是正数或者是0。当 x 为0时， m 值最小，此时 $m^2 = 256$ ，即 $m = 16$ 。

可见，由于 x 不能是虚数，那么 m 不能小于16。将 $m = 16$ 代入 x 的表达式，得出 $x = 62$ 。因此，当两车发车62分钟后两车头之间距离最短，这时两车头之间距离为16千米。

接下来我们求一下两车头距离最短时两车头所处的位置。

第一辆车的车头与交叉点之间的距离为：$OM=40-62×0.8=-9.6$。这里的负号仍旧反映了不同的方向，也就是说，此时第一辆火车已经走过了交叉点并继续前行了9.6千米。用同样的方法可知：

$$ON = 50-62×0.6=12.8 \text{ 千米}$$

可见当时第二辆火车还没有经过交叉点，它的车头在距离交叉点12.8千米的位置上。

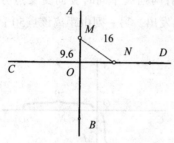

图21　两个车头的实际位置

图21是当时位置的示意图，现在你会发现，两个车头所在的实际位置与我们之前所设想的完全不同。方程是最有预见性的，它提前为我们留下了缓和的余地，即使是我们之前画出的图并不准确，它还是给了我们正确的答案。而方程之所以能做到这一点，完全是因为有了代数的正负号规则。

2. 小站的位置

【题目】有一个村庄（即点B）坐落于一段笔直的铁路一侧（图22），距离铁路20千米，如果我们想从A点到达村庄B，时间最短的走法是先从A点坐火车到C点的小站，再从C点乘汽车到B点的村庄。请你判断一下C点应该设于什么位置。已知火车速度为0.8千米/分钟，汽车速度为0.2千米/分钟。

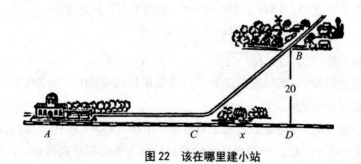

图22　该在哪里建小站

【解题】由点*B*向铁路引垂线，使其与铁路相交于点*D*。设*AD=a*，*CD=x*，则：

$$AC = AD - CD = a - x$$

$$CB = \sqrt{CD^2 + BD^2} = \sqrt{x^2 + 20^2}$$

火车走完*AC*所用时间的表达式为：$\dfrac{AC}{0.8} = \dfrac{a-x}{0.8}$。

汽车走完*CB*所用时间的表达式为：$\dfrac{CB}{0.2} = \dfrac{\sqrt{x^2+20^2}}{0.2}$。

则从*A*点到*B*所用的总时间*m*为：$\dfrac{a-x}{0.8} + \dfrac{\sqrt{x^2+20^2}}{0.2}$，即：

$$\frac{a-x}{0.8} + \frac{\sqrt{x^2+20^2}}{0.2} = m$$

将该方程变形可得：$-\dfrac{x}{0.8} + \dfrac{\sqrt{x^2+20^2}}{0.2} = m - \dfrac{a}{0.8}$。

方程两边同时乘以0.8，得到：$-x + 4\sqrt{x^2+20^2} = 0.8m - a$。

使$0.8m - a = k$，上式可变形为：$4\sqrt{x^2+20^2} = k + x$。

分别计算两边平方去掉根号，并变形为：$15x^2 - 2kx + 6\,400 - k^2 = 0$。

解方程可得：$x = \dfrac{k \pm \sqrt{16k^2 - 96\,000}}{15}$。

根据$k = 0.8m - a$可知，当*m*的值最小时，*k*的值也达到最小，反过来也一样[1]。但*x*显然必须是实数，因此$16k^2$的值不能小于96 000。换个说法就是，96 000是$16k^2$的最小值，所以当$16k^2$=96 000时，*m*值最小。则：

$$k = \sqrt{6\,000}，\quad x = \frac{k \pm 0}{15} = \frac{\sqrt{6\,000}}{15} \approx 5.16$$

可见，无论*a*（即*AD*）的值为多少，小站*C*都应该设置在距离点*D*大约5千米的位置。

需要注意的是，我们在列出本题方程的时候，默认*a－x*的值是一个正数，也就是说，我们求出这个解的前提是*x<a*。

假如*x=a*（即*CD=AD*），或者*x>a*，那么这个小站就根本没有存在的意义，因为到达那里并不需要计算什么最短距离，只管开着汽车直接去就

---

[1] 由于$0.8m = a - x + 4\sqrt{x^2 - 20^2} > a - x + x = a$，因此这里的*k*应该大于0。

可以了。

这一次我们没有盲目依赖方程的预见性，而是用理性的分析占得先机。如果我们不加分辨地相信方程，在 $x = a$ 或者 $x > a$ 的情况下，仍旧会愚蠢地去建一个小站，这会怎么样呢？例如在 $x > a$ 的情况下，沿铁路走的时间 $\dfrac{a-x}{0.8}$ 无疑是一个负数，这简直太荒谬了。

因此，在利用数学方法解题的时候，一定要慎重对待求得的结果。

如果你所使用的数学方法没有真实存在的依据，那么求得的结果也会是毫无意义的。

3. 公路怎么修

【题目】如图23，想从滨河城市的 A 地运货到下游 a 千米、距离河岸 d 千米的 B 地，假如走水路的运费是公路运费的一半（按每吨千米计算），那么该怎样从 B 地到河岸引一条公路线，使从 A 地至 B 地花费的运费最低？

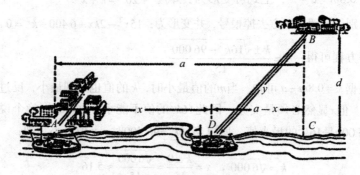

图 23 如何最大限度降低运费

【解题】我们设即将修建的公路为 DB，并且 AD 长度为 x，DB 长度为 y。此外，用 a 表示 AC 的长度，BC 的长度用 d 表示。

根据题意，水路运费是公路运费的一半，而总运费应该取最小值。我们假设这个最少的运费为 m，可列方程：$x + 2y = m$。

由于 $x = a - DC$，而 $DC = \sqrt{y^2 - d^2}$，代入方程可得：

$$a - \sqrt{y^2 - d^2} + 2y = m$$

去根号：$3y^2 - 4(m-a)y + (m-a)^2 + d^2 = 0$。

解方程：$y = \dfrac{2}{3}(m-a) \pm \dfrac{\sqrt{(m-a)^2 - 3d^2}}{3}$。

只有当$(m-a)^2 \geq 3d^2$时，y的值才是实数，因此$3d^2$为$(m-a)^2$的最小值，则有：$m-a = d\sqrt{3}$，$y = \dfrac{2(m-a)+0}{3} = \dfrac{3d\sqrt{3}}{3}$。

将表达式代入公式$\sin\angle BDC = d \div y$中：

$$\sin\angle BDC = \frac{d}{y} = d \div \frac{2d\sqrt{3}}{3} = \frac{\sqrt{3}}{2}$$

根据$\sin\angle BDC = \dfrac{\sqrt{3}}{2}$，可判断$\angle BDC = 60°$，不论$AC$的长度是多少，这条公路与河流的夹角都应该是60°。

与前一题相同，本题的解并非适应所有情况，它只在一定的条件下有存在的意义。在本题中，如果这条公路在A地的另外一侧，那么即使它与河流的夹角是60°这个解也不能适合本题。而且如果真的是这样，直接在A城与B地之间修一条公路就可以了，根本不必走水路。

4. 乘积最大

对于求某一变量的最大值和最小值的问题，下面的代数定理是非常实用的。我们先来看下面的题目：

【题目1】怎样划分才能使一个数的两个部分乘积最大？

【解题】我们假设这个数是a，将它分成两个部分后，其中的每一部分与它的半数之间的差数为x，则这两个部分为：$\dfrac{a}{2}+x$和$\dfrac{a}{2}-x$，它们的乘积是$(\dfrac{a}{2}+x)(\dfrac{a}{2}-x) = \dfrac{a^2}{4} - x^2$。现在可以看出，$x$的值越小，这两部分的差数就越小，它们的乘积越大。当x取最小值0（$x=0$）时，这两个部分的值相等，都是$\dfrac{a}{2}$，而此时它们乘积达到最大。因此，数a的分法应该是对半分。我们可以得出结论：总和不变的两个数，只有在彼此相等时它们的乘积才最大。

【题目2】怎样划分才能使一个数的三个部分乘积最大？

【解题】我们用上题的解法来分析一下这道题，把数a分成三个部分，我们先不考虑三个部分相等的情况，也就是任何一部分都不等于$\frac{a}{3}$，那么这三个部分不可能都小于$\frac{a}{3}$，肯定有一个部分会比$\frac{a}{3}$大，我们这个比$\frac{a}{3}$大的部分是$\frac{a}{3}+x$。当然也肯定有一个部分小于$\frac{a}{3}$，设这部分是$\frac{a}{3}-y$。第三个部分是多少呢？由于x和y都是正数，可以计算出第三个部分是$\frac{a}{3}+y-x$。现在我们把a分成了三个部分，各部分的表达式为：

$$\frac{a}{3}+x \ , \ \frac{a}{3}-y \ , \ \frac{a}{3}+y-x$$

很容易证明，$\frac{a}{3}$与$\frac{a}{3}+x-y$的和等于$\frac{a}{3}+x$与$\frac{a}{3}-y$的和，而前者的差$x-y$却比后者的差$x+y$小。而根据上题的结论可知，$\frac{a}{3}$与$\frac{a}{3}+x-y$的乘积$\frac{a}{3}(\frac{a}{3}+x-y)$也要大于$(\frac{a}{3}+x)(\frac{a}{3}-y)$。

如果我们用$\frac{a}{3}$与$\frac{a}{3}+x-y$取代前两部分，第三个部分维持原状，它们的乘积就会比原来大。

现在我们来看看当其中的一部分等于$\frac{a}{3}$时会怎样。这样的话，另外的两部分就分别是：$\frac{a}{3}+z$和$\frac{a}{3}-z$。

假如另外的这两部分都等于$\frac{a}{3}$，当然它们的和不会发生改变，但乘积肯定会比现在更大，乘积为：$\frac{a}{3}\times\frac{a}{3}\times\frac{a}{3}=\frac{a^3}{27}$。

已经可以肯定，当数a被划分为互不相等的三个部分时，它们的乘积一定会比$\frac{a^3}{27}$小。换句话说，将数a划分三个部分，那么互不相等的三个部分的乘积肯定要小于彼此相等的三个部分的乘积。

用同样的方法证明后你就会发现，这一定理对四个、五个甚至更多的乘数都是成立的。

【题目3】我们来分析一道更为普通的题目：

已知 $x+y=a$，若使 $x^p y^q$ 最大，x 与 y 应取何值？

【解题】根据已知，可得 $x+y=a$，因此我们只需求出 x 为何值时 $x^p(a-x)^q$ 的值最大。我们用 $x^p(a-x)^q$ 与 $\dfrac{1}{p^p q^q}$ 相乘，可以得到：

$$\frac{x^p(a-x)^q}{p^p q^q}$$

可见，它只有不发生变化时，值才会最大。我们可以将它写成如下的形式：

$$\underbrace{\frac{x}{p}\times\frac{x}{p}\times\frac{x}{p}\times\frac{x}{p}\cdots\cdots}_{p 次}\times\underbrace{\frac{a-x}{q}\times\frac{a-x}{q}\times\frac{a-x}{q}\cdots\cdots}_{q 次}$$

上式中所有乘数的和如下：

$$\underbrace{\frac{x}{p}+\frac{x}{p}+\frac{x}{p}+\frac{x}{p}\cdots\cdots}_{p 次}+\underbrace{\frac{a-x}{q}+\frac{a-x}{q}+\frac{a-x}{q}\cdots\cdots}_{q 次}$$

$$=\frac{px}{p}+\frac{q(a-x)}{q}=x+a-x=a$$

可见，这些乘数的总和是一个常数。

根据对前面两题的证明，我们得出结论：

$$\underbrace{\frac{x}{p}\times\frac{x}{p}\times\frac{x}{p}\times\frac{x}{p}\cdots\cdots}\times\underbrace{\frac{a-x}{q}\times\frac{a-x}{q}\times\frac{a-x}{q}\cdots\cdots}$$

的乘积只有在各因数相等的前提下，也就是只有在 $\dfrac{x}{p}=\dfrac{a-x}{q}$ 的时候才能达到最大值。

将 $y=a-x$ 代入上式：$\dfrac{x}{p}=\dfrac{y}{q}$，即 $\dfrac{x}{y}=\dfrac{p}{q}$。

可见在 $x+y$ 的和在一定的前提下，当 $x:y=p:q$ 时，$x^p y^q$ 的值最大。

用同样的方法可以证明，在 $x+y+z$、$x+y+z+t$ 的和在一定的前提下，当 $x:y:z=p:q:r$、$x:y:z:t=p:q:r:u$ 时，$x^p y^q z^r$、$x^p y^q z^r t^u$ 的值最大，等等。

5. 最小的总数

如果读者想通过对有益的代数定理的证明来看看自己的能力，不妨试着对下面的两道题进行一下证明：

（1）两个数的乘积不变，当这两个数相等时它们的和最小。

我们举个例子。比如乘积为36的两个数有6和6、4和9、3和12、2和18、1和36，而这样的两个数的和分别是6+6=12，4+9=13，3+12=15，2+18=20，1+36=37，可见最小的是6+6=12。

（2）几个数的乘积不变，当这几个数全部相等时它们的和最小。

比如，乘积为216的几个数的和分别是：2+6+18=26，3+6+12=21，4+6+9=19，6+6+6=18，其中6+6+6=18最小。

接下来我们用实例证明这些定理在实际中的应用。

6. 方木梁的形状

【题目】将图24中的这根圆木锯成一根方木梁，使其体积最大，你认为截面应该是什么形状？

图24　计算方木梁的体积

【解题】设矩形截面的两边分别是x和y，则根据勾股定理：$x^2 + y^2 = d^2$（d为圆木直径）。

我们知道，当方木梁截面积最大（即xy的值最大）时，它的体积最大。但是，由于$x^2 + y^2$的值不变，那么当xy的值最大时，$x^2 y^2$的值也最大。按照我们前面证明过的定理，当$x^2 = y^2$，或$x = y$时，x^2和y^2的乘积$x^2 y^2$达到了最大值，所以方木梁的截面应该是正方形。

7. 矩形土地

【题目】有一块矩形的土地，在面积一定的前提下，它是什么形状时，围着它所扎的篱笆的长度最短？在外围篱笆长度一定的前提下，它是什么形状时面积最大？

【解题】我们先来看第一问。矩形土地的形状由两边的比值来决定，我们假设这块矩形土地的两边分别是x和y，则其面积为xy，围着它所扎的篱笆长度应该是$2x+2y$。想使篱笆的长度最小，则需使$x+y$最小。我们知道，在xy值一定的前提下，当$x=y$时，$x+y$的值最小，所以这个矩形应该是正方形。

现在看第二问。同样假设土地的两边分别是x和y，外围篱笆长度为$2x+2y$，土地面积为xy。只有当$2x$与$2y$的积$4xy$最大时，xy的值才能最大。但由于$2x+2y$是一定的，因此只有当$2x=2y$时，$4xy$的值才能最大，所以这个矩形仍旧是正方形。

现在我们可以在自己已经了解的正方形的特点之外再加一条，那就是：在面积一定的矩形中，正方形周长最短；在周长一定的矩形中，正方形面积最大。

8. 扇形的风筝

【题目】设计一个扇形的风筝，在周长确定的情况下，要使它的面积最大，该怎样设计它的形状呢？

【解题】我们重新解读一下题目要求：在扇形周长确定的前提下，为使其面积达到最大值，它的弧长和半径的比例应该是多少？

设扇形半径为x，弧长为y，则周长l与面积S的表达式为（图25）：

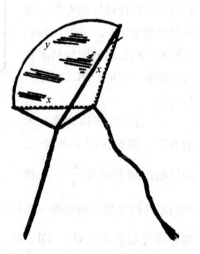

$$l = 2x + y , \quad S = \frac{xy}{2} = \frac{x(l-2x)}{2} 。$$

想使S的值最大，$2x$与y的乘积应该达到最大值，即$2x(l-2x)$的值最大。已知$2x$与y的和$2x+(l-2x)=l$是常数，所以只有当$2x=l-2x$时，$2x(l-2x)$才能最大。解方程可得：

图25　计算扇形风筝的面积

$$x = \frac{l}{4}, \quad y = l - 2 \times \frac{l}{4} = \frac{l}{2}$$

本题的答案是：只有当扇形的半径等于弧长的一半时，也就是当它的弧长为两个半径之和时，或者周长的曲线部分与折线部分相等时，它的面积才能最大。扇形的角约为115°，相当于两个弧度。

9. 改建房屋

【题目】将一座房子拆掉之后，还剩下一面完整的墙，这面墙的长度是12米。现在要在房子的原址重新建起一座面积为112平方米的新房子，已知每修缮1米长的旧墙所用的费用是砌新墙所用费用的25%；如果拆掉旧墙，再用拆下的旧材料砌新墙，每米的费用是用新材料砌墙的50%。在目前的条件下，你觉得这堵旧墙应该修缮还是应该拆掉？

【解题】如图26所示，假设我们选择这样的方案：设将旧墙保留x米，另外$(12-x)$米拆掉，用拆出的旧材料来参与新建第二面墙，第二面墙的长度为y。

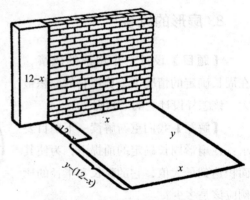

图26　如何使修建新墙的花费最小

用a表示买新料砌墙每米的费用，那么保留下来那x米旧墙的修缮费就是$\frac{ax}{4}$，用拆出的旧材料建第二面墙的一部分$(12-x)$米的费用是$\frac{a(12-x)}{2}$，第二面墙其余部分的费用是$a[y-(12-x)]$。第三、第四面墙显然都必须新建，它们所需的费用分别是ax和ay。四面墙所需要的总费用是：

$$\frac{ax}{4} + \frac{a(12-x)}{2} + a[y-(12-x)] + ax + ay = \frac{a(7x+8y)}{4} - 6a$$

可见当$7x+8y$的值最小时，总费用最少。

根据题意已知新房子的面积为$xy=112$，可得：$7x \times 8y = 56 \times 112$。

我们知道，$7x \times 8y$ 的值在一定的前提下，当 $7x=8y$ 时，$7x \times 8y$ 的值最小，因此 $y=\dfrac{7}{8}x$。将 y 的表达式代入方程 $xy=112$，得出：

$$\frac{7}{8}x^2 = 112$$

解方程可得：$x=\sqrt{128} \approx 11.3$。

既然旧墙的长度是12米，而我们需要留下的部分是11.3米，那么只拆掉0.7米就可以了。

10. 别墅用地

【题目】 要盖一栋新别墅，但在动工之前，需要先把这块地圈起来，现在有一批材料够做 l 米长的栅栏。如图27所示，这块地恰好还有以前建的

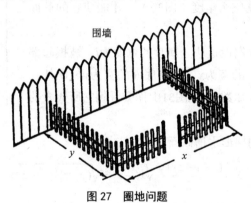

围墙

图 27 圈地问题

一段旧围墙可以用作这块地的一面围墙。根据现有的条件，该如何使圈起的矩形面积最大呢？

【解题】 假设使用旧围墙的那一面长度为 x 米，与旧围墙相邻的新栅栏长度为 y 米，可见要圈起这块地，除了使用这面旧围墙之外，还要再做 $(x+2y)$ 米长的新栅栏，因此 $l=x+2y$。这块地的面积 S 可表示为：

$$S = xy = y(l-2y)$$

可见，若使 $2y(l-2y)$ 值最大，就可以使面积的值最大。为什么我们会提出 $2y(l-2y)$ 而不是 $y(l-2y)$？因为前者恰好是和数为 l 的两个加数的乘积。因此，根据我们证明过的定理，要使这块地的面积 S 达到最大值，

就必须使：$2y = (l - 2y)$

解方程可得：$y = \dfrac{l}{4}$

代入的表达式可得：$x = l - 2y = \dfrac{l}{2}$

也就是说，x的值是y的2倍，即：$x = 2y$

因此想使圈起的这块矩形的地最大，必须使其长度为宽度的2倍。

11. 金属槽

【题目】有一块矩形金属片（图28），现在想用它做一个截面为等腰梯形的金属槽，制作方法不止一种（图29），目前需要知道的是，这个金属槽的各面应该多宽，折成什么角度（图30），才能使它的截面积最大？

图 28　矩形金属片材料

【解题】我们设这块金属片的宽度为l，被折起部分（水槽侧面）的宽为x，水槽底面的宽为y。此外我们还要设一个未知数z，在图31中你会看到它所代表的部分。

我们所求的梯形水槽截面积S为：

$$S = \frac{(z + y + z) + y}{2}\sqrt{x^2 - z^2} = \sqrt{(y + z)^2(x^2 - z^2)}$$

事实上本题的目的就是确定要使S的值最大，x、y、z的值应该为多少。

根据题意，金属片宽度l的值为：$l = 2x + y$。在这个值一定的前提下，截面积表达式可以变化为：$S^2 = (y + z)^2(x + z)(x - z)$。

可见，当x、y、z的值能使S^2最大时，也可使$3S^2$最大。而$3S^2$显然可以表达为几个因数的乘积：$(y + z)(y + z)(x + z)(3x - 3z)$，而这个乘法算式的几个因数的和"$y + z + y + z + x + z + 3x - 3z = 2y + 4x = 2l$"是一定的。因此只有当这四个数彼此相等的时候，也就是当$y + z = x + z$并且$x + z = 3x - 3z$时，它们的乘积最大。

由$y + z = x + z$可得：$y = x$。

图 29 一些不同的截面　　　图 30 截面示意图

根据 $l = 2x + y$ 可得：$x = y = \dfrac{l}{3}$。

由 $x + z = 3x - 3z$ 可得：$z = \dfrac{x}{2} = \dfrac{l}{6}$。

此外，由于 $z = \dfrac{x}{2}$，即直角边 z 等于斜边 x 的一半（图31），并且金属槽底面与斜面的夹角是 $90° + 30° = 120°$，所以，当这个金属槽的梯形截面折成正六边形的三个邻边的形状时，它的面积最大。

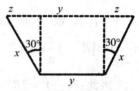

图 31 用代数方法寻找最合适的角度

12. 漏斗的容积

【题目】在制作铁制漏斗的时候，需要用一块圆铁片做漏斗的锥体部分，因此必须先从这块圆铁片上割下一个扇形，然后把剩下的部分卷成一个锥体（图32）。那么，当割下的扇形的弧度为多少时能使锥体的容积最大?

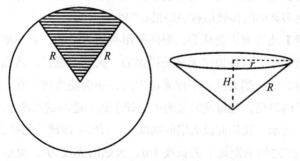

图 32 用圆形铁片制作容积最大的漏斗

【解题】假设圆铁片剪掉一个扇形后剩下部分的弧长（即锥体的周

长）为x，此时圆铁片的半径R就是锥体侧面的母线，圆锥底面的半径r的表达式可根据等式$2\pi r=x$得出：$r=\dfrac{x}{2\pi}$。

根据勾股定理，漏斗锥体的高H为：$H=\sqrt{R^2-r^2}=\sqrt{R^2-\dfrac{x^2}{4\pi^2}}$。

漏斗锥体的体积V为：$V=\dfrac{\pi}{3}r^2H=\dfrac{\pi}{3}(\dfrac{x}{2\pi})^2\sqrt{R^2-\dfrac{x^2}{4\pi^2}}$。

体积的表达式与$(\dfrac{x}{2\pi})^2\sqrt{R^2-(\dfrac{x}{2\pi})^2}$以及它的平方$(\dfrac{x}{2\pi})^4[R^2-(\dfrac{x}{2\pi})^2]$，这三个表达式能够同时达到最大值。其原因在于$(\dfrac{x}{2\pi})^2+R^2-(\dfrac{x}{2\pi})^2=R^2$是一个常数，根据我们已经证明过的理论，当$x$值满足$(\dfrac{x}{2\pi})^2:[R^2-(\dfrac{x}{\pi})^2]=2:1$时，最后一个乘积的值最大。

因此：$(\dfrac{x}{2\pi})^2=2R^2-2(\dfrac{x}{2\pi})^2$，$3(\dfrac{x}{2\pi})^2=2R^2$

$$x=\dfrac{2\pi}{3}R\sqrt{6}\approx5.15R$$

当圆锥体的容积最大时，带有缺口的圆铁片的弧长约为5.15R，其度数约为295°，从圆铁片上割下的扇形的弧度约为65°。

13. 最亮的火焰

【题目】桌子上放着一支燃烧中的蜡烛和一枚硬币，你知道当蜡烛的火焰离桌面多高的时候硬币被照得最亮吗？

【解题】或许有人会认为，要使硬币被照得最亮，只要把蜡烛的火焰放得低些就好了。这种说法无疑是错误的。火焰太低，虽然光源近了，但光线会太斜，而火焰太高，不仅光源太远，还会使光线太直。所以说，想让硬币被照得最亮，就得使蜡烛的火焰处于某个适当的高度上。

如图33所示，我们假设火焰的高度为x，BC（即硬币到蜡烛的火焰A与桌面的垂点C之间的距离）的长度为a，火焰的光度为i。根据光学定律，硬币的亮度可表示为：

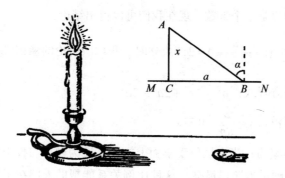

图 33　硬币应该放在哪里

$$\frac{i}{AB^2}\cos\alpha = \frac{i\cos\alpha}{\sqrt{(a^2+x^2)^2}} = \frac{i\cos\alpha}{a^2+x^2} \quad (\alpha \text{ 为光线} AB \text{的投射角})$$

由于 $\cos\alpha = \cos A = \dfrac{x}{AB} = \dfrac{x}{\sqrt{a^2+x^2}}$ ，所以硬币的亮度为：

$$\frac{i}{a^2+x^2} \times \frac{x}{\sqrt{a^2+x^2}} = \frac{ix}{(a^2+x^2)^{\frac{3}{2}}}$$

当 $\dfrac{ix}{(a^2+x^2)^{\frac{3}{2}}}$ 的平方 $\dfrac{i^2x^2}{(a^2+x^2)^3}$ 达到最大值时，硬币的亮度值最大。

由于 i^2 为常数，我们将它略去，然后对 $\dfrac{i^2x^2}{(a^2+x^2)^3}$ 的其他部分进行一些运算：

$$\frac{x^2}{(a^2+x^2)^3} = \frac{1}{(x^2+a^2)^2}\left(1 - \frac{a^2}{x^2+a^2}\right)$$

$$= \left(\frac{1}{x^2+a^2}\right)^2\left(1 - \frac{a^2}{x^2+a^2}\right)$$

刚刚得到的算式可以和 $\left(\dfrac{a^2}{x^2+a^2}\right)^2\left(1 - \dfrac{a^2}{x^2+a^2}\right)$ 同时达到最大值。原因在于后者中多出的乘数 a^4 是一个常数，对于乘积最大时的 x 值不会产生影响。将该式的底数相加，可得到如下的结果：

$$\frac{a^2}{x^2+a^2} + 1 - \frac{a^2}{x^2+a^2} = 1$$

两数的和也是一个常数。现在我们可以得出结论：

当 $\dfrac{a^2}{x^2+a^2} : (1-\dfrac{a^2}{x^2+a^2}) = 2:1$ 成立时，我们所讨论的乘积最大。

由此可得方程式：$a^2 = 2x^2 + 2a^2 - 2a^2$。

解方程可得：$x = \dfrac{a}{\sqrt{2}} \approx 0.71a$。

本题的答案为：当火焰位于桌面上方的高度为硬币与投影之间的距离的0.71倍时，硬币被照得最亮，这种比例关系能帮助人们在工作地点得到最好的照明效果。

第八章

级数各项和

1. 分面包

【题目】那道两千多年前国际象棋发明人的奖赏问题其实算不上最古老的级数问题，林德发现了更早的，那就是埃及著名的林德氏草纸文献中的分面包问题。这一草纸文献的成书时间大约是公元前两千年，而它又是一本完成于公元前三千年的数学著作的摹本。这一文献中收录了众多算术、代数和几何题，分面包问题是其中的一个（非按原文援引）。

五个人分一百份面包，第二个人比第一个人分得多，第三个人比第二个人分得多，第四个人比第三个人多，第五个人比第四个人多，并且大家都多出相同的份数。此外，第一、第二个人分得的面包份数是第三、第四、第五个人分得面包的总和的七分之一。

请问每个人分到了几份面包？

【解题】五个人分到的面包数恰好构成一个递增的算术级数，我们假设第一个人分到x份面包，分配公差为y。如表9所示：

表9

第一人分到的份数	x
第二人分到的份数	$x+y$
第三人分到的份数	$x+2y$
第四人分到的份数	$x+3y$
第五人分到的份数	$x+4y$

根据已知，我们可得到如下方程组：

$$\begin{cases} x+(x+y)+(x+2y)+(x+3y)+(x+4y)=100 \\ 7\times[x+(x+y)]=(x+2y)+(x+3y)+(x+4y) \end{cases}$$

将这两个方程分别化简，可得到一个新的方程组：

$$x+2y=20$$

第二个方程变为：$11x=2y$

解方程组可得：

$$x=1\frac{2}{3}, \quad y=9\frac{1}{6}$$

五个人分到的面包份数分别是：

$$1\frac{2}{3}份、10\frac{5}{6}份、20份、29\frac{1}{6}份、38\frac{1}{3}份。$$

2. 方格纸上的级数

　　拥有五千多年历史的级数问题，出现在我们日常中学教学中的历史却没有那么早。马格尼茨基编写于三百年前的那本书在长达半个世纪的时间里被作为中学教学的基础材料，但这本书中虽然涉及了级数的内容，却并未给出表示各项之间关系的公式，可见马格尼茨基本人对这一问题的掌握也十分有限。

　　方格纸可以简单直观地用台阶式的图形将算术级数的求和公式推导出来。例如在图34中可以清晰地看到，ABDC所表示的级数是：2、5、8、11、14。我们把台阶式图形扩成矩形ABGE，便可以得到两个相同的台阶式图形：ABDC和DGEC，而二者中的任何一个的面积都是我们所求的级数中各项的总和，可见，矩形ABGE的面积相当于级数总和的2倍，即：

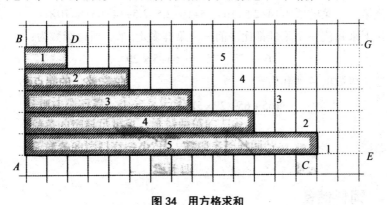

图34　用方格求和

$$(AC+CE)\times AB$$

　　由于AC+CE所代表的是第一项和第五项的和，AB所代表的是级数的项数，因此级数总和S的2倍可以表示为：

$$2S=(首尾两项的和)\times(项数)或S=\frac{(首项+末项)\times(项数)}{2}$$

3. 总路程

【题目】主人的菜园里有30个菜畦，每个菜畦长16米，宽2.5米。每次浇水，主人都要到离菜园边14米远的水井提水，并且只能走地界，而他每提一次水只能浇一个菜畦（图35）。那么以水井的位置为准，请你计算出主人浇完整个菜园要走的总路程。

图35 浇菜问题

【解题】我们来计算一下主人浇每个菜畦要走的路：

浇第一个菜畦要走14+16+2.5+16+2.5+14=65米。

浇第二个菜畦要走14+2.5+16+2.5+16+2.5+2.5+14=65+5=70米。

接下来每浇一个菜畦都比浇前一个菜畦多走5米，所以级数为：

$$65、70、75……65+5×29$$

这个级数的各项和为：

$$\frac{(65+65+29×5)×30}{2}=4\ 125米$$

菜园主人浇完整个菜园要走的总路程是4 125米。

4. 饲料储备

【题目】养鸡场里共养了31只鸡，建场的时候，场主按每只鸡每周1斗的定量为这些鸡准备了一批饲料。当时预计鸡的数量始终是31只，但没想到，随着时间的推移，每周都会少一只鸡，导致那批饲料可以维持的时间是预计的两倍。

请问那批饲料共有多少？预计可以喂多久？

【解题】假设场主在建场的时候，一共准备了x斗饲料，预计可以使用的期限是y周，可列出方程式：

$$x = 31y$$

根据已知可计算出：第一周使用了31斗饲料，第二周使用了(31-1)斗
（30斗），第三周(31-2)斗（29斗）……依此类推，直到预计的两倍期限
的最后一周，这一周消耗的饲料数量是：

$$31 - (2y-1) \text{斗，即 } (31-2y+1) \text{斗}$$

现在可以列出饲料总储存量的表达式：

$$x = 31y = 31 + 30 + 29 + \cdots\cdots + (31 - 2y + 1)$$

这个包括项的级数的首项为31，末项为 $31 - 2y + 1$，各项总和的表达
式为：

$$31y = \frac{(31 + 31 - 2y + 1)2y}{2} = (63 - 2y)y$$

根据题意可知，y 一定是正整数，所以可将上式两边的 y 约掉，得出：

$$31 = 63 - 2y，则 y = 16$$

因此： $x = 496$。

本题的答案为：一共准备了496斗饲料，当时预计使用的期限是
16周。

5. 劳动时间

【题目】学校要在校园里挖一条沟，并把这项工作交由高年级的学生
负责，学生们为此专门组成了一个挖土队（图36）。如果全队的同学一起
挖，只需挖24小时。但事实上开始的时候只有一个人挖，过了一会儿第二
个人才过来和他一起挖，再过了同样的时间又来了第三个人……就这样一
直到全队的人全部到
齐。经过计算得到，第
一个人劳动的时间相当
于最后一人劳动时间的
11倍。

请问最后一个人挖
了多长时间？

【解题】假设最后

图36　正在挖沟渠的学生

一人的劳动时间是 x 小时，全队总人数是 y 人。那么第一个人的劳动时间就是 $11x$ 小时，全队的劳动时间是一个 y 项递减级数，其首项是 $11x$，末项是 x。全队的总劳动时间，即级数总和为：

$$\frac{(11x+x)y}{2}=6xy$$

根据题目中已知，如果全队的同学一起挖，只需挖24小时，也就是说，要挖完这条沟需要的总时间是 $24y$ 小时，因此：

$$6xy=24y$$

y 是正整数，可以从等式两边约掉，等式变为：

$$6x=24$$

解方程可得：

$$x=4$$

可见最后一人的劳动时间是4小时。

我们已经对题目中的问题进行了解答，但你一定注意到我们所设的另一个未知数 y，也就是全队的总人数，我们并没有计算出来。实际上这个未知数在这里只能起到一个辅助作用，而这个数本身是求不出来的，原因是现有的已知条件不足。

6. 卖苹果

【题目】果园的主人在果园门口摆了一堆苹果，他卖给第一个顾客所有苹果的一半加半个，卖给第二个顾客剩余苹果的一半加半个，卖给第三个顾客还是剩余苹果的一半加半个，依此类推，直到第七个顾客到来的时候，买到了当时所剩的苹果的一半加半个。到此为止，这一堆苹果全部卖光了。

请问，果园主人在门口摆了多少个苹果？

【解题】我们假设主人在门口摆了 x 个苹果，则第一个顾客买到的苹果有：

$$\frac{x}{2}+\frac{1}{2}=\frac{x+1}{2}\text{个}$$

第二个顾客买到了：$\frac{1}{2}(x-\frac{x+1}{2})+\frac{1}{2}=\frac{x+1}{2^2}\text{个}$；

第三个顾客买到了：$\frac{1}{2}(x-\frac{x+1}{2}-\frac{x+1}{4})+\frac{1}{2}=\frac{x+1}{2^3}$个；

……

第七个顾客买到了$\frac{x+1}{2^7}$个。

可列出方程式：$\frac{x+1}{2}+\frac{x+1}{2^2}+\frac{x+1}{2^3}+……+\frac{x+1}{2^7}=x$。

或：$(x+1)(\frac{1}{2^1}+\frac{1}{2^2}+\frac{1}{2^3}+……+\frac{1}{2^7})=x$。

括号里的级数各项总和为：

$$\frac{x}{x+1}=1-\frac{1}{2^7}$$

解方程可得：

$$x=2^7-1=127$$

因此，主人在果园门口摆了127个苹果。

7. 买钉子送马

【题目】马格尼茨基所著的《算术》一书中，有一道有趣的题目：

某人以156卢布的价格卖掉了一匹马，但买主买到马后立刻就后悔了，他把马还给了卖主（图37），说这匹马不值那么多钱，这时马的主人说："你要是觉得这匹马的价钱高，那不如只买马蹄上的钉子，买钉子的话，我把马白送给你。这匹马的每个蹄子上有6个钉子，第一个钉子$\frac{1}{4}$戈比，第二个钉子$\frac{1}{2}$戈比，第三个1戈比，依此类推。"

图37 买马蹄钉白送马

买主听说买钉子就能白得一匹马，非常感兴趣，他心里盘算，这些钉子加起来，应该也超不过10卢布，所以就答应了卖主的条件。

他想得对吗？按照卖主开出的条件，买主一共要花多少钱？

【解题】按照卖主开出的条件，买主买24颗钉子要花的总钱数为：

$$\left(\frac{1}{4}+\frac{1}{2}+1+2+2^2+2^3+\cdots\cdots+2^{24-3}\right)\text{戈比}$$

计算结果为：

$$\frac{2^{21}\times 2-\frac{1}{4}}{2-1}=2^{22}-\frac{1}{4}=4\,194\,303\frac{3}{4}\text{戈比}\approx 42\,000\text{卢布}$$

这就很容易理解为什么卖主乐于白送一匹马了。

8. 军人的抚恤金

有一本出版于1795年的数学教科书，标题很长——《一本由研究炮兵学的教师阿尔蒂莱里·施特科–尤凯勒和数学老师瓦依加霍夫斯基编写的，适于年轻人进行数学练习的纯数学教程》，我们从这本书中找到了下面这道题。

【题目】这是一个非常"慷慨"的抚恤金发放制度：军人第一次受伤发1戈比，第二次受伤发2戈比，第三次受伤发4戈比，依次类推。有一位军人得到的抚恤金总数为655卢布35戈比，请问他受过几次伤？

【解题】我们假设这位军人一共受过x次伤，可列方程式：

$$65\,535=1+2+2^2+2^3+\cdots\cdots+2^{x-1}$$

或：

$$65\,535=\frac{2^{x-1}\times 2-1}{2-1}=2^x-1$$

$$65\,536=2^x$$

解方程可得：$x=16$。所以这位军人受了16次伤，才能得到655卢布35戈比的抚恤金。

第九章

第七种数学运算

1. 对数

我们提到过代数的第五种运算——乘方有两种逆运算。假设 $a^b = c$，那么求 a 的值就是它的一种逆运算——开方，求 b 的值则是另一种逆运算——求对数。

如果读者们对中学课程中有关对数的基本理论比较熟悉，就能很轻松地求出 $a^{\log_a b}$ 的值。显然，如果对数的底数 a 的乘方的次数是数 b 的对数，那么这一表达式的得数应该还是数 b。

发明者耐普尔曾这样表达自己发明对数的初衷："我要尽最大的努力让大家摆脱令人窒息的计算过程，因为很多人正是因为烦透了复杂的计算才会放弃学习数学。"

耐普尔的初衷可以说已经达到了，因为对数的确大大降低了计算的难度，并使其速度变得快捷起来，并且一些诸如任意指数的开方等方面的计算，都必须在对数的帮助下才能得以进行。

伟大的数学家拉普拉斯曾高度评价耐普尔的这一发明，他说："对数的发明，使人们用几天时间就能完成从前用几个月的时间才能完成的工作，这相当于为天文学家延长了一倍的寿命。"拉普拉斯的话道出了所有必须和数的计算打交道的人的心声，而他之所以用天文学家来做这个比较，是因为天文学家总是不得不进行一些非常复杂同时也令人十分厌烦的计算。

如今我们已经习惯了使用对数，并且对它给计算带来的便利习以为常，所以它刚出现时曾引起的轰动对我们来说是难以想象的。与耐普尔同时代的伦敦数学家亨利·布利格在看到耐普尔的著作时曾这样写道："耐普尔的令人叹为观止的对数坚定了我的决心，今年夏天我希望能与他会面，因为他的著作是如此令人惊奇与爱不释手。"那个夏天，布利格如愿以偿地到达苏格兰，并见到了耐普尔。布利格对这位对数的发明者说：

"我的这次远行只是为了与你见上一面。我想听你亲口说说，你是用怎样的智慧与方法，一下子就想出了对数的呢？它对天文学所起到的作用简直妙不可言！无论如何我也没有想到，你发明的对数居然看起来这么简单，那为什么在此之前就没有人做到呢？"

就是这位布利格先生，后来因为发明了十进制对数而声名远扬。

2. 对数的对手

人们为了加快计算的速度，一直都在进行着类似的研究。早在对数发明之前，就已经出现了另一种表。根据这种表，乘法的运算是用减法来代替的，而不是用加法。这种表的依据是恒等式：

$$ab = \frac{(a+b)^2}{4} - \frac{(a-b)^2}{4}$$

你可以把括号去掉看一看，很容易证明它是正确的。

有了这种表，计算两个数的乘积就不必进行乘法运算，只要用两数之和的平方的四分之一减去它们的差的平方的四分之一就可以得出结果。

这种表格的出现简化了求和与求平方根的过程，用它与倒数表搭配使用，还可以简化除法运算。将它与对数表相对比，也是具有一些优势的，比如依据四分之一平方表计算出来的结果是准确值而非近似值。但是，四分之一平方表只适用于两数相乘的情况，而对数表可以计算任意多个乘数之积。此外，对数表还能够求出数的任意次方，以及任意指数的整数或分数方根，而四分之一平方表连计算复杂的利息都无法做到。

在对数表出现之后，仍有人在不停地研究这种表，比如1856年的法国就曾出现了一个这种表格，标题写着："1到10亿的数字平方表，使用它计算数的乘积比使用对数表更简便，编制者——亚历山大·科萨尔。"

事实上很多人之所以在这方面进行着不断的努力，是因为根本不知道这种表早就被发明出来了。我就曾遇到一些类似这种表的发明者，他们找到我，告诉我他们发明的表格，而我不得不告诉他们这是三百年前就已经被发明出来的，这总是令他们感到十分诧异。

对数遇到的新对手是出现于很多技术参考书中的计算用表，这些表是汇编而成的，包括2到1 000各数的平方、立方、平方根、立方根、倒数、圆周长、圆面积等不同的项目，不过它们并不能取代对数。尽管这些计算用表使很多技术运算的难度降低，但毕竟适用范围有限，而对数的适用范围显然要更加广泛。

3. 对数表的演变进程

五位数的对数表在中学里使用的时间没有多久，就被四位数的对数表取代了，这是因为它尤其擅长进行技术方面的计算。事实上，由于量度有三位以上有效数字的情况非常少见，所以在大多数情况下，三位尾数已经可以满足实践的需要了。

伦敦数学家亨利·布利格发明了最早的十进制对数表，那是十四位的。几年之后，荷兰数学家安特里安·符拉克发明的十位对数表取代了它的位置。在1794年七位对数表刚刚问世的时候，还曾被人们认为是不合乎常理的。我至今还记得当初学校里使用的那些沉重的七位数对数表，要分成好多卷。后来经过了激烈的斗争，终于换成了五位对数表，而人们意识到较短的尾数已经足够使用这一事实，还只是不久之前的事。

现在你应该发现，我们通用的对数表经历了从多位尾数向更短的尾数不断演变的过程，而这一过程直到今天都没有完成。我们现在的很多人都不能清醒地认识到"计算的准确程度不能越过量度的准确程度"这个简单的道理，这在一定程度上影响了对数表的演变进程。

尾数逐渐变短使对数表的篇幅明显变小：七位对数表的篇幅有大开本的200页那么多，而五位对数表就只有对开本的30页，四位对数表的篇幅只是五位对数表篇幅的十分之一，相当于大开本的2页，而三位对数表只需要占用大开本的1页。这越来越少的篇幅不但更方便查找，相关的计算速度也越来越快捷。比如我们让七位对数表与五位对数表进行一个对比你就会发现，完成同一计算，用五位对数表所用的时间只是用七位对数表所用时间的三分之一。

4. 对数中的奇迹

尽管三位或者四位对数表足够满足实际生活和技术上的日常需要，但对于理论研究者来说就远远不够了。一般来讲，对数在大多数情况下是个无理数，再多的位数也不能完全准确地表示出来。因此，对于大多数对数来说，就算取再多位，也是近似值，只能说尾数越长准确性越高。而对于科研工作者来说，就连布利格的十四位对数表也常常难以达到要求。[1]

好在如今已经发明的对数表有500余种，科研人员总能在其中找到满意的那份，比如法国的卡莱于1795年编写的从2到1 200各数的对数就长达20位。对于范围更小的一组数，其对数表的位数会更多。事实上在对数的研究领域，研究者们创造出了越来越多的奇迹，这些奇迹常常会令许多数学家都感觉出乎意料。

我可以为读者们列出一些巨大的对数，需要说明的是，它们不是常用对数，而是自然对数（即不以10为底，而是以2.718…为底计算出的对数）。比如沃尔佛兰姆的10 000以下各数的48位对数表，沙尔普的61位对数表，帕尔克赫斯特的102位对数表，还有比这个的两倍还大的——亚当斯的260位对数。

260位的这一种其实并不是对数表，它只是2、3、5、7、10这五个数所谓的自然对数，以及一个可以将它们换算成常用对数的同样有260位的换算因数。但很显然，有了这五个数的对数，完全可以通过简单的运算求出很多合数的对数。举例来说，比如12的对数就是2、2、3的对数的和。

计算尺这一"木制对数表"其实同样应该算作对数研究中的一个奇迹，只不过由于使用起来非常便利，它现在已经成了技术工作者的常用计算工具了，他们就像财务人员离不开算盘一样依赖它。这种以对数为原理的计算尺甚至对于使用者的对数基础没有任何要求，但也正是这个原因，人们对它的作用已习以为常，反而不觉得有多么神奇了。

5. 速算专家的表演

速算专家常会在公众面前表演自己的拿手节目。当你在海报上看到一位速算专家声称自己能心算出多位数的高次方根时，当然，你可能会表示怀疑，所以想要亲自试他一试。于是你提前想出了一个数，然后自己在家里费尽九牛二虎之力计算出了它的31次方——这个得数居然有35位之多！你信心满满地想用这枚装有35位数字的大炸弹将这位速算专家击垮，于是便来到他进行表演的舞台前，瞅准时机，大声对他说：

"请你求出这个35位数的31次方根！拿起你的笔，记下这个数！"

---

[1] 布利格的十四位对数表中只有 1~20 000 和 90 000~101 000 各数的对数。

速算专家应你的要求拿起了一支粉笔，只不过他在你开口说出第一个数字之前，就写下了一个数：13。

这无疑粉碎了你的全部计划，因为你费了九牛二虎之力设计的这道题的答案就是13！他居然在根本不知道是什么数的情况下就求出了一个长达35位的数的方根！而且是31次方根！而且是心算！而且是瞬间得出的答案！

是你被彻底击垮了，你输得彻彻底底！为什么会这样？其实根本没有什么玄机，如果说有窍门的话也简单至极。因为只有13的31次方是35位数！不可能有其他的数。比13小的数的31次方达不到35位，而比13大的数的31次方肯定多于35位。

但速算专家是怎么在那么快的时间内计算出这个结果的呢？原因是两位数的对数对于他来说已经烂熟于心了。事实上记牢这么多的对数并不像我们想象的那么难，尤其是熟练使用"合数对数等于它的素因数的对数之和"这一法则，只要牢记2、3、7这三个数的对数，就可以知道前十个数的对数（比如 $\log 5 = \log \dfrac{10}{2} = 1 - \log 2$），再记四个数的对数，就能知道后十个数的对数。

总知不管用的是什么方法，那位速算专家在听到这个题目的同时瞬间在脑海中摆出了下面的表格，见表10：

表 10

真数	对数	真数	对数
2	0.30	11	1.04
3	0.48	12	1.08
4	0.60	13	1.11
5	0.70	14	1.15
6	0.78	15	1.18
7	0.85	16	1.20
8	0.90	17	1.23
9	0.95	18	1.26
		19	1.28

这令你目瞪口呆的速算游戏就在于：$\log \sqrt[31]{(35位数字)} = \dfrac{34.\cdots}{31}$

这个对数值就在 $\frac{34}{31}$ 和 $\frac{34.99}{31}$ 之间，也就是在1.09和1.13之间。在这两个数之间，只有一个数是整数的对数，那就是1.11，它是13的对数！

你瞧，以令你震惊的速度出现的计算结果就是这样被求出来的。当然，换作绝大多数人来心算这道题都不可能达到这个速度。因为这不仅需要敏捷的思维，同样也需要具备专业的技能。但不论如何，就像你看到的那样，事实上这是极为简单的一个过程。其实这个游戏你自己也可以玩儿，即使不能达到心算的程度，也可以写到纸上计算。

假如有人要求你计算"一个数20位数的64次方根"，你不需要问这个20位数是什么，就可以直接向他宣布答案是：2。这又有什么依据呢？

依据是： $\log \sqrt[64]{(20位数)} = \frac{19\cdots\cdots}{64}$ 。

这个对数的上限和下限分别是 $\frac{19}{64}$ 和 $\frac{19.99}{64}$ ，也就是在0.29和0.32之间。在这两个数之间，只有一个数是整数的对数，这个数是0.30，它是2的对数。

你还可以让那个人更震惊一点，那就是向他宣布原本应该由他向你宣布的20位数——著名的"国际象棋"数字：$2^{64}=18\,446\,744\,073\,709\,551\,616$。

6. 饲料维持量

维持动物机体的热量消耗、维持动物体内各器官正常工作以及细胞的新陈代谢所必需的饲料的最低数量，就是饲料的维持量，饲料的维持量与动物身体的表面积成正比例关系。

【题目】在同等条件下，一头体重为630千克的公牛所需的总热量是13 500卡路里（1卡路里≈4.19焦耳），那么一头重420千克的公牛的饲料维持量能产生多少热量呢？

【解题】这是一个畜类养殖方面的实际问题，想要解决这个问题，不仅要用到代数知识，还需要用到几何知识。

我们假设所求的热量为 x 卡路里。根据题目中已知，饲料的维持量与动物身体的表面积 S 成正比例关系，可写出如下关系式：

$\frac{x}{13\,500} = \frac{S}{S_1}$ （ S_1 指体重为630千克的公牛的身体表面积）

　　根据几何的知识我们可以知道，相似物体表面积与相应长度的平方成正比例关系，体积（或重量）与相应长度的立方成正比例关系，因此可列出如下关系式：

$$\frac{S}{S_1}=\frac{l^2}{l_1^2}, \quad \frac{420}{630}=\frac{l^3}{l_1^3} \text{ 即 } \frac{l}{l_1}=\frac{\sqrt[3]{420}}{\sqrt[3]{630}}$$

　　由此可写出方程式：

$$\frac{x}{13\,500}=\frac{\sqrt[3]{420^2}}{\sqrt[3]{630^2}}=\sqrt[3]{\left(\frac{420}{630}\right)^2}=\sqrt[3]{\left(\frac{2}{3}\right)^2}$$

　　解方程可得：$x=13\,500\sqrt[3]{\dfrac{4}{9}}$。

　　通过查对数表，可以计算出：$x=10\,300$。

　　这头重420千克的公牛的饲料维持量能产生的热量是10 300卡路里。

7. 对数与音乐

　　大多数音乐家对数学这门学科敬而远之，但即使这些音乐家像普希金笔下的萨利埃里一样尚未"用代数检验过和声"，他们实际接触到的数学也比想象中的多，甚至还是接触"可怕的"对数。

　　一位已故物理学家曾在文章中写下的一段话足以证明这一点：

　　我有一位喜欢弹钢琴的中学同学，他对数学非常反感，甚至曾不屑地说过，音乐和数学根本没有什么交集。他觉得，尽管毕达哥拉斯的确发现了声的振动之间存在一定的关系，但也恰恰是这位毕达哥拉斯的音阶是最不适合我们的音乐。

　　于是，我向他证明，当他弹现代钢琴的琴键时，其实就是在弹对数，这让他震惊了，同时也感到很不高兴。

　　其实，等音程半音音节中各"音程"是依照这些数量的对数设置的，而不是依照音的频率或音的波长等距离地设置的。只不过这些对数的底是2，不是通常使用的10。

　　零八音度即最低八音度，设其中的音do每秒振动次数为n，那么第一个八音度的do每秒振动次数为$2n$，第m个八音度的do每秒振动次数将达到$n \cdot 2^m$次。将所有八音度的音do都作为0，并使钢琴上半音音节里面的其他任意一个音为p，那么，假如sol是第7个音，la就是第9个音…… 根据等音程半音音阶里后一个音的频率是前一个频率的$\sqrt[12]{2}$倍，可用下面的公式表示任意一个音的频率：

$$N_{pm} = n \times 2^m (\sqrt[12]{2})^p$$

两端分别取对数，可得：$\log N_{pm} = \log n + m\log 2 + p\dfrac{\log 2}{12}$。

或者：$\log N_{pm} = \log n + (m + \dfrac{p}{12})\log 2$。

假设音do每秒钟的频率为1（即$n=1$），并取$\log 2 = 1$，上式变为：

$$\log N_{pm} = m + \frac{p}{12}$$

这足以说明，钢琴琴键的序号实际上就是相应音调的频率的对数（这个对数要用12乘过），而且表示序号的m其实就是对数的首数，表示次序的p（这个数要用12除过）就是对数的尾数。

我们举个例子。比如第三个八音度里的音sol，在它的频率以2为底的对数的值$3 + \dfrac{7}{12}$（≈ 3.583）中，3是对数的首数，$\dfrac{7}{12}$（≈ 0.583）是对数的尾数，所以这里的音sol的频率相当于第一个八音度里的音do的频率的$2^{3.583}$倍（即11.98倍）。

8. 恒星、噪音与对数

这个标题似乎把毫不相关的事物强行拉扯到了一起，然而取这种标题的原因只不过是因为恒星与噪音都与对数密切相关，并非刻意模仿科济马·普特科夫的作品。这里之所以要把噪音和恒星相提并论，原因是衡量噪音音量与恒星亮度的标尺都是对数。

恒星被天文学家依据表面亮度（确切地说是实际亮度的对数）划分为一等星、二等星、三等星等。它们像算术中级数的各项一样，一级一级大小排列，这个级数为公比是$\dfrac{1}{2.5}$的几何级数，比如一等星的亮度就是三等星亮度的$2.5^{(3-1)}$倍，即6.25倍。简单地说，天文学家确定星体表面亮度的依据是底数为2.5的对数表。但我们在这里不对这些奇妙的关系多做赘述，因为我在另一本书《趣味天文学》中用大量的篇幅对这一问题进行了分析。

噪音音量的评定也是如此。在工厂里，巨大的噪音不仅伤害了工人的健康，也使工作效率大大降低，人们为了准确地了解噪音的不同音量，决定用数字将其表示出来。音量的单位是"贝尔"，它的十分之一就是我们正在使用的"分贝"。从小到大表示噪音不同音量的1贝尔（10分贝）、2贝尔（20分贝）……形成了一个我们熟悉的算术级数。但事实上，这是一个公比为10的有关噪音"强度"（准确地说是能量）的几何级数，如果前一种噪音音量比后一种噪音音量多1贝尔，那么前者的强度就是后者的10倍。换句话说，用贝尔表示的噪音音量就是这种噪音的强度的常用对数。为了更便于读者理解，我们举一个例子进行一下分析：

比如有这样三种音量：在风中沙沙作响的树叶发出的声音音量是1贝尔，人们高声谈论时的音量是6.5贝尔，雄狮怒吼的声音是8.7贝尔。根据这些数据，我们可以知道：

人们高声谈论的声音强度是树叶沙沙作响时发出的声音强度的：

$$10^{(6.5-1)} = 10^{5.5} = 316\,000\ 倍$$

雄狮怒吼的声音强度是人们高声谈论时的声音强度的：

$$10^{(8.7-6.5)} = 10^{2.2} = 158\ 倍$$

超过8贝尔的音量就会损害人体的健康，但实际上很多工厂里的噪音都高达10贝尔以上，比如用铁锤击打钢板时发出的噪音竟然达到了11贝尔。这些噪音是我们所能承受的音量的一百倍甚至一千倍，就连尼亚加拉大瀑布喧声最高的地方（9贝尔），也只不过是它们的十分之一、一百分之一而已。

我们在评定星体表面亮度与衡量噪音强度的过程中，不约而同地用到了存在于感觉度和感觉所产生的刺激度之间的对数关系，这并非偶然。其原因在于，这两种现象同样符合费希纳心理物理学定律，即感觉量与刺激量的对数成正比。

显然，对数已经深入到了心理学领域。

9. 亮度与对数

【题目1】根据物理学定律，在白炽状态下的物体所放射的光线的总量与绝对温度的12次方有正比例关系。因此，由于灯泡中炽热灯丝的温度不同，被误称为"半瓦特"灯泡的充气灯泡要比有同样金属灯丝的真空灯泡亮很多。现在有一个绝对温度（从−273℃起算的温度标）为2 500k的充气灯泡，和一个灯丝温度为2 200k的真空灯泡，请你判断前者放射的光线是后者的多少倍。

【解题】假设题目中的充汽灯泡放射的光线是真空灯泡的x倍，可列方程式：

$$x = (\frac{2\,500}{2\,200})^{12} = (\frac{25}{22})^{12}$$

取对数可得：$\log x = 12(\log 25 - \log 22)$。

方程的解为：$x = 4.6$。

可见，绝对温度为2 500 k的充气灯泡放射的光线是灯丝温度为2 200 k的真空灯泡的4.6倍。用一个更容易理解的说法就是，如果真空灯泡发出的光线相当于50支蜡烛，那么同等条件下充气灯泡发出的光线就相当于230支蜡烛。

【题目2】根据同一物理学定律，我们还可以做这样一个计算：如果想使灯泡亮度提高一倍，绝对温度应该提高百分之几？

【解题】首先列出方程：$(1+\frac{x}{100})^{12}=2$

并求得：$\log(1+\frac{x}{100}) = \frac{\log 2}{2}$，$x=6\%$。

【题目3】现在假设灯丝的绝对温度提高了1%，求它的亮度增加的百分比。

【解题】设所求的百分比为x，借助对数表可求得 $x = 1.01^{12}$，即 $x = 1.13$。灯丝的绝对温度提高1%，它的亮度会增加13%。

如果你有兴趣继续计算就会知道，灯丝温度提高2%，亮度会增加27%，灯丝温度提高3%，亮度会增加43%。

可见，灯丝温度每提高一度，灯泡亮度几乎都会成倍增大，这足以解释为什么电灯泡制造技术会高度重视提高炽热灯丝的温度了。

10. 富兰克林的遗嘱

几乎所有人都听说过那个传说中的国际象棋发明者向国王要求以麦粒

作为奖赏的故事：他要求得到的麦粒数目是把1用2累乘而来的——棋盘的第一个格要1粒麦粒，第二个格要2粒，每格要求的麦粒都是将前面一格的麦粒数乘以2，就这样一直用2累乘下去，直到棋盘的最后一格，即第64格为止。

不过，就算是用比2小得多的数来累乘，增长的速度也快得可怕。比如银行里的一笔存款，按照5%的利息，每年都可以增加到原来的1.05倍，短时间内，这种变化似乎不明显，但如果经过了相当长的时间，它的数目就会大到不可思议了。在《富兰克林文集》中，收录了这位美国著名政治家的遗嘱，我们来看看这份遗嘱的摘要：

"我决定赠予波士顿居民1 000美元，并希望由一些受尊敬的人负责将这笔钱以每年5%的利率借给年轻的手工业者们去生利息。[1]100年后，这1 000美元将会变成131 000美元。到那时，请拿出100 000美元为波士顿的居民建一处公共建筑，剩余的31 000美元继续托付给德高望重的人负责借出去生利息。再过去100年，这笔钱就会变成4 061 000美元了，到那时，请将其中的1 061 000美元交由波士顿的居民，并将其余的3 000 000美元留给马萨诸塞州的公众。再接下来的安排，就由他们去决定吧。"

富兰克林就这样将区区1 000美元计算成了几百万的巨资，而这并没有什么不对。因为完全可以证实，富兰克林的想法是现实可行的。1 000美元以每年增至1.05倍的速度递增，100年后就会变成：

$$x = 1\,000 \times 1.05^{100} \text{ 美元}$$

借用对数进行计算：$\log x = \log 1\,000 + 100 \log 1.05 = 5.11893$。

则x的值为：$x = 131\,000$ 美元。

这与遗嘱中相同，而继续用于生息的31 000美元以同样的速度递增，100年后就会变成：$y = 31\,000 \times 1.05^{100}$ 美元。

借用对数进行计算，可求得：$y = 4\,076\,500$ 美元。

这个数与富兰克林的计算结果也没有太大的出入。

我再为读者推荐一道题目，它选自萨尔蒂科夫·谢德林的《戈洛夫廖夫老爷们》：

"办公室里，波尔菲里·弗拉基米罗维奇正在稿纸上不停地计算着。他出生的时候，爷爷曾给了他100卢布，如果当时妈妈把那些钱以他的名

---

[1] 当时的美国还没有信托机构。

义存入当铺，那么现在这笔钱会是多少呢？他想起了这件事，便忍不住计算了起来，但结果并不多：总共800卢布。"

我们假设坐在办公室里忙着计算的波尔菲里正好50岁，并且他的计算结果是正确的。当然这种可能性并不大，波尔菲里·戈洛夫廖夫未必会懂得什么对数，也不大可能算得出复杂的利率。但不管怎样，我们假设他的计算是正确的，请你计算一下当时当铺的利率是多少。

11. 银行里的存款

每年银行存款的利息都会被并入本金，随着归并次数的增多，钱数的增长速度也会越来越快，其原因在于用来生息的本金数额越来越大。

假如我们年初的时候将100卢布存进银行，年利率是100%，利息每年年末并入本金，那么到年末的时候，这100卢布就变成了200卢布。

如果利息每半年并入本金一次，半年后，这100卢布会变成100×1.5=150卢布，再过半年，会变成150×1.5=225卢布。

但如果每 $\frac{1}{3}$ 年归并一次，年末的时候这100卢布会变成多少呢？

$$100\times(1\frac{1}{3})^3 \approx 237.03 \text{ 卢布}$$

将这个期限再缩短，比如0.1年、0.01年、0.001年……，我们来看看这100卢布会变成多少钱。

$$100\times1.1^{10} \approx 259 \text{ 卢布 } 37 \text{ 戈比}$$

$$100\times1.01^{100} \approx 270 \text{ 卢布 } 48 \text{ 戈比}$$

$$100\times1.001^{1000} \approx 271 \text{ 卢布 } 69 \text{ 戈比}$$

这会让我们产生一个疑问，是不是只要无限地缩短这个期限，总金额就会无限增长呢？并不是的，使用高等数学的方法可以证明，如果无限地缩短归半利息的期限，得到的总金额并不会无限增长，它只会越来越接近某个极限的金额，这个极限金额约等于271卢布83戈比[1]。

这意味着，一笔存款，就算每1秒归并利息一次，所得的钱数也不可能多于本金的2.7183倍。

---

[1] 我们对戈比中的小数忽略不计。

12. 数 "e"

我们在上一节得出的 "2.718……" 并不是个简单的数字，在高等数学中，它的作用巨大，甚至不亚于著名的数字，它有着自己专门的代号："e"。"e" 是无理数，无法用有限位的数字将它准确地表示出来[1]，只能借助下面的式子表示其近似值：

$$1+\frac{1}{1}+\frac{1}{1\cdot2}+\frac{1}{1\cdot2\cdot3}+\frac{1}{1\cdot2\cdot3\cdot4}+\frac{1}{1\cdot2\cdot3\cdot4\cdot5}+\cdots\cdots$$

但尽管如此，它却可以精确到任何程度。

通过对上一小节关于存款按利息不断增长的例子的分析，我们会发现，数 "e" 其实就是当 n 无限增大时，$(1+\frac{1}{n})^n$ 的极限。

我们无法在这里把所有的理由一一详述，但可以确定，"e" 是非常合适的对数底数，如今这些自然对数表已经广泛存在，并应用于科学技术等各个领域之中，比如之前提到的有48位、61位、102位和260位之多的巨大对数都是以 "e" 为底的。

数 "e" 经常会出人意料地出现，比如下面的一个题目：

将数 a 分成几份，如果想使各份的乘积最大，该如何分？

我们知道，只有当这几部分彼此相等的时候乘积才最大，所以数 a 应该平均分成相等的几个部分。但关键是分成几个相等的部分？两个，三个，还是十个？高等数学的方法可以帮助我们确定：当所分成的各部分最接近于 "e" 的时候，它们的乘积最大。

比如，想要知道究竟把10分成几等份才能使每一份最大限度接近2.718……应该先求出10与2.718……的商：

$$\frac{10}{2.718\cdots\cdots}=3.679\cdots\cdots$$

但很显然，这个商并不适合划分，因为一个数并不能分成3.679……等份，所以，我们取一个最接近于它的整数值4。现在已经可以知道，将10平均分成 $\frac{10}{4}$ =2.5份，这时候各部分的乘积最大，即：

---

[1] 它同时也是一个超越数，即不能由解任何整系数的方程的方式解出来。

$$(2.5)^4 = 39.0625$$

事实上，如果把10等分成3……5份，各部分的乘积都不会比这个乘积大：

$$(\frac{10}{3})^3 \approx 37, \quad (\frac{10}{5})^5 = 32$$

想知道数20的各部分的最大乘积，首先得把它等分成7份；数50要分成18等份；数100要分成37等份。因为：

$$20 \div 2.718\cdots = 7.36\cdots \approx 7$$
$$50 \div 2.718\cdots = 18.39\cdots \approx 18$$
$$100 \div 2.718\cdots = 36.79\cdots \approx 37$$

关于数"e"在数学、物理学、天文学及其他科学技术领域中发挥巨大作用的例子不胜枚举，比如当对下面的一些问题进行数学分析时必须用到这个数：

气压公式、欧拉公式[1]、物体的冷却定律、放射性衰变和地球的年龄、摆针在空气中的摆动、齐奥尔科夫斯基计算火箭速度的公式[2]、细胞的增殖，等等。

13. 对数滑稽剧

【题目】我们在第五章的时候就介绍过一些数学的滑稽剧，现在再来介绍一个"证明"不等式2>3的例子，而且这一次会有对数的参与。

首先上场的是一个完全正确的不等式：$\frac{1}{4} > \frac{1}{8}$。

现在将它变形：$(\frac{1}{2})^2 > (\frac{1}{2})^3$，这同样是正确的。

两边取对数。当然，由于数比较大，对数也就比较大：

$$2\log_{10}(\frac{1}{2}) > 3\log_{10}(\frac{1}{2})$$

将两边的 $\log_{10}(\frac{1}{2})$ 约去，得出：2>3。

---

[1] 见《星际旅行》一书

[2] 请看《物理学中的难解之迹》一书中的"儒勒·凡尔纳的大力士与欧拉的公式"一节。

这一次是哪里出现错误了呢?

【解题】 $\log_{10}(\frac{1}{2})$ 是一个负数, 在两边约去 $\log_{10}(\frac{1}{2})$ 时, 应该将不等号改变方向, 也就是由>变成<。

但如果这个对数的底数不是10, 而是一个小于 $\frac{1}{2}$ 的数, 那么 $\log_{10}(\frac{1}{2})$ 就是一个正数, 但如果是这样, 就不能说"由于数比较大, 对数也就比较大"了。

14. 三个 2 表示任意数

【题目】 在这本书的最后, 我们来看一道绝妙的代数题, 它曾在奥德萨召开的物理学家代表大会上将众多与会者深深地吸引住了。它的内容是这样的:

请将任意一个正整数用三个2和数学符号表示出来。

【解题】 我们先假定一些已知条件来进行这道题的计算, 比如, 假设这个正整数是3, 那么:

$$3 = -\log_2 \log_2 \sqrt{\sqrt{\sqrt{2}}}$$

不难证明这个等式的正确性:

$$\sqrt{\sqrt{\sqrt{2}}} = [(2^{\frac{1}{2}})^{\frac{1}{2}}]^{\frac{1}{2}} = 2^{\frac{1}{2^3}} = 2^{2^{-3}}, \quad \log_2 2^{2^{-3}} = 2^{-3}, \quad -\log_2 2^{-3} = 3$$

现在假设这个正整数是5, 用同样的方法可以解出:

$$5 = -\log_2 \log_2 \sqrt{\sqrt{\sqrt{\sqrt{\sqrt{2}}}}}$$

根据惯例, 我们没有在平方根号上写出根指数。

现在应该可以看出这个题目的通常解法: 假设已知数为N, 那么:

$$N = -\log_2 \log_2 \underbrace{\sqrt{\sqrt{\ldots\ldots\sqrt{2}}}}_{N层根号}$$

已知的数是几, 这里就有几个根号。

趣味魔术与
数学故事

第一章

世纪奇迹

1. 海报

笔者下面所要讲述的事情,从未对别人说过。这件事发生时笔者只有12岁,还是个学生,我向一个同龄人发过誓,绝不向别人吐露这个秘密。

一直以来我都做到了守口如瓶。大家一定非常好奇我现在公开这件事的原因吧?请诸位耐心读下去,我就由这件事情发生的顺序讲起。

提起这件事,我的脑海中便会不由自主地浮现出一幅巨幅海报的图像。

那天,我正急匆匆往家走,要知道我心爱的《地心游记》还没看完,这可是儒勒·凡尔纳的书。正往前赶的时候,我的眼睛被一幅彩色的海报给吸引住了(图1)——海报上刊载的事情在我当时看来可是非同小可的:

图1

《世纪奇迹》演出组应邀来我们这个地方巡演!

下面就是海报的具体陈述:

世纪奇迹

菲利克斯——创造奇迹的12岁神童

一、过目不忘的能力！

您想见证奇迹吗——不换气可脱口而出听众说过的100个单词，还
有更神奇的——依在场人员所要求的顺序将单词背出。

惊人的一幕在于他还能说清单词的排列顺序！

巡展在莫斯科和其他地方都大获好评！！！

二、深谙您所想！

就是闭着眼睛，他也能知道您心里此刻想得到的东西，

比如您口袋内、钱夹里的东西。

表演会在现场人员所选的代表的监督下依次进行。

所有在场的人都可以作证——绝无弄虚作假之事存在。

这可真称得上是世界奇闻！

"真能吹牛！"身后有人不屑一顾地说。

我回头一看，发现和我同班的一个同学也在瞧那张海报（图2）。他

图2

是个虎背熊腰的留级生，他管我们这些刚升上来的人叫"小家伙"，我们在背后也把他称之为"傻大个儿"。

"蒙人，简直是在瞎扯！"傻大个儿继续嘟囔道，"那不就是掏钱让别人糊弄自己吗？"

"不是天底下的人都能被他忽悠的，"我回敬道，"有脑子的人是不会上当的。"

"你会受骗的。"傻大个儿异常坚定地说，他好像无意搞明白我所说的有脑子的人是指哪些人。

他藐视的口气激怒了我，于是我决定看表演去，而且告诫自己时刻保持警觉，丝毫马虎不得。就算别人被忽悠了，我也绝不能被愚弄。要知道，有智慧的人是不会轻易被欺骗的！

2. 过目不忘

我基本上不去城里的剧院（图3），我的钱不足以让我买到好座位的票，因此我就只能将就坐在远离舞台的位置。尽管我的视力很好，舞台上的一切尽收眼底，可是我却未能清晰地分辨出《世纪奇迹》海报中所言的男童的面孔。我恍惚觉得，他的面孔似曾相识——尽管我心里有个声音一直在提醒我，我与他未曾谋面。

图3

一位不再年轻的男人和菲利克斯一起闪亮登场，并在和现场的观众互致问候后，就在预备《记忆法》的表演了。他们的准备工作一丝不苟。只见中年男子用东西遮住了少年的眼睛，而后让他面朝幕布坐于舞台中央（图4）。

图4

接着中年男子邀请几名观众上台监督整个表演过程，好为他们做见证人。

安排好了一切，中年人离开了舞台，他在靠后一些的座位间走个不停。他手执便笺，请后面的观众在便笺上标明心底所需的物品——不管是什么。

"大家可要记清自己所写单词的顺序号，创造奇迹的少年下面会说出这些单词的顺序号。"中年男人嘱咐道。

"少年，能否请您写一些单词？"中年人站在我面前问道。

面对突然而至的要求我心潮澎湃，但是我的脑子似乎不听使唤了，竟然不知写什么好了。

旁边的一个女孩却百般催促："快写呀，不要磨磨叽叽！没想好写什么？那你就写铅笔刀，雨，火……"

我很窘迫地在标有顺序号68、69、70的纸上写下了上面的那几个单词。

"大家记住自己所写单词的顺序号了吗？"那位中年男子嘴里问着，脚步却向旁边的位子迈去，他还想让卡片上的单词不断增加（图5）。

"刚好100个单词！好了，多谢大家！"中年人向在场的人宣称，"现场的观众听好了，我下面就给大家诵读一下这些单词，我们创造奇迹的少年——菲利克斯会准确无误地熟记100个单词中的任何一个，他

图 5

还可以按任意的序号将这些单词脱口而出：从第一个到最后一个，由最后一个单词说到第一个，甚至可以做到每隔1个、3个抑或5个单词再说出来，并可达到依大家随口说出的序号读出按此顺序排列的单词。那么，现在开始！"

"镜子，手枪，天秤，拾取物，灯泡，车票，马夫，望远镜，楼梯，肥皂……"中年男子按顺序逐个念完单词，没有对此做什么说明。

他念那些单词并没花多大工夫，可在我的印象里单词排序好像非常长。可实际上最后一个单词的序号只排到100位，这太令人难以置信了。要在这么短的时段内牢记它们，在我看来平常人的力量真有点儿达不到。

"胸花，别墅，糖果，窗户，卷烟，雪花，小链子，铅笔刀，雨……"中年男人机械地念着上面的单词，也包括我写下的那些。

被誉为神童的小孩此刻并无异常，静静地端坐于舞台上听。我对他是否能毫无差错地重复那些单词非常怀疑。

"椅子，剪刀，吊灯，街坊，星星，帷幕，黄果（橙子的别称）。全部念完！"中年男子宣称，"眼下大家选举几位当督察员，单词表就交给他们保管，请他们监督菲利克斯的答案，并向大家说明确切与否。"

大家一共选出了3名督察员，有一位是我高年级的校友，他比较成熟，而且为人小心翼翼。

"请现场的观众安静下来吧！"督察员们带着单词表入座后，中年男子说，"眼下就让菲利克斯背诵现场观众所写的100个单词。那就有请督察员辛苦一下，牢牢盯着单词表，看有无纰漏。"

演出大厅顿时鸦雀无声，不一会儿就传来了菲利克斯大声背诵单词的声音："镜子，手枪，天平，捡到的东西，灯泡……"

那个男孩好像是照着单词本读单词一样，很自负、有条不紊、不间断地背诵出了全部单词。我诧异地瞧瞧背对我们而坐的少年，又扭头瞅着椅

子上的3位督察员（图6）。每次我都期望
在少年背出单词后，督察员们能大喊一
声："错了！"可是我所期盼的一幕始终
都没有发生，督察员们眼睛直勾勾地盯着
单词本，一脸的严肃认真。

　　小男孩一直在念单词，当然也背出
了我写的那3个单词（我事先并没想到记
下单词的顺序号等到男孩背诵时再核对一
下，好知道海报宣传和实际情况是否一
致）。演出中少年一直没有间断地背诵每
一个单词，一直到背出最后一个单词——
黄果。

图6

　　"准确无误。毫无纰漏！"一身炮
兵打扮的督察员向观看演出的人们宣称。

　　"大家想不想让菲利克斯从第100个
单词背到第1个单词（也就是从后往前背
一遍）？也可以在背诵时在中间间隔几个单词，比如3个或者5个，抑或按
观众要求从这个单词背诵到观众要求的另一个单词。"

　　于是现场观众各说各的，一片混乱。

　　有人说间隔7个单词，有人说背诵偶数单词，有人说中间间隔3个单词
全部背一遍，有人说倒着背诵前一半单词，有人说由第37个单词背诵到末
尾，有人说背诵序号为奇数的全部单词，有人说背诵序号为6的倍数的全
部单词。

　　"大家安静一下，朋友们别急，一个一个地说。"中年男子提议，企
图让现场不再那么混乱。

　　"由第73个单词背到第48个单词。"坐在我前面的水兵装束的人喊。

　　"行。听好了！安静！菲利克斯你听到了吗？那就有请你由第73个单
词背诵至第48个单词。有请督察员们再辛苦一次，看有无错漏。"

　　少年立马根据要求背起了单词，他又一次无一差错地背诵了观众指定
的单词——由序号为73的单词背到序号为48的单词。

　　"眼下，现场的各位朋友，大家让菲利克斯为我们说出单词的顺序号

图7

好不好？"中年男子问大家。

我给自己打了半天气，才涨红了脸说："铅笔刀！"（图7）

"它的顺序号是68！"我话音刚落，少年就准确无误地答出来了。

完全正确！

接下来各种各样的提问由剧院的四面八方传来。少年一一给出了准确答案："太阳伞，顺序号为83……糖果，顺序号为56……手套，顺序号为47……腕表，顺序号为34……书，顺序号为22……雪花，顺序号为59……"

在中年男子宣称第一场演出完毕，演出大厅爆发出雷鸣般的掌声，大家欢呼着，喊着菲利克斯的名字。少年径直来到舞台的最前面，面向不同的方向笑笑，便退到幕后去了。

3. 用肚皮讲话

我忽然感觉自己的肩头似乎被人碰了一下。我下意识地回头，看到了三天之前和我同时浏览海报的傻大个儿。

"嘿，小家伙，让人给忽悠了吧？"

"怎么？你没被忽悠？"我气呼呼地反问道。

"我会被忽悠？呵呵！我是一个有先见之明的人，怎么会让人给忽悠了呢？"

"你就吹吧！能预见未来的你不是也被人给忽悠了吗？"

"我可没被忽悠，他们那点蒙人的本事我是知道的。"

"别乱说，我看你也不清楚。"

"他们表演中的所有奥妙我全懂。他们用的是腹语。"他颇为自得地说了一些我根本就听不明白的词语。

"那是什么？"

"那位老者在借助肚皮说话进行魔术演出，他精通腹语。那位老者自己提问，接着用肚皮发出声音答出问题。那些不明就里的观众却误以为是少年在回答问题。实际上那个少年压根儿就没讲话，当时正在椅子上犯困呢。这是真的，小家伙！这我可是看得真真的。"

"你说什么？借助肚皮表演？"我不解地问，可是他掉头走了，而且越走越远。

我进入与剧场毗邻的大厅，观众借演出中间休息的时间在此散步。我瞅见督察员身边有不少人，大家似乎在探讨一些问题。我驻足想听听他们到底在讲些什么（图8）。

图 8

"第一，借助肚皮表演绝不像人们所想象的借助肚皮讲话，"炮兵模样的年轻人对众人讲道，"因为借助肚皮演出的人，某些时候的声音听起来有点像由体内发出的。可实质上，他同其他人没什么区别，都在借助口、借助舌的不同部位发音——只是嘴唇没有动而已。他表演的奥妙是虽然有声音发出，但嘴唇却纹丝未动，更绝的是他能做到脸上的表情依旧。他讲话之时，朋友们若静静地观察，就会知道在那个时候根本就看不出他在讲话。怎么说呢？我们打个比方吧，此时就是点着的蜡烛搁到他的嘴边，火焰也会安静地燃烧，因为他的喘息特别微弱。由于他这时讲话和以前并无不同，于是朋友们听上去似乎觉得声音来自某个方向——好像是一个隐形人在讲话。这些正是用肚皮演出的神秘之处。"

"恐怕不仅如此吧？"人群中的一位长者见缝插针地说，"借助腹语演出的人还常利用一些表演技巧把观众的注意力吸引到别处，好让观众摸不着头脑，他想达到的目的就是让现场观众不再关注他本人，隐藏实际的说话者……大概古代会巫术的人的讲话方法和眼下的这位借助腹语演出的人的方法一致。"

"照您的说法，眼下这位演出者是熟练掌握腹语技艺的人？唯有这样，方能说得通所发生的一切。"

"不，正好相反，正在进行的演出并未借助腹语表现一些东西，我也仅仅是向大家介绍了借助腹语演出的场景。尽管大多数现场观众均认为这是借助腹语进行的演出活动，但我想申明的是，这种看法确实是错误的。"

"此话怎讲？为何说他不是借助腹语在演出？"人们疑惑地问道。

"这很好理解。记录单词的本子是在现场观众的手中。少年背单词之际，那位长者可见不到记录单词的本子。我们假设那位长者是个腹语高手，但你对他记住那么多词汇就不感到疑惑吗？我们再假定少年是不能随便讲话的一个傀儡，仅仅是用于演出的摆设，那老者的记忆力也堪称恐怖。由此便不能用简简单单的腹语来解释这场演出，这样只会让事实更加背离实际。果真如此，我们就没有必要再去探讨老者究竟是不是腹语大师了。"

"可是怎么理解台上演出时的一幕幕呢？难不成真是奇闻一件？"

"很明显，他们的表演无法与奇闻相提并论。可是，我依然被搞得晕头转向，无法用自己已有的知识说清演出时所发生的一切……"

宣告演出即将开始的铃响起来了，热烈讨论的观众们陆陆续续回到了自己的座位。

4. 正式节目之外

在两场演出的间隙，老者又在做一些让人看不懂的预备工作。

他把一个支架移动至表演台的中间，该支架由底座及与底座成90°的和常人差不多高的木棍组成。而后老者拿了把椅子搁在木棍前，让菲利克斯站到椅子上，接着他将少年的右臂放在木棍的最上面，又用另外一根木棍搁到少年的左臂下。

结束了让我无法理解的预备工作后，老者的手在少年的面部做了一些奇怪的动作，像是在用手轻抚，可是他的手却并未碰到少年的脸。

"老者在哄少年睡觉。"我身后的观众说道。

"老者在对少年进行催眠！"我左侧的女士说道。

老者的一系列举动真的把菲利克斯带进了梦乡——他紧闭双目，纹丝不动地停在那里。

然后颇有意思也让人不可思议的事情发生了。老者悄悄地挪出了少年脚底的椅子，少年就那么神奇地停在了半空，两臂由两根木头托着。老者又不声不响地拿掉了少年左臂靠着的木棍——尽管此时仅有一根木棍托着少年的胳膊，但他依然稳稳地停在原地。让人难以想象！

"这是催眠发挥了作用！"我左侧的女观众做起了解说员，"下面少年就会任人摆布了。"

后面发生的一切都印证了我左侧的女观众的话，老者轻轻挪动了少年的身子，在少年的身体与木头间形成了一定的角度——重力好像在此时失去了作用，少年的身体奇迹般地一直处于原先的状态。这时只见表演节目的老者轻轻翻转起少年的身子——少年居然仅由一根木棍支撑着一只胳臂还能以水平状态位于空中一动不动。（图9）

图 9

"这个魔术可不在预告的节目内。"我左侧的观众喊道。

"您说什么？"我询问道。

"在预告的节目之外。"

"既然节目预告里没有，那为何要表演呢？我弄不懂。"

　　"我的言下之意是节目预告里可没说有这个节目。要是宣传广告上没这个表演项目，那它就是节目预告以外的表演了。"

　　"但是少年为何能一动不动呢？"

　　"我也搞不明白，可能是借助一种魔法才做到的吧。我们这个位置根本就瞧不明白少年究竟靠什么才能稳稳当当斜躺在空中。"

　　"这还不清楚吗？那可是催眠的功劳！"位于我左侧的女观众靠过来说道，"少年稍后就会听任别人的摆弄。"

　　"瞎说！"坐在我右边的男同胞反驳道，"人若被催眠了，哪儿能斜躺在半空？一定是用了一种我们肉眼看不见的很细的绳子，或是一种我们肉眼无法看清的非常光滑又洁白的带子抑或是其他的东西，除此之外就无法解释所发生的这一切。"

　　可是菲利克斯的确就那么一直停在空中，确实没有别的东西托着。表演节目的老者为消除观众的疑虑还特别用手在少年的身上反复做一些动作，用以说明他们确实没有作弊——压根儿就没用传说中用来隐身的绳子或特殊的带子。表演节目的老者当时分明也在少年的身子下面做过一些动作。很明显，少年的身体并未被任何一种透明的东西托举。

　　"瞧瞧，瞧瞧！我就说嘛……那就是催眠的作用。"旁边的女观众得意地说。

　　"这才不是催眠的功劳呢！"一直坐在我右边看整场演出的男士极力辩解道，"他被施了魔法，绝对不可能是其他的什么办法。会变魔术的人通常都神通广大。"

　　少年依然平躺于半空，似乎正在隐形的床榻上熟睡。

　　此时老者上前用东西遮住了少年的双目，走到舞台最前端，当众宣告精彩节目马上上演。

5. 心有灵犀

　　"下面现场观众会看到让人震惊的一幕，"老者宣布，"尽管菲利克斯被遮挡了视线而且停在空中，但他依然可说出现场观众口袋中、钱夹里装着的物品。接下来就请诸位静观——'心有灵犀'！"

　　后来的表演让人叹为观止，而且出人意料，与众不同。观众好像是在欣赏幻想剧似的。我被所发生的一切完全给弄晕了，呆呆地坐在观众席上，跟中了邪一样。

眼下我竭力在回忆当时的场景，就算仅能想起很少的一点点，对我而言也是莫大的宽慰。

老者踱到了观众就座的厅内，穿梭于现场观众之间。只见他来到一名现场观众的身边，请那名观众取出口袋里的物品（图10），出现在那名现场观众手中的是香烟盒。

图10

"请注意！菲利克斯，你能不能说说，我身边的这位是什么人？"

"军人。"少年快速地答了出来。

"正确！那么他正在给我看什么物品呢？"

"香烟盒。"

就是少年的眼睛不被用布挡上，他也无法看见现役军人给老者看的是什么东西：一是距离太远，二是光线不好。何况少年还被老者用厚布遮住了视线，在这种情况下他居然能知道现场观众和老者的一举一动，实在让人称奇。

"正确！"长者又问，"那你猜猜，现在这位军人手里拿着的是什么物品？"

"火柴。"

"好！现在他手里拿着什么？"

"眼镜。"

少年都答对了！

长者掉头走了，他又在观众席内窜来窜去的，在现场的一名中学生模样的年轻人身边再次驻足。

"请问，现在坐在我身旁的是什么人？"他又向少年发问。

"一个女孩。"

"好！那么你能不能讲讲，那个女孩递给我的是什么物品？"

"一把梳子。"

"太棒了！现在呢？"

"手套。"

所有的问题都答对了！

"那么现在正在向我展示物品的又是什么人呢？"老者不声不响地走到一名观众身边。

"一名政府文职官员！"

"聪明！那他刚给我看了什么样的东西？"

"他的钱夹。"

这不可能是腹语术，现场观众都在老者身边，一个个都聚精会神地观察着他的言谈举止。可以肯定的是，讲话的是菲利克斯，绝不是什么木偶人或其他类似的东西，更不是某些人所说的老者在用腹语说话。菲利克斯似乎真的具有特异功能，可以猜透老者心里想的是什么。

后面又发生了令人吃惊的一些事情。

"菲利克斯，请你说说，我自钱夹里取了什么东西？"

"三卢布。"

"正确！"

"你能不能再说说现在我拿了什么呢？"

"十卢布。"

"聪明！你能不能说说我手里拿的是什么？"

"信封。"

"我现在来到了什么人身边？"

"一位大学生模样的人。"

"太棒了！请问他递给我的是什么东西？"

"一份报纸。"（图11）

图11

"正确！那你判断一下，看能不能说出我从他手里拿来的物品是什么？"

"别针。"

演出时的气氛并不轻松，菲利克斯很冷静地回答着问题，没有犯错，就连犹豫和短暂的停顿都没有。

要说菲利克斯可以看见搭档手中攥着的别针，显然很荒诞。若是台上所发生的一切不是街头巷尾的骗术，又该如何解释？超能力，先知，还是真的心有灵犀？

演出结束后，这些问题依然盘旋在我的脑海里。

回去的时候我一直在思考这些疑问，甚至失眠了。这场演出太不寻常，让我心潮起伏，思绪万千。

6. 表演魔术的男孩是我的邻居

大概两天后，我回家时猛然发现，走在我前面的就是刚和他的一位亲戚一起搬到我家楼上的那个男孩。后来我发现他们几乎不与周围的人交往，我一直没机会和我的邻居认识一下，甚至一直都没看清楚他的脸。

他缓缓地向楼上走着，左手拎着蔬菜，右手拎着煤油。大概是他听见了我走路的声响，回过头来。我惊讶不已——他就是表演《心有灵犀》的那个男孩菲利克斯（图12）！

怪不得我看着在台上表演的男孩时，有种似曾相识的感觉！

我一声不吭地看着他，一时语塞，竟不知说什么才好。好半天我才镇静下来，我结结巴巴地对他讲："有空上我家玩……我让你参观我的动物标本……蝴蝶和飞蛾都有……还有我的电机……我自己制作的……是我用瓶子制造的……冒出的电火花非常漂亮……你来我家会看到的，你还可以看到……"

"那你能不能制作小船？带帆的那种？"

"很遗憾我唯独没有小船。可我家的罐子里有北螈（蝾螈的一种，属于两栖动物），还有我搜集的邮票，厚厚一本集邮册，里面有五花八门的稀罕的邮票，有婆罗洲和冰岛的……"

令我万万没想到的是，我的邮票帮我实现了我的心愿。我没想到，表演魔术的小男孩也痴迷于集邮。一听到说我家有邮票，菲利普斯的眼睛都瞪圆了。

"你也集邮？邮票多不多？"他来到我跟前，连珠炮似的问。

"很多，而且都很稀有。有芬兰的、阿根廷的，还有尼加拉瓜的……今晚就到我家看看吧！我家就在你家楼下，瞧，就是这儿。你到了就按门铃。刚好老师没留家庭作业……"

这便是我和菲利克斯的第一次见面。他承诺第二天上我家玩。到了我们约定的时间，菲利普斯果然来了。我急忙把他带进了我的房间，向他炫耀我的那些个人爱好：我在两个夏季费心采集的蝴蝶和飞蛾标本；我拿空啤酒瓶制作的电机——它可是让我在朋友中很有面子的玩意儿；去年夏天花费时间抓的

图 12

北螈，统统搁在玻璃瓶里；我的玩具猫谢尔科，跟狗似的扒拉自己的爪子；最后就是我搜集的邮票，我们班没有哪个同学的邮票像我这么丰富。令我遗憾的是，表演魔术的男孩只对邮票感兴趣。在集邮方面他的成绩不及我的十分之一。他给我讲他集邮成果不佳的原因：尽管可以在店里买邮票，可他的舅父（原来那位老者是他的舅父，菲利克斯的父母早已不在人世）并不给他钱买这个；他从不跟人交往，自然也就找不到可以互换邮票的朋友了；他们常常居无定所，也没人给他邮递信件。

"总该有些熟人吧？"我忍不住问。

"就算结识了一些人，但很快又会搬到新的地方去住，交往自然就无法进行了，因为我们从不去相同的地方演出。另外我的舅父反对我认识陌

生人，我是偷偷来你家的。我不敢让舅父知道，今天他出去了。"

"他为何不让你与人交往？"

"他怕我泄露秘密。"

"什么秘密？"

"魔术方面的。如果我泄露了我们表演时一些不可公开的秘密，就没人来欣赏我们的演出了。"

"这些都是魔术？"

我的新邻居此时却一言不发。

"你告诉我，你和你的舅父演出是在表演魔术吗？真的是魔术吗？"我又问。

看样子没那么容易让他回答我的问题。他依旧全神贯注地看邮票，都顾不上瞧我一眼。

"阿拉伯的邮票你有吗？"他好不容易开口了，可是他根本就不理会我的提问，一门心思扑到邮票上（图13）。

我发现眼下想让他一一解开我心中的谜团很不现实，我就把我的收藏一一展现在他的面前。

那天，我并没有从菲利克斯那里获得有用的信息。

图13

7. 超强记忆力的奥秘

最终我还是实现了我的心愿！第二天我的新邻居解释了超强记忆力的奥秘。至于我怎么和他套近乎，让他说出来这个，我就不一一赘述了。不过我付出了12张稀有的邮票的代价，菲利克斯的意志力并不是坚不可摧的。

这件事发生的地点是我的小邻居家。我应邀前往，因为男孩事先得知他的舅父有事外出。

　　不过他还是很谨慎，在说这些奥秘之前一再要求我起誓："不管遇到多大的事，都不得向人说出这个秘密。"等忙完这一切，小男孩拿来了一张纸，快速绘制了一张表（图14）。

图 14

　　我一时毫无头绪，不是低头看图，就是眼巴巴地瞅着我的小邻居，希望他尽快能给出答案。

　　"看明白了吗？"菲利克斯悄悄地说，"看出点什么没有？我们在表演当中以字母替代数字，比如0代表Н，这是由于0的首字母是Н。0亦可代表М。"

　　"为何0能代表М？"

　　"以0代表М是因为它俩的发音类似。1代表Г，这缘于它们的书写方法比较接近。"

　　"有何共同之处？"

　　"Г的音一变就成了Ж。"

　　"哦，原来如此。Д代表2是因为2的首字母是Д的缘故。又由于Т与Д的发音比较相近，由此也可用其指代数字2。那么，为何又以3代表字母К呢？"

　　"你自己数数К是不是由3笔构成。又因Х和К读音比较像，因此也能用3代表。"

　　"是这样啊！和4对应的为Ч抑或是和其音似的Щ（数字4的首个俄语字母为Ч）；与数字5相对的字母是П抑或是与其发音相似的Б（数字5的首个俄语字母是П）；6代表Ш（数字6的首个俄语字母就是Ш）。那又为何Л也用6代表呢？"

　　"这个记住就行，没有缘由，说起6你立马就要在脑子里联想到Л。7

代表С抑或С表示Э（7的首俄语字母便
是С，而С又与Э的发音很相像）；8代
表В抑或8代表Ф（8的首个俄语字母就是
В，而В与Ф的发音很接近）。”

图15

　　“原来如此，不过为什么9对应的是
Р？”

　　“在镜子中，9和Р很像（图15）。”

　　“但是，为何用Ц代替9呢？”

　　“因为它们两个都有小尾巴。”

　　“熟记这张表格对我而言倒不是很
难，但是我不清楚这有何意义。”

　　“你等一会儿就知道了。表格中的字母只是辅音字母。假如把辅音
字母与元音字母合在一起——你要记住元音字母是不可以用来代表数字
的——便可构成表示数字的词语。”

　　“比方说……”

　　“比方说窗户就是30，这是由于К就是3，Н就是0。”（“窗户”的
俄语单词分别含有一个К与Н）。

　　“每个单词都可以代表一个数字吗？”

　　“一点不假。”

　　“既然这样，那桌子代表哪个数字呢？”

　　“桌子——726：С——7，Т——2，Л——6（‘桌子’的俄语单词
包含有С，Т与Л字母）。每个数字都对应着一个单词，但不是每个都这
样容易。你今年多大了？”

　　“12岁。”

　　“那么，刚好可用单词‘年代’来代表：Г——1，Д——2。”（俄
语单词年代内有Г和Д）。

　　“假如我13周岁，又该如何表示呢？”

　　“呃，那好办，可用‘甲虫’代替：Ж——1，К——3。”（“甲
虫”的俄语单词包含字母Ж与字母К）。

　　“那你说说‘453’和什么字母相对？”脑子里闪出这个数字，我就
随口说出来。

"可用长烟斗杆的俄语单词替代。"长烟斗杆的俄语单词中分别包含 Ч、Б、К，这些字母又分别与数字4、5及3相对应。

"这实在是太有意思了！这个办法有助于你熟记数字。但是我看你在演出时回答问题时用的可都是单词而非数字，那又是为什么呀？"

"哦，我的舅父将1至100的序数词都与相应的单词相匹配。例如，数字1至10分别替代的单词为：

"1表示刺猬，"刺猬"的俄语单词含有字母Ж；

"2表示毒药，毒药的俄语单词里有字母Д；

"3表示奥卡河，奥卡河的俄语单词包含有字母К；

"4表示白菜汤，白菜汤的俄语单词里有字母Щ；

"5代表墙纸，墙纸的俄语单词包含有字母Б；

"6表示脖子，脖子的俄语单词里有字母Ш；

"7代表胡子，胡子的俄语单词含有字母С；

"8表示柳树，柳树的俄语单词包含字母В；

"9代表鸡蛋，鸡蛋的俄语单词内有字母Ц；

"10表示火焰，火焰的俄语单词内有字母Н。"

"我根本就没整明白——什么是序数词？它又有何用处？"

"看来你是一个不善于猜想的人！刺猬——1，这缘于Ж——1；毒药——2；奥卡河——3；白菜汤——4……"

"噢，我知道这是怎么回事了！墙纸——5，那是由于Б——5……"

"嗯，就这么简单。你都瞧见了，熟记这一堆单词并不是很难。在你将这10个基本的词语熟练掌握后，不管其他人对你说出怎样的单词都难不住你了——你只管通过联想把它们联系起来就行。"

"如何联系呢？我搞不清楚。"

"那你随便写一些单词，我仔细给你讲解。"

我挥笔写下了10个单词：

1. 雪；　　2. 水桶；　　3. 笑声；　　4. 城市；　　5. 图画；

6. 靴子；　　7. 汽车；　　8. 绳子；　　9. 金子；　　10. 死亡。

"在其他人念这10个单词之际，我就在脑子里把这些单词同相应的序数词结合了，组合的结果为：

"（1）雪地里有只刺猬在狂奔；

"（2）毒药被装进了水桶；

"（3）笑声在奥卡河上回荡；

"（4）白菜汤有些城里人也在喝；

"（5）一张图画挂在墙的正中央；

"（6）脖子上吊着一双靴子；

"（7）汽车卡住了胡子。"

"汽车能卡住胡子？听上去好荒谬。"

"先别管荒谬不荒谬，只要有助于记忆就成，越荒谬越容易记住。为何'刺猬在雪地上狂奔''靴子吊在脖子上'？这也很荒诞，可是你没有发现很容易记忆吗？"

"哦，那你接着讲。如何把'柳树'与'绳子'联想在一起？"

"柳条如同绳子般可屈可伸。"

"那好，你说'鸡蛋'如何与'金子'联系起来呢？"

"蛋黄的颜色如同金子。"

"'火焰'可致人'死亡'，这样联系对不对？"

"你也可以那么联想。把单词通过联想与序号联系起来后，仅需顺次熟记各个单词相对应的序号所指代的单词，我就能读出所有单词了。"

"雪地里有只刺猬在狂奔，毒药被装进了水桶，笑声在奥卡河上回荡，白菜汤有些城里人也在喝。"

"噢，别忙，让我也来过过瘾好吗？一张图画挂在墙纸的正中央，脖子上吊着一双靴子，汽车卡住了胡子……"

"你也看出来了吧？句子愈荒诞，愈能记得牢。单词8该怎么说来着？"

"（8）柳条如同绳子般可屈可伸；

"（9）蛋黄的颜色如金子；

"（10）火焰可致人死亡。（图16）"

"好了，那我请你讲讲单词5。"我的小邻居提出。

"5对应的是墙纸，和墙纸相对的又是图画。"

"下面你就将这10个单词倒着诵读一遍，好吗？"

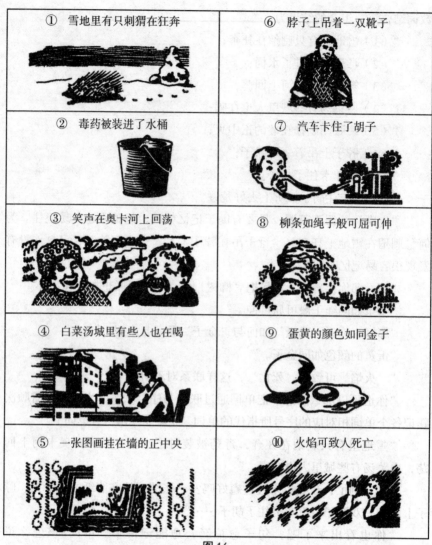

① 雪地里有只刺猬在狂奔
⑥ 脖子上吊着一双靴子
② 毒药被装进了水桶
⑦ 汽车卡住了胡子
③ 笑声在奥卡河上回荡
⑧ 柳条如绳子般可屈可伸
④ 白菜汤城里有些人也在喝
⑨ 蛋黄的颜色如同金子
⑤ 一张图画挂在墙的正中央
⑩ 火焰可致人死亡

图 16

　　开始我还有些迟疑，可连我自己都不敢相信的是，我一字不落地读出了每一个单词。

　　呀！好神奇！我无法掩藏自己的兴奋，喊道："我也可以巡回演出了！"

　　"别忘了你起的誓……"

　　"别害怕，我不会抢你的饭碗，我也就是过过嘴瘾。我可记得你演出时一字不落地念的可是100个单词而非10个！你如何记住的？"

"没有什么窍门，就是采用我告诉你的办法。熟记100个单词所相对的单词即可。"

"你可不可以给我说说11至20代表的单词？"

我的小邻居在纸上写下了这些对应关系：

11代表绒鸭； 12表示坏蛋；

13代表甲虫； 14表示渣滓；

15代表嘴唇； 16表示针；

17代替鹅； 18指代龙舌兰；

19代替山； 20对应的是房子。

"这不是唯一的，还可以是别的单词，"我的小邻居进一步说，"你可以找些其他的单词来试试。例如，过去我们表演时用'鱼竿'替代'2'，而不是以毒药替代2。可是2和'鱼竿'联想起来有点困难，我就提议让我的舅父找个词代替'鱼竿'，我的舅父就想出了'毒药'这个词。另外，在过去我们用'晚饭'替代10，我则用'火焰'表示10。'龙舌兰'虽然不好用，可是目前舅父还没有想到更好的词，就只好先这么用着。"

"万一需要熟记的是100个句子呢？那样会不会很难？"

"假如勤于练习就不难。直到现在我都还能背出最近的那次演出中现场观众说出的那100个单词呢。"

"噢，你还能想起我给你说出的那些单词吗？"

"它们的标号各为多少呢？"

"序号分别是68、69、70，对不对？"

"铅笔刀，雨，火灾。"

"正确！你如何做到牢记不忘的呢？"

"我用的还是联想记忆法：68是锡，69是椴树，70是睡眠。削铅笔的刀是以锡制造的，椴树下有人在避雨，睡梦中看到了火灾。"

"熟记这些单词得用多少时间？"

"就拿刚刚结束的那场演出来说吧！大概……舅父快到了，舅父！"我的小邻居偶然间通过窗口瞧见他的舅父踏进了院门，他异常慌乱地说："你快走。"

在我的新邻居的舅父踏上楼梯之前，我迅速跑进了自己的屋子（图17）。

8. 心有灵犀的奥秘

我高兴至极，我知道了菲利克斯他们演出的奥秘……看过演出的人里仅有一人了解了其中的神秘之处，就是我！

后来的一天，我获取了那些奥秘的另外一部分，这可是我付出高昂的代价之后得到的。为了获取它，我献出了集邮册，朋友们，它可是我两年的心血凝结而成的，我用它从菲利克斯的嘴里问出了他们演出其余部分的奥秘。但是我要说的是，近一段时间我非常迷恋电子

图 17

类的实验和设备展览，已经对集邮没那么痴迷了，正因如此，在献上所有邮票后，我并未感觉到很心疼。

在我又一次起誓要严格保守秘密之后，我的小伙伴也就是菲利克斯说，他与他的舅舅其实在演出前已经约定了一些只有他们自己才懂的暗语。正因为有约定的暗语，才不怕当着现场观众的面谈话，现场的观众却并不懂这里的奇妙，更不可能想到这一点。在下一页我将列出一些菲利克斯与其舅父的暗语（图18）。

当时我压根就没弄懂那张暗语表格的意义。我的小玩伴菲利克斯以实例向我演示他同舅父是怎样借助暗语展开谈话的。比如现场的女观众将其钱夹递给了他的舅父，于是舅父就会用这样的语句朝在演出台上就座的菲利克斯发问："知道是什么人递给我一件物品吗？"

"知道"在暗语表格中代表"妇女"。他就会答道："是一名妇女。"

"聪明！"舅父继续讲道，"现在可以猜出来，这是何物吗？"

依照暗语表的显示，"聪明"与"现在"代表"钱夹"。菲利克斯答对了以后，他的舅父会接着提出问题："聪明！你能说说，我自钱夹内取到了哪种物品吗？"

常用词和句子	代表的含义（如前面讲过"知道"一词，它代表的含义为妇女。）		
怎样，什么样的	1 戈比或 1 卢布	文职官员 	夹文件的夹子 
现在，什么，哪里	2 戈比或 2 卢布	读大学的学生 	钱夹 
那你猜猜	3 戈比或 3 卢布	女孩子 	铜币
正确！请	5 戈比或 5 卢布	水兵 	头巾 
你可不可以	面值为 10 戈比的硬币或 10 卢布	现役军人 	信封 
推断一下	面额是 15 戈比的硬币	女士 	银币 
请问	币值为 20 戈比的硬币	小女孩 	画画、绘图等用的笔 
很好，试试	外国硬币	小男孩 	香烟 

图 18

"信件。"他不假思索地答道。他熟悉暗语表内的秘密——"聪明"与"你能"组合起来的意义早已了然于胸。

"聪明！那么现在再猜猜，我手中握着何种物品？"

"铜币。"菲利克斯答道。他和舅舅约好用"聪明"与"猜猜"代表铜币。

"是的！猜猜这枚硬币的面值？"

"3戈比。"

"你可真聪明！那请问，我现在拿到了什么？"

"一支铅笔。"

"正确！它是谁送给我的？"

"水兵。"

"很好。他递给我什么东西？"

"一枚外国硬币。"

利用这些私下约定好的暗语，舅父便可随便提问。"聪明""正确""很好"等词语，还有"你可不可以""知道""是的""那你猜猜"，这些都是日常用语，根本没人会想到这里面藏着玄机，也就不会起疑。

不仅有这一张暗语表，另一张暗语表中的词语大致可涵盖现场所有人衣袋里的物件。没有什么东西会让他的舅父大惊失色。

可是这两张表里的暗语并非全部。有些在现场观摩表演的觉得不尽兴，就请他们去家里表演，为了应对观众的这一要求，舅父和外甥便以其他一些词语代表下页图中的物件（图19）。

仅需熟记表格内的暗语，舅父和外甥就能将游戏顺利进行下去。菲利克斯即使是在闭目养神时，也可脱口说出观众的一切举动。舅父和他之间会进行如下的对话："现在哪位观众起身了？"

"一位大学生模样的人。""现在"指代"大学生"。

"他正走向何物？"

"食物柜。"

"是的。现在他到达了何物附近？"

"炉子。"

"正确！现在他走向什么地方？"

常用词和句子	曾用词			
	正确	太好了	好	太棒了
	意味着			
怎样，什么样的	香烟盒	戒指	腕表	折扇
现在，什么，哪里	雪茄	胸花	眼镜	手套
正确！请	打火机	小挂件	夹袋器	宽边帽
你可不可以	火柴盒	发簪	梳子	拐杖
推断一下	烟灰缸	金属帽	相片	书
很好，试试	大头针	羽毛	刷子	杂志

图 19

"客厅。"

表演依照顺序进行。

最后，在玩猜手指和扑克牌游戏时有专门的暗语：王、2、3、5、10的表现手法与面值为1戈比、2戈比、3戈比、5戈比及10戈比的硬币大致相当；而面额为4戈比与15戈比的硬币表示方法一样，币值为6戈比的硬币与20戈比的硬币的表示方法一样，等等。

总而言之，所有的表演活动都是事先设计好的，甚至连一些细节都预先做了安排。仅需熟记早就设计好的暗语，便可用新颖独特的魔术般的神奇表演吸引观众。

知道了其中的奥秘后，变幻莫测如魔术般的表演在我看来是那么容易。在我揭开它的神秘面纱时，不得不为设计者的独具匠心和智慧称奇。不论怎样我都无法想象出这一切，虽然为此失去了我珍爱的邮票，我也觉得值得。

可是我心中仍然有没有解开的谜团：他为何能高悬于空中呢？难道就是靠他的那只依靠木棍的胳膊支撑？可是他横卧的那段时间可并不短。你要知道，所有人都认为是催眠起的作用，大家的说法对吗？又是怎么催眠

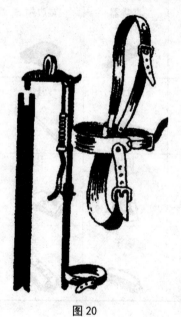

图20

的？听了我的提问，我的新邻居打开了抽屉，从里面拿出了一件怪怪的物件：一根长长的厚实的铁条，铁条上有一些圈状的东西及一些皮带（图20）。

"它们便是我表演时的依靠，就是托举我长时间悬于高空的宝贝。"我的小邻居平静地讲道。

"你确定就躺在这个东西上？"我有些疑惑。

"它们都藏在我身上，衣服遮挡住了。我穿给你看，"他熟练地把圈状东西套进了自己的一只手和一只脚，皮带则系到了他的腰和胸。"倘若此时把铁条的这头塞进木棒，我就会悬浮在空中了。现场所有的观众都看不到这些秘密武器。舅父在大家不知不觉中就给我带好了所有道具。我躺在空中非常舒坦，一点都不感到疲倦。若是想美美睡一觉，尽管放心大睡好了（图21）。"

"在刚刚过去的那场演出中，你没睡觉？"

"在演出时睡觉？那个时候睡觉也太奢侈了。我仅是闭目养神，舅父

让我那样。"

我突然想到了我周围观众的那些争论，觉得非常好笑。真相竟然如此简单！

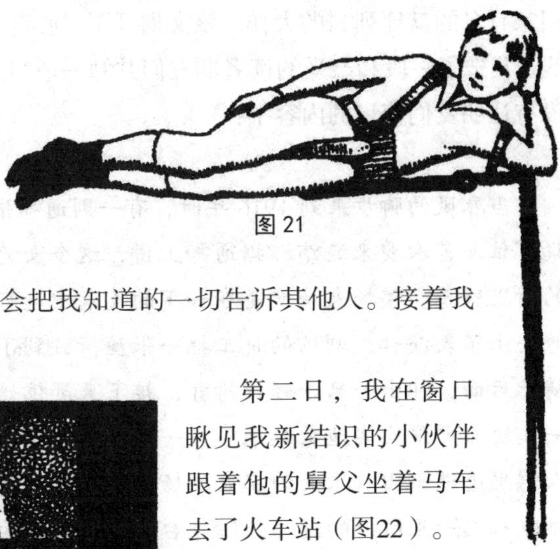

图21

我以最严肃认真的表情和语言一再发誓，不会把我知道的一切告诉其他人。接着我走出了小邻居的家门。

图22

第二日，我在窗口瞅见我新结识的小伙伴跟着他的舅父坐着马车去了火车站（图22）。

这居然是我和菲利普斯的最后一次见面，从此我再也没有见到过他。我也没有听说《世纪奇迹》在别的城市上演的消息。

可是我一直坚守着对朋友许下的诺言，多年来一直未曾对他人说起过"超强的记忆力"与"心有灵犀"的奥秘。

9. 教授撰文

下面我要告诉大家我之所以不再为菲利克斯保守秘密的理由。其实理由很容易想到：因为已有人揭开了那个秘密，并在纸媒上公之于众了，我继续保守秘密不是显得很迂腐吗？而且菲利克斯早就不再是唯一的"世纪奇迹"了，他的那位舅舅也不是天下唯一一个玩这个游戏的行家了。记不得具体是哪天，我偶然发现了一本时尚的德语杂志，这本杂志详细陈述了如何掌握大量单词的方法，而这些方法却被那些居心叵测的人用于牟取暴利。不久之后，我又在一本俄文版的医学刊物上见到了一篇稿子，它可是我们国家有名的赫捷列夫的大作。该文揭开了"心有灵犀"的秘密，让我受益匪浅。我选了一段和亲爱的读者朋友们共勉——当然时至今日，里面可能已经没有让朋友们惊讶的内容了：

　　当春风的脚步来到 1916 年时，有一则通知张贴到了露天剧院的门前，说有位女艺人要来巡演。据通知上讲，这个女艺人可以在远处猜透其他人的所思所想。整场表演就是在如下的气氛中进行的：有名十一岁左右的姑娘登上了表演台；剧场的员工把一张座椅放到了姑娘跟前，那名姑娘站在椅子后面，伸出一只手轻抚椅背；接下来那位姑娘的双目就被人用厚厚的一大块布严严实实地蒙起来了。一切准备就绪后，姑娘的父亲便在台下的人群里进进出出。很大的露天剧场爆满。那位姑娘的父亲一方面用眼睛仔细瞧瞧人们手里所持的物品，触碰台下人口袋里的东西，另一方面以询问的口气请小姑娘答出那些物品的名字。小姑娘常常是只要听到提问便能声音洪亮、毫无差错地回答出来那些东西叫什么，而且很多情况下小姑娘的反应非常快。

　　忽然姑娘的父亲跑到了我所在的包间并用手指我，询问姑娘："他是什么人？"

　　很快声音就从姑娘那边传来："教授。"

　　"他叫什么名字？"

　　那姑娘再一次正确地答了出来。

　　我突发奇想地自口袋摸出一本名为《医学日历》的杂志，请小姑娘回答这本杂志的全称。在姑娘父亲的提问下，姑娘说出答案："日历。"

　　小姑娘的绝佳表现赢得了观众持续不断的热烈掌声。

　　为了探寻其中的奥秘，教授提议再来一场演出，只不过演出地点不再是露天剧场的演出台，而是选在了仅有数名观众的场所。

　　小姑娘的父亲非常客气地应允了。赫捷列夫继续写道：

　　同一个包厢的几名观众随着我一起来到了露天剧场的一间办公室。

　　到了办公室我接连提问，我敏感地发现了那位姑娘魂不守舍。在我询问姑娘是否愿意同我进行猜测物品的游戏后，小姑娘考虑了一番告诉我，她得先调节一下情绪。我扭头询问姑娘的父亲，他女儿得需要多久才能调整好情绪，与我进行猜测物品的游戏。那位父亲说："大概需要30天。"

虽然后来我试图与小姑娘进行猜测物品的一些游戏以便进行我的研究，但都没能成功。我不得不转换思路，请小姑娘和他的父亲来重启这个研究项目的实验。我请小姑娘来到办公室一隅的椅子之后，我坐在那张座椅上。我又请姑娘的父亲站在几米之外的地方，由几位观众轮番出示各种不同物品。请小姑娘的父亲根据观众出示的物品向小姑娘提问。每每都是父亲问题刚一出口，小姑娘就会准确地答出问题。可以确定的是，那位父亲并未说过任何多余的话来对小姑娘进行点拨，基本上每次提问完，那位父亲就一语不发了。

在演出落幕后，向来好奇好问的教授当然不想放弃这难得的机会，想探究这一不同寻常状况背后的玄机。他请这父女二人前往自己的家中进行表演。小姑娘的父亲稍加考虑便同意了。定好了日子和表演的时间后，教授天天期盼着父女二人能如约而至，来表演猜测物品的游戏。教授想，在自己的家中表演环境并不嘈杂，前来观看的观众也寥寥无几，这样更加方便自己的观察和研究。眼看定好的日子到了，父女俩却迟迟未出现。教授望眼欲穿，也没盼到自己邀请的贵客。打听到自己请的贵宾当晚会在另外一个地方演出，教授慌忙前往未在自家出现的客人将去的演出地点，观看另一场《心有灵犀》的表演。

但是这个美丽故事的结局却让人瞠目结舌。我们一起来看看教授是怎么说的吧：

我一步入剧场的大院就让一名素未谋面的男士挡住了去路。陌生男子自我介绍说，他是位刚毕业的迄今为止尚未给人诊过病的医务工作者，他说他不仅对这家剧场了如指掌，还和小姑娘的父亲颇有些交情。他说，那父女俩之所以没到我府上，是因为他们当晚要到这家剧场表演。他说他们这会儿恰好在与现场的观众互动，那些观众对表演非常感兴趣，正看得起劲呢，他们觉得这种表演非常奇特。而我是一名科研人员，他们那点小把戏只能蒙骗我一时，却蒙骗不了我一世。在露天剧场那间办公室表演的那次，倘若仅有我和小女孩的父亲在场的话，那位父亲可能会将其中的奥秘告诉我，可是那次还有其他的人在场，为了糊口他们不能讲出实情。

其中奥秘就是小姑娘的父亲用一些很特别的提问方式询问那些日用品，字母和数字都是他们俩才听得懂的暗语。小姑娘经过训练很快就对那套暗语烂熟于心，当然能随时随地巧妙回答父亲的各种提问。我们日常生活中不可或缺的东西，如车票、图书、香烟盒、勋章、火柴盒、腰带等，甚至一般的人名，如尼古拉、米哈伊尔、亚历山大、弗拉基米尔等，父女俩均约定了暗语。而对于生活中较为常用的东西，父女俩编好了数字及字母暗语。简而言之，父亲的提问里暗含指代特殊字母及数字的词语。

我给您举个例子说说吧。倘若要让女孩回答的数字为 37，含有暗语的提问就为："你能准确地告知我吗？"而"告知我"代表数字"3"，"准确地"则表示"7"。于是，小姑娘的父亲在向女儿提问部队上的官员腰带上的数字为多少的时候就会这么问："请准确地告知我。"小姑娘一听自然会说出"37"这个数字。而若现场的人在笔记本上书写的数字为 377，小姑娘的父亲就会这么提问："请准确地告知我，准确地……"而当数字为 337 时，小姑娘的父亲就会采取如下的提问方式："请准确地告知我，告知我……"

由于父女俩对人们日常生活里常见的物品都约定好了暗语，小姑娘回答起来更加容易。比方说，"什么"特指"腕表"，"什么样的"表示"钱夹"，"这是什么"指的就是"梳子"。显然，倘若这样提问："口袋里装着什么？"小姑娘的回答肯定就是"腕表"。若小姑娘的父亲问："口袋里装的是什么样的物品？"小姑娘一听肯定会说是"钱夹"。要是问："这是什么物品？"小姑娘准会说"梳子"。如果需要把暗语转换成数字或字母，就得使用另一种父女俩约定好的规则了，如父亲说："你好好想想。"小姑娘就会明白，依照字母表调整词汇回答问题。

第二章

数字巨人

1. 能获利的交易

我下面要讲给大家的事的发生地和时间连我自己都没搞明白，可能这件事根本就未曾发生过。或者说，这个故事根本就没存在过。然而这故事确实很有意思，我就拿来分享一下吧。

——

某一天，一位有钱人家里出现了一位陌生人，那个人表示要和有钱人谈一笔能让有钱人获益的买卖——不过有钱人压根儿就不清楚还有这样的买卖（图23）。

图 23

"由明天开始，"陌生人道，"在30天里，我每天都给您1 000卢布。"

当有钱人大气都不敢喘一下想聆听详情时，访客的话却戛然而止。

"有这样的事？你接着说！可是你为何要这么干呢？"

"首日您仅需为那1 000卢布付1戈比的代价。"

"1戈比？"有钱人还以为自己的耳朵出了毛病，又念叨了一遍。

"是的，就是1戈比。第二天我给您1 000卢布，您须付2戈比。"

"是吗？"有钱人好奇地询问，"第三天……"

"第三天给您1 000卢布，您得给我4戈比；第4天给您1 000卢布，您得给我8戈比；第5天——您给我16戈比。也就是说，在30天里，您头一天给我的戈比数都是第二天的$\frac{1}{2}$。"

"确实如此吗？"

"是的。这就是我的目的，别的事没有了。我们双方按约定办事就行，我每天送您1 000卢布，而您得将我要的戈比给我。另外不可以在不足30天时终止我们的合作。"

"天底下竟然有这样的事，送我1 000卢布，只向我要1戈比。莫非他给我的是假钞，否则怎么解释这一切？难道那个访客脑子出了问题不成？"有钱人百思不得其解。

"成交！"有钱人高兴地喊道，"你尽管每天送钱过来，我会给你你所要的钱。你不要打歪主意，你给我的必须是货真价实的钱。"

"我保证给您的是真金白银。明天您就等着我吧。"

来访者离去了，有钱人坐在那里一直在沉思："唐突造访的人明天果真会来吗？大概我再也不会看见他了吧？他有没有可能一下子明白过来，知道自己在进行一笔对自己毫无益处的生意……"

二

第二天，访客一大早就"砰砰"地敲响了窗玻璃（图24）。

"您把该给我的钱预备好了吗？"访客问，"我可是把该给您的都送来了。"

说着访客便自包里取出了钱——是真钱，不是假币。不多不少1 000卢布。访客说道："我按约定将该给您的都给您了。您该给我的呢？"

有钱人这才拿出1戈比搁在桌子上，心里直犯嘀咕："访客真的会用1 000卢布换1戈比硬币？他该不会因反悔而讨回自己的1 000卢布吧？"访客看了看1戈比的硬币，并用手掂了掂分量，就收进了自己的衣袋。

图24

"明天我也是这时候来。请等着我。

明天您记得准备2戈比。"话一讲完,来人就离去了。

有钱人简直不敢想,居然有这么好的事发生在自己头上,天上掉下1 000卢布!他仔细数了数,1 000卢布一分不差。有钱人很高兴,这是真钱。一切都很好,没发生什么意外。他认真收好了钱,期待第二天的那1 000卢布尽快到手。

夜里,有钱人满腹狐疑:"该不会是骗子设计的骗局吧?他的目的是不是弄明白我的钱放在哪里,等有机会就洗劫一空?"有钱人越想越害怕,一直透过窗户朝外张望,屏住呼吸侧耳听外面的动静,彻夜难眠。

访客第二天送钱上门,他依然敲打窗玻璃。见到访客奉上的钱,有钱人一遍遍地数,访客接过2戈比,说了句:"可别忘了,明天您应给我4戈比!"就径自离去。

有钱人又兴奋起来:"这么容易就弄到了第二个1 000卢布!访客不会是骗子,他不东瞧瞧西望望,也不东打听西打听,每次拿到自己要的戈比就离去了。很奇怪!世上这样的人多点儿,有智慧人的生活会更好……"

访客第三天送钱时照样是先敲窗户上的玻璃。等访客进屋后,有钱人付过4戈比后,就从访客手里接过了第三个1 000卢布。

第四天,有钱人由访客手里拿来了第四个1 000卢布,并如约支付了8戈比。

接着有钱人收到了第五天送来的1 000卢布,为此他给了访客16戈比。

第六天访客又如约送了1 000卢布上门,有钱人按约定给了他32戈比。

第七天1 000卢布送来的时候恰逢一周的末尾,有钱人付给访客64戈比。这一周有钱人为这些卢布付出的代价微乎其微,一共是1卢布27戈比(1+2+4+8+16+32+64=127)。

人的欲望是无穷的,有钱人也不例外,他痛恨自己和访客约定只交易30天,也就是说他仅能得到3万卢布。怎么才能让访客把这个交易延续下去呢,即使再送21天也行?可有钱人又一想,这么一来万一访客发现自己做的都是亏本买卖,又该如何

图25

是好（图25）？

访客依旧如约每天送1 000卢布过来。第八天访客领到了1卢布28戈比，第九天得到了2卢布56戈比，第十天按约定他拿到了5卢布12戈比，第十一天拿到的是10卢布24戈比，第十二次有钱人给了他20卢布48戈比，第十三天依约他得到了40卢布96戈比，第十四次按规定他得到了81卢布92戈比。有钱人欣然一一支付，有钱人付出了这些代价，为自己换来了14 000卢布的好处，他仅给了访客约160卢布。

三

但是没过多久，有钱人就高兴不起来了，他发现那个奇怪的访客并非智商低，两个人之间的这笔买卖也不像自己原先所想的那么划算（图26）。实际上，在交易进入第三周时，他为此支付的已经不再是戈比而是卢布了，得到成千卢布的同时他也在成百地付出卢布，不但如此，每次自己所付出的卢布正以2倍的速度在递

图 26

增。其实，当交易进行到第三周时，有钱人付出的代价分别为：

为获取第十五个1 000卢布，他付出了163卢布84戈比；

拿到第十六个1 000卢布后，他依约支付了访客327卢布68戈比；

第十七天有钱人拿到了1 000卢布，付给访客655卢布36戈比；

取得第十八个1 000卢布后，有钱人按约定付给访客1 310卢布72戈比。

后来的账让有钱人觉得不合算：为了拿到1 000卢布，他得付出比以前更多的财富。可他又没办法，因为有约在先，他只能硬着头皮等到月末。可是，有钱人并没觉得自己折了本：尽管他掏了大约2 500卢布，他获得的可是18 000卢布。

可是后来的情形似乎更加不可思议。有钱人已经发现，访客比他聪明很多，访客所得的钱会超出支出很多，但是有钱人明白得有些迟了。我把

他们后来的交易情况一一告诉大家：

第十九天有钱人为拿到1 000卢布付给访客2 621卢布44戈比；

第二十天有钱人为得到1 000卢布付出的代价是5 242卢布88戈比；

第二十一天得到1 000卢布后，他付给访客10 485卢布76戈比；

第二十二天在获得1 000卢布后，他随手给了访客所要的20 971卢布52戈比；

第二十三天访客交给有钱人1 000卢布后，从有钱人手里接过41 943卢布4戈比。

其实有钱人在第二十三次获得1 000卢布时，给访客的钱就已经超出了他整月所得到的钱！

第二十四天，有钱人为得到1 000卢布，付给访客83 886卢布8戈比；

第二十五天有钱人为得到1 000卢布，支付了16 7772卢布16戈比；

第二十六天拿到1 000卢布，他按访客的要求付了335 544卢布32戈比；

第二十七天访客给了有钱人1 000卢布，有钱人支付给访客671 088卢布64戈比；

第二十八天有钱人在获得1 000卢布后，他按照约定给了访客1 342 177卢布28戈比；

第二十九天收到1 000卢布后，按他和访客讲好的条件，有钱人给了访客2 684 354卢布56戈比；

第三十天在访客履约后，有钱人按约定付给访客5 368 709卢布12戈比。

在月末那次交易完成后，有钱人通过计算，想弄清楚他为这30 000卢布一共付出了多大代价。这一算他一下子就瘫倒在地上，他为此付出的代价可是10 737 418卢布23戈比（图27）。

都快到1 100万卢布了，这个游戏最初只需自己付1戈比！即使访客每日送来1 000卢布，可是他并没有亏本（图28）。

图27

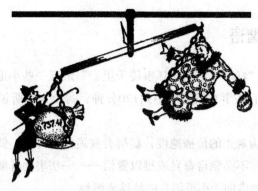

图 28

在我讲完这个故事之前，我提议大家好好想想，看用何种方法能既简便又快捷地求出有钱人被骗走的钱财，换句话说，就是如何求得下面这些数的和：

1+2+4+8+16+32+64…

通过观察大家可能会注意到，这些数列具备下面一些特性：

2是2个1相加的结果；

4则为1与2的和再加上1；

8等于1与2求和后加4再与1求和；

16为1与2和4及8求和后再加1；

32就是1加2加4加8加16最后再加上1；

……

大家发现没有，这些计算有规律可循，都是前面那些具有某些特征的数（后面的数字是前一个数字的2倍）求和后再加上数字1。那么，我们若想求得这些算式各个结果的总和，如由1至32 768，也就是我们仅用最末的数字（即32 768）与前面那些以2倍速度递增的数之和（即32 768减1）。经过运算我们得到的最终值为65 535。

通过这个办法，我们就能获知有钱人最后一天付给访客的金额，也就可以得知他亏了多少。经过计算，我们求得他最后一天支付了5 368 709卢布12戈比。那么，我们用5 368 709卢布12戈比与5 368 709卢布11戈比相加，不就是最终的10 737 418卢布23戈比吗？

2. 流言蜚语

常言道："好事不出门，坏事传千里。"最近一些小道消息在城里传得沸沸扬扬。有些事在发生后不到120分钟，每个人都听说了那件事，大家都知道了。

它令人叹为观止的传播速度，显得有些诡异。可是，倘若以数学方法解释该现象，就不会觉得奇异或难以置信——一切事物都能以数字的方式加以阐述，无须借助于小道消息的特性来解释。

一

我以实际发生的事情为实例来具体和大家说说。一天早上8：00，省会出现了位外乡人，此人掌握一条所有人都想知道的信息（图29）。在这位客人入住的宾馆，他把信息透露给了3位当地人。假设这个过程用时一刻钟。

图29

这说明，早上8：15有4个人得知该信息：外乡人与3位当地人。

人们都有与他人分享信息的嗜好，外乡人和几位当地人也不例外。于是3位当地人不约而同地分别将听到的信息说给了自己熟悉的另外3个人（图30）。假定共用时15分钟——与他人分享信息还需一段时间。这说明，此信息在传到省城仅30分钟后，得知这条信息的就多达13人（4+3×3=13）。

而且知道这件事的人远不止这些人，人人都有倾诉的欲望，得知这条信息的另外9个人又都禁不住分头将其透露给了自己认识的其他3个人，于是到了8：45，得知这条信息的人数上升为40人（13+3×9=40）。

假若此信息以如此的方式接着在省城流传，换言之，听说这件事的人也是在一刻钟的工夫里顺利将其告诉另外的3个人，这条信息就按以下的时间序列传递：

9：00得知该信息的人有121人（40+3×27=121）；

图30

9：15就有364人知道那条信息（121+3×81=364）；

9：30就有1 093人得知这条信息（364+3×243=1 093）。

通过数学运算，大家不难看出，一条信息仅用了1小时30分钟就有近乎1 100人知晓。或许，这在有50 000人的省城并不值得大惊小怪，可能大家会觉得，不见得省城的人都会迅速得知该信息。大家先别急，我们用数学工具来算算，就知道它流传的大概情况了：

9：45有3 280人知道了这条信息（1 093+3×729=3 280）；

10：00就有9 841人得知这条信息（3 280+3×2 187=9 841）；

10：15，省城的29 524人得知这条信息（9 841+3×6 561=29 524），也就是说又用了45分钟，省城$\frac{1}{2}$的人就了解了这条信息（图31）。

早晨8：00外乡人将这条信息带进省城，不

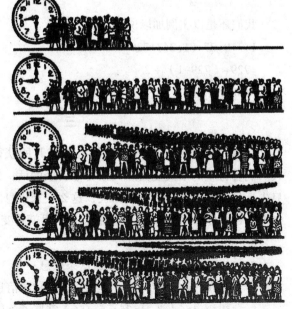

图31

到11：00几乎全城的人都知道了。

二

大家想象不到吧？以上的计算还有简易算法，由此我们便可得到下面的算式：

"1+3+3×3+3×3×3+3×3×3×3+3×3…"能不能如同我们之前运算数列"1+2+4+8…"似的很快求出最终的值呢？倘若大家明白这里合起来的数字存在下面这些特性，会立刻反应过来——原来还可以像以前那么运算：

3可以写成1乘2加1；

9等于1与3之和与2相乘再加1；

27为1与3和9之和乘2再与1相加；

81是1与3和9及27之和乘2加上1；

……

总结一下：数列的各个数字都为一些具有某些规律的数字求和后与2相乘，再与1求和的结果。

很显然，倘若是求自1至某个数字构成的数列总和，就以最末的数字与它减去1后的 $\frac{1}{2}$ 相加就行了。

我们还是以实例加以说明：

1+3+9+27+81+243+729

=729+（729-1）÷2

=1 093

三

在这个故事中，得到信息的人仅将其所获得的信息告知了其他3个人。倘若省城的市民爱交际又很善于言谈的话，他们就不会把得到的信息只告诉另外3个人，而是5至10人，这么一来信息的流传速度更惊人。假若每个人每次传播给5个人，我们的运算结果就将变成如下的状况：

8：00仅一人掌握该信息；

8：15就有6人（1+5=6）知道这条信息；

8：30的时候有31人（6+5×5=31）得知了信息；

8：45时有156人（31+25×5=156）掌握了该信息；

9：00就有781人（156+125×5=781）知晓了这条消息；

9：15知道这条消息的人就是3 906人（781+625×5=3 906）了；

9：30便有19 531人（3 906+3 125×5=19 531）掌握了这条信息。

以此速度流传的话，这条消息不到9：45就会在这座有50 000人的省城人人皆知。

若是得到该信息的人把它讲给10个人听，那样一来流传的速度只会更快。于是我们就该采用下面的数列来运算了：

8：00仅外乡人知道；

8：15就有11人（1+10=11）了解这条信息了；

8：30知道消息的人就有111人（11+100=111）；

8：45可就有1 111人（111+1 000=1 111）获知了该消息；

9：00的时候11 111人（1 111+10 000=11 111）获悉了这个信息。

显然，如此运算下去的话，那么下一个数字就该是111 111了对吧？这一运算值足以证明在9：00过一点儿的时候这条消息就已经是满城皆知了。这充分说明，消息能在一个小时左右流传至省城大街小巷的每个角落（图32）。

图32

3. 封赏

我所要给大家讲的这个故事发生在很多年前的罗马。

一

领皇帝的谕旨后，泰伦斯远征大获全胜，向皇帝献上了军队缴获的各种物资。他一到都城就恳请觐见皇帝。

皇帝满心欢喜地接见了他，而且很感激他对国家所进行的这次军事行动，承诺要给他在元老院谋一个不错的职位。

可是统帅泰伦斯对此却并不领情，他说道："我是想增加您的皇威，让您扬名天下，才不辞劳师远征，拼死夺取胜利。为了您，我无惧生死，假如我有的不是一条命而是很多条命，为了您我愿全部献出。可是陛下，长期带兵征伐让我疲惫不堪。我已年迈，我身体的各个器官都已老化，该在老祖宗传下来的宅院里休息了，请您让我享受一下天伦之乐吧。"

"我的统帅，那你想让我如何赏赐你？"皇帝问。

"陛下，请您听我一一向您道来。为您开疆拓土多年，我的热血洒满疆场，剑上也沾染上了鲜血，可是我自己一贫如洗。请陛下开恩，让我的晚年能安逸些……"

"勇士，接着讲。"

"倘若您打算给您的忠实臣子一些赏赐，"听到皇帝让他继续，泰伦斯就大着胆子说，"恳请陛下让臣平静地度完余生。我不奢望在大权在握的元老院就职，被人拥戴。我想像普通人一样安度晚年。就请陛下赏赐足以让我了却残生的财富。"

传说中，故事里的这个皇帝好敛财，对臣民很吝啬。泰伦斯的要求让这位本就不是很慷慨的皇帝非常不悦。他一直在思索着如何应对统帅。

"说吧，我给你多少财富，你才能满足？"皇帝问统帅。

"只要1 000 000第纳里（古罗马时代的银币或金币），慷慨的陛下（图33）。"

皇帝又皱起眉头考虑了半天（图34）。泰伦斯看到皇帝的神色不对，都有点儿不敢看他，只静等皇帝开恩。好半天，皇帝才开了口："善战的统帅！你是有战功的将领，你为国家和百姓建立了功勋，理应得到赏赐。我打算给你

图33

些奖赏，但在明日中午时分，你才能知道我的赏赐是什么。"

图34

二

次日中午，泰伦斯按皇帝的要求进了宫。

"善于领兵征战的统帅，你还好吗？"皇帝问道。

统帅毕恭毕敬地站好说："尊敬的陛下，我诚惶诚恐地来听您最后的旨意。您一向宽大为怀，我在等待您承诺给我的赏赐。"

皇帝张开金口说道：

"你战功卓著，我对你格外开恩。你听好，我的库房存有5 000 000枚用铜造的布拉斯（币值较小的质地为金属的货币，1布拉斯 $=\frac{1}{5}$ 第纳里）（图35）。你去我的库房取一枚硬币过来，记得要将它搁在我的脚前；第二日继续，只不过拿来的是价值2布拉斯的硬币，还是搁到我脚前；第三日拿来的是价值4布拉斯的硬币；第四日就得拿价值8布拉斯的硬币；到了第五日是价值16布拉斯的硬币。你就这样依照顺序去拿，每天

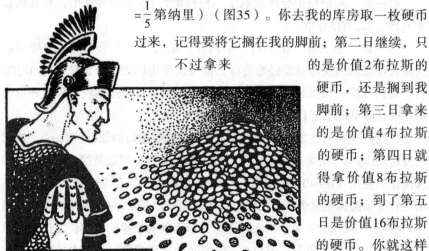

图35

图 36

的硬币数都是前一天的2倍。我已下旨，日日都给你铸造差不多价值的硬币。要是你有力气拿得动它们，就随便拿。不过只能由你自己来参与这个具有挑战性的活动，你必须自己搬。若是你实在拿不动，可选择终止游戏，我们之间的约定也随即宣告失效，不过所有被你从金库移出的硬币，我都作为赏赐给你。"

统帅聆听着皇帝的话，细细品味着。他似乎看见眼前堆满了自己由国库带出来的一摞摞硬币了。

泰伦斯沉浸在幻想中，好久才回过神来，神采奕奕地回禀皇帝道："您太仁慈了！我很满意！（图36）"

三

昔日威风的统帅泰伦斯遵照皇帝谕旨，开始了为自己的晚年赢取所需的游戏——日日进入皇帝的金库，搬运重量和币值成倍增长的硬币。刚开始的时候，由于国库距皇帝平日朝见大臣的厅堂不远，加之泰伦斯军人出身，又长期征战沙场，所以进进出出搬动那些硬币简直可以说不费吹灰之力。

第一天，泰伦斯由金库领取了一枚价值为1布拉斯的硬币，其直线长度为25毫米，有5克重。

第一日、第二日、第三日、第四日、第五日乃至第六日的取硬币活动让久经战场的统帅觉得轻而易举，他每次拿出的硬币分别是1布拉斯的2倍、4倍、8倍、16倍和32倍。也就是说泰伦斯每日搬运的硬币币值和重量都在前日的基础上每日以2倍的速度在递增。

以我们现在的度量衡来推算，第七日泰伦斯搬运的硬币重320克，直线长度达8.5厘米（精确点儿计算的话应是84毫米）；以此类推，第八日自国库搬运的硬币重达640克（相当于128枚小型硬币），直线长度为10.5厘米；第九日统帅搬运至皇帝脚前的硬币直线长度是13厘米，有1.28千克重（相当于256枚小型硬币）；第十二次运送至皇帝面前的硬币的直线长度该是27厘米，有10.25千克的重量（图37）。皇帝面带慈祥的笑容目送泰伦斯搬运愈来愈沉的硬币，为自己的谋略感到得意。他心里盘算着，尽管统帅到目前为止已搬运了12天，可是泰伦斯运出来的本属于皇帝的财富还不到2 000个铜币。

第十三日，泰伦斯从金库弄到皇帝脚前的硬币足有20.5千克（其重相当于4 096枚小型硬币），直线长度有34厘米；第十四日，泰伦斯由国库搬运的硬币更重了，有41千克，直线长度达42厘米（图38）。

图37

"你不觉得累吗，英勇的统帅？"皇帝努力控制着自己快要露出的得意笑容，关切地问。

"谢谢陛下体恤，微臣久经沙场，都习惯了，所以一点儿也不觉得累。"泰伦斯边用手抹着脸上的汗水，边回应皇帝的问话。

第十五日的时候，泰伦斯要运送的硬币就非常非常沉了——重82千克（是用16 384枚小型硬币铸成），直线长度为53厘米。统帅移动它时连步子都快迈不开了，泰伦斯千辛万苦才把那枚硬币弄到皇帝眼

图38

前，那枚硬币让身材魁梧的勇士搬起来都很是吃力。

到了第十六日，背上的硬币压得统帅的腿直打战，它有164千克重（由32 768枚小硬币铸成），直线长度达67厘米。

统帅使出了浑身的力气，累得直喘粗气。皇帝乐得合不拢嘴。

第十七日在泰伦斯进入皇帝所在的大厅时，皇帝及众侍从哄堂大笑。泰伦斯已经没有力气将硬币抱在怀里了，只得推着它走。该硬币有328千克（相当于65 536枚小硬币的重量），直线长度达84厘米（图39）。

第十八日是泰伦斯用力气为自己换取养老费的最后的日子。这次是他最后一次光顾皇帝的金库，也是他进入迎宾厅了结和皇帝约定的日子。此

次统帅搬运的硬币有656千克（和131 072枚小硬币一样重），直线长度达107厘米。泰伦斯已经没有力气可使，只好以自己作战用的长矛当杠杆，用尽了自己最后一点气力，才将硬币弄进皇帝所在的大厅。随着"轰隆"一声巨响，硬币倒在了皇帝的跟前（图40）。

图 39　　　　　　　　　　　　　　图 40

统帅被皇帝的游戏弄得身心疲倦。

"我不行了，就要这些吧。"他使尽了力气大声说，可是声音听起来像蚊子的叫声。

见自己的计谋得逞了，皇帝极力控制住自己的得意之情。皇帝下旨让金库管理人员合计统帅所搬运的硬币数量。

金库管理员算完后禀报："爱民如子的陛下，所向披靡的将军泰伦斯按您的规则可获262 143布拉斯的赏赐。"

通过计谋，惜财如命的皇帝奖励给常胜将军的财富仅是其所要求的零头——泰伦斯想得到的是1 000 000第纳里，可他实际得到的大约是他索要的$\frac{1}{20}$（图41）。

图41

4. 棋盘的由来

象棋（特指国际象棋）是古代流传下来的娱乐活动。它的历史约有两千年，正因为历史悠久，流传于坊间的关于象棋的小故事有很多，无从考证它们的真实性。我下面要告诉大家的就是一个与象棋有关的在民间广为流传的故事。要搞清楚这个故事与会不会下象棋无关，大家只要知道象棋得在有64格的棋盘上玩就行了。

———

象棋的发源地是印度。就连舍拉姆皇帝刚玩象棋之际，都对玩这个游戏所应具备的技能和变幻莫测的布局感慨不已。当他听说这项娱乐活动的发明者是一个普通臣民后，就决定要赏赐这个人。

象棋的发明者塞塔被召唤到皇帝跟前，他以教书育人为生，不怎么讲究衣着，但知识渊博。

"你发现并大力推广的游戏有益于提升大家的智力，也非常有意思，所以我有意奖赏你，我的学者塞塔。"

发明家向皇帝行了一个礼。

"我的国库很殷实，你想要什么我都会成全你。你尽管讲你想要的赏赐，我会满足你的心愿的（图42）。"

图 42

发明家一言不发。

"别不好意思，"皇帝安慰道，"你不妨直言相告，我会慷慨地赐给你想要的东西。"

"仁慈的陛下，请您允许我想想。我得好好思考一番才能告诉您，明日我会说出我的需要。"

皇帝应允了。

思考了一夜，天亮后发明家依约赶到了皇宫，他微不足道的请求让皇帝震惊不已。

图43

"请您下旨，在棋盘上的第一格给我放一粒小麦。"

"就只要一粒小麦？"皇帝不解地问。

"正是，慷慨的陛下。请您下旨，在第二格摆2粒小麦，第三格放4粒小麦，第四格搁8粒，第五格16粒，第六格32粒……"

"行了！"皇帝非常生气，怒气冲冲地阻止发明家继续说下去（图43），"我会奖赏你想要的微不足道的小麦的，可是你的要求与我期望给你的赏赐太不匹配。你期望得到的奖赏与我的身份、地位及财富相去甚远，你无视我的威严，轻视我的仁爱。你是一位教师，理应懂得怎么对待君王及他爱民如子的情怀，你应该在众人面前率先垂范。你可以走了。我会下旨让仆人将你要的麦子给你的。"

发明家满足地笑了，走出大厅，径直到皇宫前的门口候着自己的赏赐。

二

用午膳的时候，皇帝记起了发明了象棋的塞塔，便派人去查看那位过于草率的发明家有没有领走奖赏。

"仁慈的皇帝，大家正在遵您的谕旨行事。宫里的所有数学家都在算您答应给发明家的小麦数目。"

皇帝面露不悦之色。他受不了仆人们不把自己的命令当回事，拖拖拉拉。

夜里临睡前，国王又想起了赏赐发明家小麦的事，便又一次过问发明家是否已带着自己的奖赏离去。

"日理万机的陛下，您所厚爱的数学家们还在废寝忘食地计算应给发明家的麦子的数目，他们都想尽办法以期在日出后获得确切的结果。"跟随皇帝的仆人回禀道。

"就这么点儿事，这么长时间还处理不好？"皇帝怒不可遏，吼道，"天亮前，在我睡醒的时候，就一定得把小麦给发明家。我不想为这件事再下旨！"

皇帝起床后，仆人禀报，宫里的首席数学家有要事请示。皇帝命其进宫（图44）。

"我想知道，"还没等首席数学家说话，皇帝就急切地说，"那个塞塔要的微不足道的赏赐给了没有？"

图 44

"微臣正为此事才鼓起勇气觐见您。"德高望重的数学家回禀皇帝，"经宫里所有的数学家昼夜反复计算，认真核实，那个塞塔所要的小麦数量实在是太惊人了……"

"不管有多少，"国王不等全国最聪明的数学家讲完，便说，"国库有的是粮食。我答应了赏赐他，你们就赶紧给他吧……"

"您的大度和慷慨令微臣敬佩，可是吾皇您无法办到呀！拿出您所有的粮食也无法满足塞塔的要求，王国所有的粮食也不足以给塞塔，整个地球上的粮食都不够给塞塔。倘若您还执意兑现所承诺的奖赏，那您只有下旨让全国的人开荒种小麦，甚至填海造田，连常年积雪不化的北方也得千方百计融雪开垦种小麦。然后您再下旨，把所有收获的小麦送给发明家，唯有如此方可兑现自己的诺言。"

首席数学家的一番话惊得皇帝半晌说不出话来。

"你们算出的数字非常庞大？那好，你说给我听听吧。"皇帝半信半疑地说道。

"18 446 744 073 709 551 615粒小麦（图45）。"

图 45

三

流传于民间的故事就是这样的。至于是否真的发生过这样的事我们不得而知，可是故事中皇帝愿意赏赐的小麦数量确实是这么多。小伙伴可以自己用心算算，从数字1起，以此加1、2、4、8…也就是对2求63次平方，求出的最终值便是皇帝答应付给发明家的奖赏。以此书的计算方法，是拿最后一个数与2相乘后与1求差，如此便可知道所应付给发明家的小麦数目。换句话说，就是要运算2与2相乘63次的值，即：

$$2 \times 2 \times 2 \times 2 \times 2 \cdots（2 与 2 相乘 63 次）$$

为了使运算变得容易些，大家可将需相乘的64个2依照每组10个的标准，分为6组，其余的一组4个2。如此一来，我们很容易便可求出10个2连乘的结果为1024，4个2连乘为16。这意味着，我们运算的最后值为：

$$1\,024 \times 1\,024 \times 1\,024 \times 1\,024 \times 1\,024 \times 1\,024 \times 16$$

通过计算，$1\,024 \times 1\,024$ 为 $1\,048\,576$。于是运算式便可以写成如下的形式：

$$1\,048\,576 \times 1\,048\,576 \times 1\,048\,576 \times 16$$

计算出最终值后减1——就会得到与前面所求相同的小麦数目，即：

$$18\,446\,744\,073\,709\,551\,615$$

倘若大家有兴趣联想小麦的数目到底如何惊人，不妨通过求储存它的库房的面积来了解。已知一立方米储藏的小麦数目为1 500万粒。那么，通过我们的推算，发明家应得的小麦所需占用的库房面积为12 000立方千米（也就是12 000 000 000 000立方米）。

如果将库房的高设为4米，宽是10米，推演下去的话库房的长应为 300 000 000千米——换言之，太阳和地球间的距离仅为库房长度的 $\frac{1}{2}$（库房长为太阳和地球间距的2倍）（图46）。

图46

四

很明显，印度的皇帝即使再慷慨也兑现不了自己的承诺。不过他要是够聪明的话可以找个免责的办法，他可以提出让发明家亲自清点一下他自己所要求的小麦数量。

　　若是发明家要清点奖赏给他的小麦数目，他就得昼夜不歇地工作，就算他以1粒/秒的速度数，一夜的工夫他最多数出86 400粒小麦（也就是$\frac{1}{4}$俄斗，俄斗是俄国旧的度量衡，也是体积的单位。1俄斗=26.239升）。发明家10天10夜不停地清点才能数出100万粒小麦。1立方米小麦他得数上180多天，就算他夜以继日地清点上10个年头，经他手清点的小麦都不足100俄担（俄国旧的度量衡单位即体积单位。1俄担=8俄斗）。通过以上的计算，大家应该可以看出，就算发明家一直忙着数自己所要的小麦，那么，即使他数到自己生命的尽头，他所清点的小麦数目也只不过是他应得的微乎其微的那部分（图47）。

图 47

5. 生长周期短

　　熟透了的罂粟中含有许多种子。这些种子都可成为一株新生罂粟，如果这些种子都长出嫩芽，会有多少株罂粟出现呢？人们为获取正确的答案，就亲自数起了罂粟果实内的可作为种子的数目，看起来枯燥乏味，可是运算结果非常有趣，于是我们很有必要拿出自己的耐力探究下去。结果令人惊讶，一个罂粟果实内有3 000颗种子（图48）。

　　这是一个什么概念？一株罂粟周围若存在适合罂粟繁殖的土壤的话，那么罂粟果实内的每一粒种子飞落到泥土里都会生根发芽，于是乎，到了第二年，就会新生出3 000棵罂粟。换句话来

图48

说，一枚罂粟果实就可轻轻松松繁衍出一大片罂粟！

这还不是最惊人的状况，大家继续往下看。那3 000株罂粟就算一棵仅结一枚果实（这是不可能的，一般情况下每棵最少能结几枚果实），再假设每个果实只有3 000颗种子，那么，新一年的罂粟数量就是：

$$9 \times 10^6（3\,000 \times 3\,000）$$

三年后，一枚罂粟果实所繁衍出的新罂粟数量为2.7×10^{10}棵（即$9 \times 10^6 \times 3 \times 10^3$）。

四年以后罂粟的数目就可达到8.1×10^{13}（$2.7 \times 10^{10} \times 3 \times 10^3$）棵。

以这样的速度繁殖下去的话，那么五年后整个地球表面都会被罂粟所覆盖，此时罂粟的数目会是2.43×10^{17}（即$8.1 \times 10^{13} \times 3 \times 10^3$）棵，而我们所在的地球的整个陆地和岛屿的面积总和才是1.35×10^{14}平方米。

假设罂粟果实内的种子全部成活，五年内就可长满地球上的岛屿及陆地，到那时，地球上每一平方米的土地上就生长着2 000棵罂粟。

倘若我们不以罂粟为例，而是以另外一种果实很少的植物为例的话，结局是一样的，只是它长满全地球的时间稍长一些而已（超过五年）。现在来研究一下蒲公英。我们以一棵蒲公英一年收获100颗种子为基数来计算，我们设定这100颗种子全能孕育出新的生命，于是蒲公英繁衍后代的数量可见如下的具体运算：

1个365天——1株；

2个365天——100株；

3个365天——10×10^3株；

4个365天——10×10^5株；

5个365天——10×10^7株；

6个365天——10×10^9株；

7个365天——10×10^{11}株；

8个365天——10×10^{13}株；

9个365天——10×10^{15}株。

通过上面的计算，我们发现九年后地球上1平方米的地方就会长有70株蒲公英，我们所生活的地球家园将满是蒲公英（图49）。

然而我们在实际的生活当中并未发现哪种

图49

植物会繁衍得如此之快，这是为什么？难道是我们的运算有问题？不，在日常生活中，植物繁殖能力没有这么强，是因为大量的种子要么并未破土而出，要么生出了嫩芽，却被其他物种终止了它们的苗长成长，要么就是让地球上的动物给吃掉了。如果不是植物的种子和幼苗有很大一部分被破坏掉了，那么任何植物都能长满我们赖以生存的地球。

　　除了植物，动物的繁殖能力也很惊人。倘若动物在繁殖过程中不出现意外情况的话，那么任何一种动物的后代都能占据地球。不止地面，空中也会被蝗虫侵占。倘若不是一些意外的亡故降低了动物繁衍的成功率，我们可以想象一下后来的情形。二三十年内，地球上的所有空间将会被树木和草所遮蔽，抬脚就是动物，所有的生物都会为生存而战（图50）。海里全是鱼，船舶无法通行（图51）。空中充斥着鸟类与昆虫，一睁眼看到的不是小鸟就是各种各样的虫子，视线全被这些东西遮挡住了，我们的眼前不再是光明（图52）……

图 50　　　　　　　　　　　　　　图 51

图 52

不信，我们一起来看看苍蝇繁衍后代的本事吧：

假设一只雌性苍蝇产120个卵，在炎热的夏日里繁衍7代。假如它是在4月15日第一次产卵，而每一个卵都会很快成为成虫并开始繁殖后代。于是苍蝇繁衍后代的能力就如同下面所描述的状况：

进入温暖的初夏（4月15日）：一只雌性苍蝇诞下120个卵；

进入夏天的第二个月（5月初）：那120个卵长成120只苍蝇，假定有60只是雌性苍蝇；

过了5日（5月5日）：每只雌性苍蝇均产120个卵；

5月15日前后：共有7 200只（60×120）成年苍蝇，雌性苍蝇达3 600只；

到了5月末（大约在5月25日前后）：那3 600只雌性苍蝇，每只产出120个卵；

到了6月份：就有成年苍蝇432 000只了，不信那你算算，3 600乘以120是多少呀？雌性苍蝇就有216 000只呢；

进入6月中旬（6月14日）：216 000只雌性苍蝇个个都能产下120个卵；

到了月末（6月25日前后）：就有25 920 000只苍蝇在这个地球上飞舞觅食，雌性苍蝇就达到了12 960 000只；

7月（7月5日）：12 960 000只雌性苍蝇个个生出了120个小宝宝；

到了7月中旬（7月14日）：新生的苍蝇就达到1 555 200 000只，仅雌性苍蝇就多达777 600 000只；

转眼到了7月底（7月25日）：新出生的苍蝇多达93 312 000 000只，繁衍后代的雌性苍蝇突增至46 656 000 000只；

8月中旬（8月13日）：新生的苍蝇有5 598 720 000 000只，能诞生苍蝇宝宝的雌性苍蝇多达2 799 360 000 000只；

秋季凉风送爽，可是我们来看看苍蝇的数量，心情可就不爽了：335 923 200 000 000只苍蝇充斥于我们的生活，到处传播病菌。

为了便于大家观看，让大家展开自己联想的翅膀，我们就想象着那些苍蝇顺着一条直线停在一起。假定一只苍蝇有7毫米长，那么所有苍蝇连在一起的长度可达2.5×10^9千米——地球到太阳的距离仅为其$\frac{1}{17}$（居然和天王星到地球的间距接近）（图53）——这就是苍蝇在没有外界条件干预的情况下繁衍出的后代数目。

图 53

6. 不用埋单的午饭

一

　　读完中学了，有10个中学生盘算着找个餐馆一起祝贺一下。待众人都到了之后，侍者送上了第一盘菜，就在此时，中学生们却为座位的事吵闹起来。有人觉得大家应该按名字的拼读次序入座，也有些人觉得应该按年龄排序依次落座，还有人觉得应该按成绩依序就座，其余的人觉得应该按身高依次坐下……一帮刚走出中学校门的人就为这件事僵持着，直到汤都不冒热气了，还没有一个人入座用餐（图54）。

图 54

　　侍者上前开导了一番，才使众人的矛盾化为乌有："中学生朋友们，请大家先安静下来。大家坐在靠近自己的座位上听我讲几句好吗？"

　　大家随便找了位子——落座。侍者接着说道："就请你们中的一个人熟记大家的座次。欢迎你们明日再来用餐，座位另有安排，后天可依别的座次落座，按照这个办法一直顺延，一直到大家换完所有的入座方式。如果哪天又轮回坐今天的座次，我请诸位免费吃我们这里最好吃的午餐！"

　　侍者的提议得到大家一致的赞同，他们就依照他的建议每日到此处用餐，并不停地变换落座方式，企盼免费用餐的日子快快到来。

　　可是，他们左等右盼就是吃不到免费的午餐。这不是侍者食言，而是变换座次的方法多得难以想象。他们算了算，座次的排列种类居然有3 628 800种之多。

　　由此他们很快就推算出，按他们这种方式变换座次，要换回第一次的落座次序得用9 942年。也就是说将近10 000年才有可能吃上侍者许诺的那顿免费的午饭，时间确实太长了。

二

　　难道你不信10个人有那么多种落座方法？那我们一起来求证一下。可是我们还需弄明白，如何实现座次的变换。我们找个简便的办法，大家来看看以下3个物品的摆放次序。我们就命名它们为A、B、C（图55）。

图55

　　我们首要的问题是如何互换它们的位次。我们首先来推演一遍：假若不考虑C的话，那么余下的2件物品的位置就有如图56中的2种：

　　接下来，我们要将C置入这两组队列。那么共有3种摆放方法：

　　（1）让C位于各列之末；

　　（2）让C位于各列之首；

　　（3）让C位于另外2件物品中间。

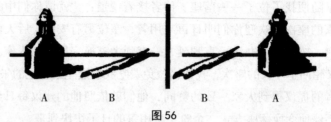

图 56

很明显，抛开这三种排列方式，对物品C而言就没有另外的排列方式了。从图中大家不难发现总共2种排列方法——AC及CA，也就是说此3种物品的排列方式为6种（2×3）（图57）。我们来看图就可知这些排列方式分别是什么。

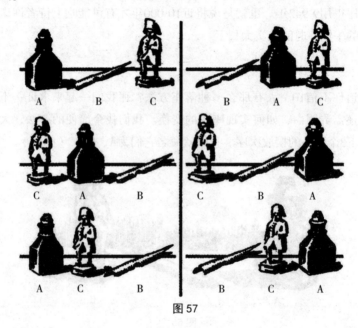

图 57

大家接着往下看，下面我们来求解4件物品的排列方式。我们假设现在有4件物品，我们分别称其为A、B、C、D。与上面一样我们把它们中的某个，比如D先搁到一边，我们来推导A、B、C三者间所可能有的摆放方法。由前我们获知，此三件物品的排放方法有6种。那到底可以采取几种方式把D搁进那6种摆放方式中？明显地，共有4种办法对不对？

一是在各列物品后摆上D；

二是在各列最前面摆放D；

三是在A、B之间放上D；

四是在B、C之间放上D。

那么，大家就会知道总共有24种排列法（6×4）。

由于6等于2与3相乘，2又等于1乘以2，于是该结果若是用乘法表示的话便为：1×2×3×4＝24。

采用相同的办法我们便可推算出，若摆放的物品有5类，所可能的排法便为：1×2×3×4×5＝120。

我们继续推演一下6件物品的排列方式：1×2×3×4×5×6＝720。

大家可以依序逐次进行下去。

到这里我们就先告一段落，回到10位用餐者变换座次的事件（图58）。我们具体来看看会是什么样子。

图 58

若是大家能成功求得下面式子的值，也就会知道一共有多少种座次变换方式：1×2×3×4×5×6×7×8×9×10。

计算结果跟前边的结果一致，都是3 628 800。

三

假若那10位中学生用餐者内有5位女生，她们又想与男生交替就座，那么一来运算就要麻烦一些。尽管在此情景下，落座的方式会变得少一些，可是却增大了运算的难度。倘若我们假定有1名男生见到座位便入座。其余的4名男生，若在两位男生间空一个座位给女生，这样一来可能有的就座方式便是1×2×3×4，即24种。总共就10张凳子，那么首先落座的男生就有10种就座方式。我们推算下来，男生们可采用的就座方式就有240种（10×24）。

女生的落座方式有几种呢？答案是120种（1×2×3×4×5）。如果把男生所有的座次变换方式与女生的可采用的座次方式相乘，便可得到总的可采用的座次方式有28 800种（240×120）。

　　这么求得的结果较之我们前面运算的值是不是小了不少，可是就按这样的方式变换座次也得用79年的工夫——除非这10位学生都能活到100岁，否则他们就享受不到他们梦寐以求的那顿美味的免费午餐——那位承诺请他们免费用餐的服务员也许都不在了，只能由后继者为他们服务了（图59）。

图 59

7. 不撒谎的孩子

　　有个小贩带着几包干果去集市出售。他到达集市后，就从自己赶来的马车上取下了干果，他送回马匹后，猛然记起自己还得去别的地方，可能需要耽误的工夫会很长。他思量着得找个人先帮自己看着点儿，要不然自己的干果就可能出事儿。"找哪个人呢？什么样的人要的工钱会少点儿呢？"小贩反复考虑着这件事。

　　不经意间他瞅见了流浪儿童斯捷普卡，他天天都会在集市上寻活计，比如帮别人推个车，帮人码齐蔬菜，帮别人清扫等——一天忙下来他就不至于饿肚子。小男孩老实本分又透着几分灵气，集市里的人都乐意找他帮忙干些零活儿。

　　"过来，小斯捷普卡，你在这儿帮我盯一会儿好吗？"小贩问道。

"得多久？"

"我现在说不好，得看事情忙不忙，办得如何。不过你放心，我会付钱给你的。"

"那你到底会给我多少钱？"

"你说个价吧。"小贩怕付多了，就小心翼翼地让小流浪者说工钱。

小斯捷普卡思索了一会儿，说道："如果看一个小时的话，你就给一颗干果好了。"

"好。那若是看2小时呢？"

"那就给2颗干果。"

"说定了。那要是你帮我看3小时呢？"

"另外给4颗干果，若你3小时没办完事，4小时后你就要给我8颗干果，若你5个小时后才办完事——16颗干果，若是6个小时……"

"好了，我明白了，"小贩阻止小斯捷普卡继续说下去，"你不用再讲了。我就按后一个小时给你的干果为前一小时的2倍给你干果。我没意见。只是我没回来，你不许擅自离开。"

小贩交代完离开了，寻觅到如此的廉价劳动力让他满心欢喜：就是要小男孩看上一天摊子，仅需给他满把干果而已。

天黑之前小贩就办完了事情，他完全可以回到集市的，可他并不着急回集市。"晚上也不会有什么赚大钱的生意，那几包干果不是有小流浪汉看管吗？他为了自己的那把干果不会瞎跑的。无非就是再加些干果而已。"小贩想来想去，就回家歇着了。

小流浪者一直不敢怠慢，小心地看着干果，雇主没及时返回，他也没有觉得难过。天黑了，集市上的商户都收起了行李物品回家了。斯捷普卡信守着自己的诺言：他在那几包干果旁席地而卧，嘴角挂着一丝甜甜的微笑。

天亮后小贩不慌不忙地来到了集市，只看见斯捷普卡将自己的干果往一辆车上放。

"住手！你这个坏小子，你要将我的货物拿走？"

"它们以前的确是您的，可是现在易主了。"小流浪汉心平气和地辩驳道，"你记不得我们的协议了吗？"

"你还好意思说协议？协议规定你帮我看货物，没说让你将我的货物据为己有。"

"这些东西是我为你看守货物应得的报酬，怎么能说是你的？"

"你就帮我看了24小时干果，怎么偏说全部的干果都是你的呢？你拿走你该得的，把属于我的那部分给我卸下。"

"我没多要，我只拿了属于我的这些。这些还不够我的酬劳，你还应该再给我一些钱。"

"我还欠你的钱？你可真能瞎扯！那你说我欠你多钱？"

"怎么说呢，现在我得到的仅是我该得的 $\frac{1}{1\,000}$ 而已。你别不信，我们一起来计算一下好吗？"

"我就雇你一天，这点账还用算吗？小兄弟，你大概不会算账吧？"

大家来瞧瞧到底他们俩谁算不清账？我们一起去瞅瞅。

其实是小贩没有算对，而斯捷普卡算得又快又准。

斯捷普卡帮小贩看60分钟的报酬是一颗干果，对吧？那么第2个60分钟——2颗；第3个60分钟——4颗；第4个60分钟——8颗；第5个60分钟——16颗；第6个60分钟——32颗；第7个60分钟——64颗；第8个60分钟——128颗；第9个60分钟——256颗；第10个60分钟——512颗。

这看起来好像不至于让小贩赔本：那些干果合起来也不过1 000颗左右。可是要往下算，你就会知道后果多严重：

第11个60分钟斯捷普卡应得到的酬劳是1 024颗干果；第12个60分钟——2 048颗；第13个60分钟——4 096颗；第14个60分钟——8 192颗；第15个60分钟——16 384颗。计算结果愈来愈大了吧？这真不可思议，我们继续瞧下去。

第16个60分钟——32 768颗；第17个60分钟——65 536颗；第18个60分钟——131 072颗；第19个60分钟——262 144颗；第20个60分钟——524 288颗。

以上的这些干果总共都有1 000 000以上了。可这些还不够一宿的酬劳呢——4个60分钟的劳动报酬还没算进去。

第21个60分钟——1 048 576颗；第22个60分钟——2 097 152颗；第23个60分钟——4 194 304颗；第24个60分钟——8 388 608颗。

倘若我们将斯捷普卡一天一夜应得的酬劳合起来的话，那么干果的数目就该是16 777 215颗。这就是斯捷普卡所说的小贩所欠他的干果数量。

第三章

不是不可能

1. 剪刀和纸

我看见一些使用过的明信片和一堆自墙纸上裁下的纸条静静地躺在刚装修过的房间一角。用那些破玩意生火吧——我脑子里这么想着。可是，那些看似没什么用处的废纸，居然可以用来娱乐。我的兄长就利用这些废料进行了些好玩的智力游戏。

游戏从纸条开始。他送给我一张相当于3只手掌大小的纸，并告诉我："拿裁纸刀等工具将它分成3等份。"

谁知我刚想行动起来，却被兄长叫住了："别急，等我把话说完好吗？记住只能动一刀，就要让其变成3段。"

这也太难了吧？我尝试着用种种方法裁剪，但心里愈来愈明白，兄长让我完成的是一项异常艰难的任务。最终我想清楚了，这就是一项不可能完成的任务。

"你在拿我开涮，这怎么可能？"我振振有词。

"你用心想想吧，这是完全可以做到的，我觉得你可以完成。"

"我仔细考虑过了，这是一道无解的题。"

"我看你是没认真想，我给你做做看。"

图 60

兄长接过我手里的道具和纸，将纸条折叠后裁开了（图60）。他展开来让我瞧，正好是3段。

"是不是可以做到。"

"当然瞧见了，但是纸条折叠起来了。"

"我没规定不可折叠呀。"

"当然了，你也没告诉我能对折纸呀！"

"我没说不等于不行。你就承认你自己不动脑子吧！"

"那就再试一次吧，我被你忽悠了。"

"刚好我这儿还剩一张纸条，你就让它侧站到桌面上吧！"

"侧站……"我紧张地思索着，恍然大悟，纸条是能对折的，就这么

着，我把纸条对折出一定角度，这下纸
条当然就能侧着身挺立在桌面上了（图
61）。

图 61

"你不也能做到吗？"兄长夸奖
道。

"继续！"

"行！你瞧，我将那几张纸条粘连
起来就成环状了（图62）。你找一根一
头为红色一头为蓝色的铅笔，顺着环状纸的外侧画一条蓝线，而顺着其内
侧画一条红线。"

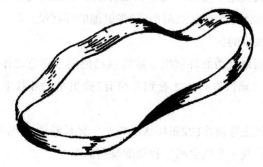

图 62

"接下来呢？"

"到这里游戏就告一段落了。"

这也太容易了吧？但就是这道看似颇为简单的题目，硬是成了我前进
路上的拦路虎。在我连接好蓝线的两端后，打算绘制红线时却惊呆了——
环状纸的两边都有蓝线。

"从头再来，我粗心大意弄错了。"我不甘心地说道。

可是我沉浸于自己的游戏中，浑然不知我究竟是怎么又在环状纸的两
旁画出同一条线的。

"真闹心！我又搞错了。再给我一次机会好吗？"

"接着来，我成全你。"

朋友们，猜猜结果如何？在又一次重来后，我痛苦地看到环状纸的两
侧又都是蓝色线！

"这么容易的事，你都办不成！"兄长笑着说道，"你好好瞧着，我

立马就能完成。"

他顺势取了张环状纸，很轻松地在环状纸的内外侧分别画上了红线和蓝线。

我不服气，再次取来环状纸，小心翼翼地顺着环纸的一边画线，千小心万小心就怕又把线同时画到环状纸的两侧，然而我又一次失败了：环状纸两边又被我画上了同样的线条！我郁闷极了，看了兄长一眼，他脸上那种不怀好意的笑容让我意识到这件事情有问题。

"嗨，你如何做到的……这里面该不会有什么猫腻吧？"我不无怀疑地喊道。

"环状纸被我施了魔法，现在它很特别。现在用这些环状纸玩些新花样吧，比方说将这样的环状纸制作成2张更细的环状纸。"

"那有什么难的！"

我急不可耐地裁剪好环状纸，欲将自己的两个得意之作——两张更细的环状纸展示给兄长看时，才看到并没有2张更窄的环状纸，只有一张更长的环状纸！

"嘿，这就是你制作的2张环状纸吗？"兄长戏谑地笑问道。

"你能再给我一个机会吗？我要继续剪。"

"你只会重复上次的结果。"

接下来我如愿制作出了2张环状纸，可是它们却紧密地缠绕在一起，无法分离（图63）。我都有点相信兄长的话了，莫非这些环状纸真被兄长做过特殊处理？

"魔法奥秘就在于将纸条连起来前把纸条的一头拧一圈（图64）。"

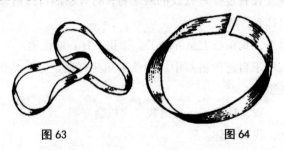

图 63   图 64

"这就是你所说'魔法的奥秘'？"

"你自己想一下，我就是在很平常的环状纸上画线条的。倘若不是我将环状纸拧1圈，而是搓上2圈，结局恐怕更让人意外。"

兄长亲自当着我的面加工出了那样的环状纸递给我。

"你剪一下，看看会是什么样？"兄长要求道。

我照着兄长的要求做了，果真出现了2张互相套在一起的环状纸，非常有趣。

后面我继续加工了3张环状纸，但我却将它们裁剪成了3张不可拆的环状纸。

"若题目要求你把这4张环状纸连接起来，你觉得应该如何做呢？"兄长提问道。

"喔，那不是很容易的吗？不就是把每双环状纸中的一张剪断，用它将其他环状纸套起来，末了用胶水粘好不就结了吗？"

"听你的话，是打算将3张环状纸剪断？"

"就是。"我信心满满地答道。

"少于3张环状纸就行不通了？"

"没搞错吧？你忘了吗，我们有4张环状纸，你若只将其中的2张环状纸剪断，又如何能将其他的套起来呢？真是异想天开。"

兄长没说话，走过来从我手里接过剪刀，把2张环状纸"咔嚓"一声剪断，接着用断的环状纸将其他的穿起来，一下子就做出了由8张环状纸组成的一串纸环。这个游戏在兄长手里变得那么容易！

"呵呵，纸环魔术已经表演了很多次。你手里还有那么多明信片，不如我们一起来看怎么用明信片玩魔术吧。比方说，你看看能不能在你刚摸过的那张明信片上制作一个最大的洞？"

我听从兄长的建议，比画一番后，终于在那张明信片上裁剪出一个呈四边形的洞，只留了很窄的边缘（图65）。

图65

"这是这张明信片所能制造出来的最大的洞，已经加工不出比这更加大的洞了！"我举起自己的得意之作让兄长看。

可是兄长却不以为然，还向我泼起了冷水。

"噢，这么小的洞，只能伸只胳膊进去。"

"难道你要让你的脑袋过去吗？"我嘲讽道。

"我期盼我能从你制造的洞钻过去，你能加工出那样的洞才说明你有两下子。"

"嗬！你的意思是让我用明信片制作出比明信片还要大的洞？"

"就是这个意思。不过，是加工出比明信片大出数倍的洞。"

"这下看你还有什么魔法可施，无法办到的事情你偏要逞能……"

转眼间我的兄长就行动起来了。我不由自主地盯着他的一举一动。他折叠起了明信片，用铅笔在明信片两个长边分别画了线（图66）。接着就以A为起点裁剪起来，直至裁剪到上面的线上，然后又朝下裁剪，直至裁到下面的那道线，他一直就这么忽上忽下地裁着，直至裁到终点B。之后，他去掉了A缺口至B缺口间的那些边沿（图67）。末了他抻开自己的作品，长长的环状纸就出现在眼前了（图68）。

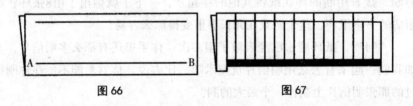

图 66　　　　　　　　　　图 67

图 68

"我制作完了。"兄长宣称。

"可是你的大大的洞在哪儿呢？我怎么没看到？"

"那就好好瞧瞧！"

兄长将环状纸完全抻开了，并用两手拎得高高地展示给我看，呈现在我们面前的是一个大大的链状纸环，兄长还将自己的得意之作往我脖子上放（图69），纸链环滑落到地上了。

"我不给你做出了能钻过人的洞了吗？你应该可以从那个洞进出吧？你说呢？"

"可以让两个人同时钻过去！"我惊呼道。

兄长结束了用纸条和明信片做的游戏，宣称要带我玩一些新的游戏——玩具不再是纸，而是硬币（图70）。

图69

图70

2. 用硬币做的一些游戏

"昨天你说要教我一些以硬币为主的魔术。"吃早点时，我有意说给我的兄长听。

"一大早就玩魔术？好，那你找个空碗。"

我拿来了碗，兄长向里面掷入一枚硬币（图71）。

图71

"你瞧瞧碗里，记住别挪动，更别将身子往前探。看得见硬币吗？"

"看得见。"

兄长将那个碗移动了一点点。

"还看得见吗？"

"只能看见硬币的边缘了。"

"坐好别乱晃。瞧好了，我向碗里加水。现在硬币发生了什么变化？"

"我又完整地看到它了（图72）！为何我觉得它和碗底的位置向上移了呢？"

图 72

　　我的兄长用绘图的笔绘制出了盛有硬币的那只碗。看完图，我突然反应过来。硬币在碗底的时候，它散发出的光束中的任意一道都进入不了我的视线，因为光是直线传播的，碗壁又正好挡在我的眼睛与硬币中间。但是一旦碗里有了水，状况就大不相同了：在光束离开水面进入空气的当口，它的运行轨迹发生了改变——也就是说光束改了道（用专业术语讲叫折射），顺着碗沿进入我的视线内。在一般人的意识里只记得"光走直线"这个常识，于是便一厢情愿地以为硬币的位置升高了。简而言之，我们一般是由光束转弯后的位置朝它发生折射前的位置看过去的。于是我们便会在潜意识里认为碗底也会随硬币位置的变动而发生改变。

　　"这个游戏也适用于你游泳时，"兄长接着讲，"你游到水位比较低的地方时，所见的水底一般都高过真实的水底，关于这点你到什么时候都不要忘记。水底升高的距离大约是真实深度的四分之一。比方说，真实的水深是1米，可是我们人类却认为它只有75厘米。这也是有些爱玩水的孩子们在游泳时遭遇不幸的缘由：他们在对水深的判断出现了差错（图73）。

　　"我以前观察到，我们划着小船在水不深的地方玩时，有种深水区就在船的下方的想法，似乎方圆之外的水都没有船下的水深。而在我们将船划到别的地方后，似乎此时船底的水又是最深的，感觉船周围的水位很低，就好像船还在深水区。这是什么原因呢？

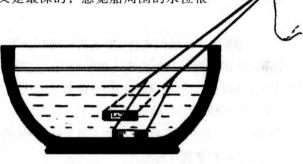

图 73

　　"其实这个缘由对我们大家来讲很好懂。人们自水面正上方看到的光线是垂直的，方向改变很小甚至没有改变，也就是说这个地方相比其他地方光线转弯的角度小一些。这就是自己看到的正下方水深改变幅度比别处小的原因。于是，人们就觉着水深的地方正对着船底，但实质上所有水域基本都是一样深的……好了，眼下我出个题目：请将11枚硬币搁进10个盘子里，要求一个盘子里只允许放一枚硬币。"

　　"它是物理实验题目吗？"

　　"当然不是，只是道心理测试题。开始吧。"

　　"把那11枚硬币扔进10只盘子，而且一个盘子只允许放一枚硬币……这哪里行啊？我做不出来。"我还没行动就承认自己不行。

　　"先别说不行，没试怎么就知道自己不行？你开始吧，我会帮助你的。首先把第一枚硬币放进一号盘子，并把第十一枚硬币也放进去。"

　　我在兄长的指挥下，同时在一号盘子里放了2枚硬币，我困惑不已，而且不清楚后面还会发生些什么事。

　　"放好这两枚之后，把第三枚硬币放进二号盘子，把第四枚硬币放进三号盘子，把第五枚硬币放进四号盘子……依序进行下去。"

　　我听从兄长的话一一做着，在我将硬币搁到九号盘子内之后，却猛然看见，还空着一只盘子——十号盘子内一枚硬币也没有。

　　"下面咱们就将投进一号盘子里面的第十一枚硬币取出来搁进空盘子里好了。"

说着，兄长顺手就拿出搁在一号盘子的那枚硬币投进了空盘子。

我发现11枚硬币都静静地躺在10个盘子里，更奇的是每只盘子里不多不少正好只有一枚硬币。这种情况真让人难以想象。

很快兄长一言不发地捡起了所有硬币，似乎没打算告诉我这其中的奥秘。

"自己想想吧，这恐怕比我直接告诉你更有意义。"

他不顾我的反对，又给我出了新的题目："现在给你6枚硬币，你把它们以竖着排成3列，每列只允许有3枚硬币。"

"那得有9枚硬币。"我反驳道。

"用9枚硬币谁不会？就给你6枚，就是让你用6枚硬币排列。"

"该不会是在拿我开涮吧？"

"你就会没上阵自己先把自己打败！瞧好吧，就是这么容易！把你吓成了那样。"

话音刚落，我的兄长就按图74和图75的办法摆好了所有硬币。

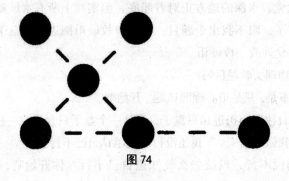

图74

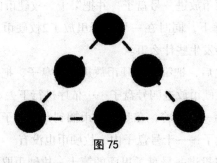

图75

"是不是每列三枚硬币，共排了三列呀？"兄长反问道。

"但是它们有个共同的交叉点，这样也行？"

"相交怎么了？我没要求不准相交是不是？"

"若是我知道允许出现交叉点的话，没准我自己也能排列出来呢。"

"成，你考虑一下这道题其他的解法吧。不过不是现在，等你有空闲了再说。当下你来解答三道同类型的题：其一，一列3枚，把9枚硬币摆成10列；其二，一列4枚，把10枚硬币摆放5列；其三，我绘制一幅图，而这张图是由36个小正方形构成的大正方形（图76），要求你将18枚硬币投进小正方形之内，记住我的要求，每个小正方形都仅允许投掷一枚硬币，最后的结果要是各行和各列都是3枚硬币……在你解答完这道题后，我会用硬币表演一个节目犒赏你的。"

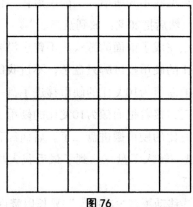

图76

说完后，我的兄长就在一边放了3个盘子，并在首个盘子里放了一摞硬币：最底下的是面值为1卢布的硬币，接下来依次是50戈比、20戈比的硬币，后面就是15戈比的与10戈比的硬币。

"要求以如下的法则把那些硬币移动到顺次排列的盘三内：法则一，一次仅挪动一枚硬币；法则二，不可把币值大些的搁在面值小的硬币之上；法则三，可先依照前两项法则将硬币移入盘二中，最后再把所有硬币按照其在盘一中的次序转移进盘三之中（图77）。你不是都听见了吗？我规定的法则并不繁复。你就拿出你的聪明劲儿一展身手吧。"

于是我赶忙进入状态开始搬移硬币：我先将面值为10戈比的硬币挪入盘三，盘二被我投入了面值是15戈比的硬币，然而接下来我就不知怎么办了，我的思维似乎短路了。我该将面值为20戈比的硬币搁置在什么地方

图 77

呢？它可是要比面值为15戈比和10戈比的硬币面额都要大呀。

"怎么了？"兄长见我不知所措，上前说道："你可将10戈比的硬币投放到15戈比的上面，然后把20戈比放到盘三。"

我依照兄长的指点完成了前面的游戏，不曾想没多久又卡壳了。我不知道该把面值为50戈比的硬币投进哪只盘子，不过我的大脑很快就告诉我该怎么做了：第一步把面值为10戈比的硬币移进了盘一，继而把面值为15戈比的硬币放进了盘三，接着把面额为10戈比的硬币也放到了盘三。这下我就可以把面额为50戈比的硬币搬进盘二了。后面经我频频移动，终将面额为1卢布的硬币自盘一转入了盘三，到了最后我大功告成了——将那摞硬币顺利地挪进了盘三。

"你还记得你总共移动了多少次吗？"兄长以赞许的口吻问道。

"不记得了。"

"那好吧，我们来回想一下。因为能想到并以较少的频率移动来完成这道题目才有价值。倘若这些硬币的数目并非5枚，比如是2枚——币值分别是10戈比与15戈比，又需要挪动几次？"

"那样的话仅需移动3遍：第一步，先把面额为10戈比的硬币搁进盘二；第二步，将币值为15戈比的硬币放进盘三；第三步，就是将盘二中的面值为10戈比的硬币转移至盘三。"

"看来你的思路很清晰，你说得对。那我再给你一枚币值为20戈比的硬币。你来数数这次需要挪动多少次好吗？我们先在脑子里过一遍：咱们依照前面的法则把两枚币值较小的硬币移动至盘二，咱们事先都清楚这得挪动多少次。接着将面额是20戈比的硬币搁到盘三——动一次就可达到目的。咱们再从盘二将那两枚硬币移入盘三——得挪动3遍。总共挪动了3+1+3=7次。"

"你就给我一次机会，让我来试试看挪动4枚硬币需要几次。第一步，就是先把币值较小的3枚硬币挪进盘二——得动7次；第二步，将面额为50戈比的硬币转移至盘三——移动一次就可以了；第三步，就是把那三枚硬币移动至盘三——得经过7次转移。一共得移动7+1+7=15次。"

"行啊！还不错。那你再想想5枚硬币得移动多少次呢？"

"15+1+15=31次。"

"恭喜你，看来你已经较为熟练地掌握了该类题型的计算诀窍。但我要教给你一些较为简易的算法。你看，以上运算时所得结果为3、7、15、31——都是拿2做2次甚至更多次的乘法运算后减掉1对不对？那你看下面我给你所展示的一些运算。"

兄长很快就绘就了一个表格：

3是2乘以2再减去1；

7是3个2连乘再减1；

15是4个2连乘后再减去1；

31则是5个2相乘之后减去1。

"我懂了：挪动几枚硬币就是几个2连乘，接着减掉1。这下我就能算出移动任何一摞随意构成的硬币所需的次数了。举个例子，假若说现在有7枚硬币，于是就有7个2相乘，结果为128，那么减去1不就是127吗？"

"看来你已经将这个远古时代流传下来的题目的解法了然于胸了。然而你还得记住一条规律：若硬币的数量为奇数，就可先将首枚硬币挪到盘三；若给出的硬币数为偶数——就将其挪到盘二中。"

"你说这是'远古时代流传下来的题目'？那么就是说这些题不是你自创的了？"

"不，当然不是了，我就是动了点脑筋，将它应用到了硬币上而已。那些题目历史非常久远，大概发源于古老的印度。关于那些题目还有个颇为古老而且有意思的说法。大致是说以前在巴纳拉斯有一座古寺，传说中的印度婆罗门神于创建世界之时，在这座寺中精心加工了3根镶有钻石的棍子，并在它们之中的一根上套上了64个金环。该寺的祭司得昼夜不歇地将这根木头上的金环移至另一根，而那名祭司在挪动金环的过程中需借助第三根棍子，而且该祭司慢慢地也发现要顺利移动金环还得遵循以下的一些规律：一次仅能挪动一个金环且不可将大的金环搁到小金环之上。那个印度故事在最后写道：要是祭司成功移动了64个金环，也就是世界末日来临之际。"

"喔，那么就是说，倘若那个印度故事里讲的是真的，我们所生存的这个世界就该消失掉了，是吧？"

"你认为转移64个金环用不了多长时间，是吗？"

"是的。比方说一秒钟挪动一个金环，那转移3 600次不就是一个小时的事儿吗？"

"即使是这样，也改变不了什么。"

"一天一夜大致可移动100 000次，10个昼夜就该是1 000 000次。挪动10×10^5次，移动的金环恐怕是64个金环的许多倍，怎么也有1 000多天了吧？"

"你大错特错！移动64个金环怎么也得花掉$5 \times 1 012$年时间！"

"不会吧！你是怎么算出来的？挪动的次数就是64个2连乘，求得的值不就是……"

"大约是1.8×10^{19}。"

"别急，让我试着算算并验证完了再说。"

"也行。在你计算这个值的这段时间，我正好也有点自己的私事要做。"

兄长说完便离开了，我一个人开始算起来。我先是求得了16个2连乘的值65 536，再求出了这个值的2次方，接着再为求出的新结果2次方。虽然这项工作枯燥乏味，可是我的耐力很好，于是我还是求得了最终的结果，通过我的认真计算，得到了18 446 744 073 709 551 616。

也就是说，兄长说的是对的。

这个值求出后，我的信心更足了，我一鼓作气解答起了兄长布置给我的另一些题。那些题不是很难，有些甚至异常容易。比方说把11枚硬币投进10只盘子里的题也太小儿科了点：首先，我把硬币一和硬币十一搁进了盘一，后面投放硬币三，一直依序进行着。硬币二不知上什么地方逍遥去了？咱们并没摆放它是不是?这就是里边的奥秘。

根据我的经验在求解硬币的排列类题目时，先瞧瞧绘制的排列图就一清二楚了，如同图78和图79。

最后，制作结果图，给小正方形投入硬币的题的结果是（图80）：大正方形中的36个小小正方形里搁置了18枚银币，而且每行每列都是3枚。

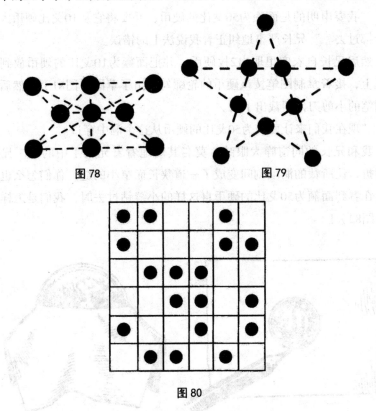

图78　　　　　　图79

图80

3. 吃早点时的猜猜看

"昨日有人给我出了道颇有趣的题，"吃早点的时候，兄长的同学说，"就是在纸上裁出10戈比大小的洞，要求将面值为50戈比的硬币从这个洞投掷过去。而且出题的人还信誓旦旦，这个游戏可以玩成功。"

"那我们一起来试试看，这个游戏到底可不可以玩成功好不好？"兄长提议。接着他查了笔记本，又做了一番运算，才讲道："他说得没错，这个游戏可行。"

"这个游戏能玩吗？我越发糊涂了。"兄长的这位同学不明就里嚷嚷开了。

"我有点懂了，"我见缝插针地说，"一共投掷5个10戈比硬币不就好了吗？"

　　"我要申明的是面额为50戈比的硬币，并要将它从10戈比硬币大小的洞投掷过去。"兄长严肃地纠正着我说法上的错误。

　　然后兄长自衣兜里取出2枚硬币，并把面额为10戈比的硬币放到了一张纸上，接着拿制图笔按该硬币的轮廓勾勒出了草图（图81），然后他借助削笔的小剪刀依图裁出了洞。

　　"现在我们来让面值为50戈比的硬币从这个洞中穿过。"

　　我和兄长的同窗睁大眼睛，莫名其妙地看着兄长手中的纸。兄长把纸对折，让所裁的洞顷刻间变成了一道狭长而窄小的缝。你们怎么也想不出，在看到面额为50戈比的硬币自这样的小缝钻过去时，我们是怎样地惊愕（图82）！

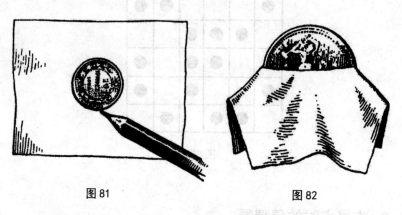

图 81　　　　　　　　　　　　　　　　图 82

　　"尽管我目睹了整个过程，可是我还是没弄懂。所裁剪的那个洞的周长短于面值为50戈比的硬币的周长！"兄长的同窗好友万分不解地说。

　　"先看着，后面你自然会弄懂。根据我的经验，面额为10戈比的硬币的直线长度为 $17\frac{1}{3}$ 毫米。但是这个洞的周长除以硬币的直线长度等于 $3\frac{1}{7}$，换个说法，洞的周长超过54毫米。请小伙伴动脑筋考虑一下：在我对折裁出的这个洞时，它长几毫米？该长度近似于洞周长的 $\frac{1}{2}$，简而言之，它的长度较之27毫米多一点儿。面额为50戈比的硬币直线长度近似于27毫米，于是毫无悬念地50戈比的硬币不管怎么样都能从那个洞过去。不过，在具体操作时还要想到它的厚度。可是经过我的实际操作，也就是我沿着面额为10戈比的硬币在纸上临摹时，发现草图上的10戈比硬币的周长超出了硬币本身的周长。这就意味着其厚度可以不予以考虑。"

"我总算搞懂了。"兄长的同窗好友激动地喊道，"倘若我用线套把一枚面额为50戈比的硬币固定好，接着把线套整成线圈并加固好。很明显，到时候面值为50戈比的硬币仅能从线套穿进穿出，而不能自如地进出线圈。"

"我感觉你掌握了所有硬币的尺码。"小妹突然对兄长说。

"其实我不是牢记所有硬币的尺寸，而仅熟记了其中较为容易记住的，其他的我都记在了本子上。"

"哪里有易于记下的？我看都很难。"

"那是因为你没找到窍门，所以才认为太难，把3枚面额为50戈比的硬币摆在一条线上量一量（图83），你就会发现它们长8厘米，这个总该好记吧？"

"这个办法我怎么就没想出来呢。"兄长的同窗好友喃喃自语道，"掌握了这个方法，不就可把硬币当测量工具使了吗？如果是鲁滨孙那样的人，无意间从口袋里摸索出一枚50戈比硬币，真的是很有用处的。"

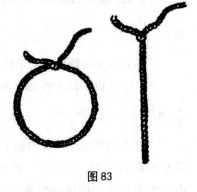

图83

"有位著名小说家儒勒·凡尔纳所创作的小说里的主人公也用硬币帮助自己，因为法国的硬币与度量工具米尺间有某种联系（比例关系）。你们还记不记得鲁滨孙借助硬币称重的事？我们国家面额为1卢布的硬币的重量为20克，面值为50戈比的硬币重10克。"

"这么说面额为50戈比的硬币的体积仅为币值是1卢布的硬币的 $\frac{1}{2}$ ？"小妹突然想到这么一个问题。

"没错。"

"可是币值为1卢布的硬币高度并非为面额是50戈比的硬币高度的2倍，直线长度更不是它的2倍。"小妹说道。

"币值为1卢布的硬币并不能像你所想象的那样制造出来，否则面额为50戈比的硬币的体积就不是它的 $\frac{1}{2}$ ，会变成……"

"就会是 $\frac{1}{4}$ ，这点我懂。"

"不对的，应该是 $\frac{1}{8}$ 。小妹，你想想假如50戈比的直线长度为一枚1卢布硬币的 $\frac{1}{2}$ ，那不用想，它的周长也会是它的 $\frac{1}{2}$ ，高当然也为它的 $\frac{1}{2}$ ，那么50戈比硬币的体积就该是那枚1卢布硬币的 $\frac{1}{2} \times \frac{1}{2} \times \frac{1}{2} = \frac{1}{8}$ 对不对？"

"若想50戈比的硬币体积为1卢布硬币的 $\frac{1}{2}$ ，1卢布硬币和50戈比的硬币间的计算体积的参数就存在如下的联系：把比例关系数字相乘3遍结果为2。"兄长的那位同窗好友讲道。

"是的，他说的没错，50戈比和1卢布硬币的比例为 $\frac{4}{5} \times \frac{4}{5} \times \frac{4}{5}$ 。计算结果为 $\frac{64}{125}$ 。"

"那么真实的情形又会是什么样的呢？"

"实质上也如同上面的计算结果，50戈比硬币的直径为1卢布硬币的 $\frac{4}{5}$ 。"

"今天的事突然让我想起了一个典故，说是某人在睡梦中，看见了一枚1 000卢布的硬币，渐渐地这枚硬币站起来了，站稳后同4层楼一样齐。假若真的造出了那样的硬币，那它也比人的个头矮。"兄长的同学说。

"没错，1卢布硬币的直线长度仅为其 $\frac{1}{10}$ ，由于 $\frac{1}{10} \times \frac{1}{10} \times \frac{1}{10} = \frac{1}{1000}$ ，那就意味着，那枚硬币竖起，人的个头将是它的6倍——它仅有33厘米的高度，绝不可能是所讲述的那个人梦中所看见的33米（图84）。"兄长解释道。

"自此我们可总结出如下的规律：若是有

图84

人比别人矮 $\frac{1}{5}$，而且也比别人瘦 $\frac{1}{5}$ 的话，那么我们据此可以推断出他的重量为别人的 $\frac{1}{2}$。"

"这个结论没问题。"

"侏儒的体重是巨人的几分之几呢？"小妹又提出了这么一个问题。

"大概是 $\frac{1}{10}$ 吧？"

"不对，应该是几百分之一！"兄长反驳道，"依照我所了解到的信息，世界上最高的人是一位阿尔萨斯人，他个头高达275厘米。"

"而世界上最矮的人？"

"根据相关统计，成人中最矮的个子不足40厘米，简而言之，最高的人是最矮的人个头的7倍。换句话说，若同时将最高的人与最矮的人搁到秤盘上来称重，就得在秤的另一头的秤盘站343（7×7×7）个世界上最矮的人——这可是一大群。"

"说到这里，我想起了最近我所遇到的一道题，我把它告诉诸位还请大家帮忙。"小妹追述道，"市场的瓜摊上摆放着两个个头不一样大的西瓜，其中一个的大小是另一个的 $\frac{4}{5}$，它的价钱是另一个的 $\frac{2}{3}$。你们几个说说买哪个划算（图85）？"

图85

"你来求解吧。"兄长对我说道。

"假若真的是小西瓜仅比大西瓜便宜 $\frac{1}{3}$，而小西瓜的个头是大西瓜的 $\frac{4}{5}$，那么，当然是买小西瓜实惠些。"

"你没明白我的意思！咱们眼下探讨的话题为：倘若一件东西的长、厚、高都仅为另一物品的 $\frac{4}{5}$，则它的体积将是另一物品的 $\frac{1}{2}$。换句话来说，要大西瓜合算些，小西瓜的价码为大西瓜的 $\frac{2}{3}$，但是它可以吃的地方只为大西瓜的 $\frac{1}{2}$。"

"但是有个问题我还是没弄明白，小西瓜售价为何是大西瓜的 $\frac{2}{3}$，而不是 $\frac{1}{2}$？"兄长的同学不解地问。

"这缘于卖西瓜的不懂几何。当然了，顾客也不清楚，因此才会做这些不合算的买卖。我要说明的是，买大西瓜一直就比买小西瓜合算，买主往往会错误地估计大西瓜的实用价值，而多数顾客显然也没发现存在这一问题。"

"那可以此类推，个头大的鸡蛋就比个头小的鸡蛋实用价值大？"

"自然是个头大的鸡蛋要价低。但是，德国的卖主往往要比我国的卖主聪明：他们依鸡蛋的重量确定价码。那样的话，就不存在错误地估计价格的问题，是不是？"

"喔，我忽然联想到了别人给我讲的一道题，当时我没有解答出来。"兄长的同学冷不丁地冒出这么一句，"题目是：有人碰到一个捕鱼的人，就问他捉了多少鱼，只听那位捕鱼人说：'所有鱼体重的 $\frac{3}{4}$ 另加 $\frac{3}{4}$ 千克。'那么，所有鱼的体重为多少？"

"啊，这题不繁复。"兄长自信满满地讲道，"很明显，所有鱼体重的 $\frac{1}{4}$ 恰好为 $\frac{3}{4}$ 千克。$\frac{3}{4}$ 千克乘以4便为所有鱼的体重，即3千克。我给你们几个出道有些难度的题目好不好？你们几个说说在世上生活的众人当中，有没有头发数量相同的人？"

"我先来回答，我要说的是这个世界上所有秃顶的人，他们的头发一样多。"我忙不迭地说道。

"那么那些不是秃顶的人的情况又如何呢？"

"不是秃顶的人的头发数量是不是相同，这可就很难说了。"

"我的问题不但包括那些谢顶的人，而且我更想知道在我们国家的首都存在不存在头发一样多的人？"兄长进一步阐述道。

"我要说的是，就算这样的人存在，那也是很偶然的事。从理论上而言有存在的可能，可是我能拿出1000卢布跟别人较劲儿，别说在我们的首都呢，就算寻遍整个人间恐怕未必会找到头发数量一样的两个人。"

"若换作我，我掏1戈比跟人较劲儿都觉着不划算，你花钱给自己买失败。我虽不敢说很容易地就找到头发数量相同的两个人，可是我能肯定地说在我们所在的城市（莫斯科）有上万甚至数十万头发一样多的人存在。"

"这怎么会呢？光莫斯科就有几十万头发数量一样多的人？这太难以置信了。"

"我不是在跟你们讲笑话。拜托你们好好动动自己的脑子，想想看，在我们生活的这座城市的人和人头上的头发到底哪个多？"

"这还用说吗？肯定是人多。可是这两者之间又有什么关联呢？"

"想知道它们间的联系，就听我一一道来。若要说是莫斯科的人比每个人的头发多，这么一来难免会多算头发。一般人们以为，一个人大概有20万根发丝，可这个数量仅为人口数量的$\frac{1}{8}$。比如说前20万本城人的头发数量不一致，那么第二十万零一个人的头发数又如何呢？无论你相信不相信，不可否认的是，此人的头发数同前面的那20万人的头发数确实一致，不管怎样，他的头发数目都超不过20万根对不对？整体而言，第二批的20万人中，每个人的头发数难免会和前面那20万人的相一致。打个比方说，就算我们的城市仅有40万人，那也会有20万组人的头发数一模一样。"

"我现在才清楚自己究竟错在了何处，我疏忽大意了。"小妹感慨道。

"我们继续。"兄长接着说，"有条河的两岸分别矗立着一座城市，它们之间的距离有如下的关系：轮船顺流而下需4个小时，逆流就得花6个小时。那么，一块木材漂到对岸费时多少？我看还是由你来解答较为合适。"兄长对我说道，"你不是学过分数了吗？这也就意味着这道题你是可以求的。下面大家一起来玩数字游戏，我来当分析判断的人。你们尽可能地展开你们丰富的想象，想到什么数字就是什么数字，然后用该数字与9相乘，再由结果中去掉0与9之外的任何一位数字，接着把其余的数字以任意顺序诵读出来，我便可知道你们去掉的数字为几。"

我们一一将我们保留的数字诵读给兄长，每次我们一读完，他都能迅速讲出我们去掉的数字。

"好了，我们来玩点其他的。说出一个数字，接着在该数字末尾加上0，然后减该数字后加63。一切就绪了没有？下面的游戏规则同上，在求得的值内去掉任意一个数字，把其余的数字读给我。"兄长并未详细讲解其中所包含的原理，就接着说下去了。

大家依照他的提议开始了游戏——兄长无一差错地讲出了大家去掉的数字。

"随便你们谁，就拿你来说吧，"兄长冲着我讲，"随便写一个我不清楚的3位数，再在其后增加刚写的3位数，接着拿那个6位数去除7。"

"你说得轻巧：用它们去除7……除不尽怎么办？"

"你就把心放到肚子里面吧，这个除法运算产生不了余数。得出求解的值后告诉小妹。"

经过我们的计算，用那个6位数去除7还真的没有余数。我将列有运算过程的纸递给了小妹。

"你嘛，就用运算的值去除11。"兄长给小妹布置了新的任务。

"也是能除尽而没有余数？"

"当然，你瞧，是不是可以除尽？别把数字递给我，传递下去。"

兄长请自己的同窗好友用该数字去除13。

"怎么？又是可以除尽？"

"是的，预备，开始！"

兄长自好友那里取来了运算结果，连一眼都不瞧，就把那页纸放到我的手里，接着说："它就是你说出来的数字。"

我手忙脚乱地打开那页纸，发现果真是我最初说的那个数字。

"你好厉害！"小妹叫道。

"这是一个非常神奇的算术游戏。可是真相就如同令人眼花缭乱的魔术表演一样。下面我们来玩这么一个游戏，题目是让你们写下3个多位数，可是我能在你们写出前2个之前就告诉你们其和为几。不信就随便写个5位数试试。"兄长冲着我说道。

我也不甘示弱，大笔一挥就写了67 834。兄长接过纸留出另两个加数的位置，画了道横杠，一挥而就写好了3个多位数的和。

（本人）67 834

————————

（兄长）167 833

"你们3个随便出来个人书写另一个多位数，剩下的那个我自己写。"

兄长的同学拿过那页纸写下了下面的那个数字：

（本人）67 834

（兄长的同窗）39 458

————————

（兄长）167 833

兄长立马上前书下了如下的数字：

（本人）67 834

（兄长的同学）39 458

（兄长）60 541

————————

（兄长）167 833

经过我们的验算，没问题！

"你是很快求得前2个数之和，并从最终的结果中减掉它们而算出第三个多位数的吗？"

"非也，我还没掌握速算的技能。但是，我可以用5位数玩这样的游戏。假如你们有兴趣，别说5位数，就是8位数也行。"

兄长说到做到。下面就是有关这个游戏的运算值，我们为了便于读者阅读用数字标明了顺序：

（本人）23 479 853

（兄长的同窗）72 342 186

（小妹）58 667 783

（兄长）41 332 216

（兄长）27 657 813

————————

（兄长）223 479 851

我在纸片上写上了第一个8位数，兄长就写下了几个数之和。

"你们会不会觉得，我算出了这么庞大的和，就是减去已有的多位数，然后拆分成空缺的多位数对吧？其实，你们想得过于复杂了，我坚信，你们闲暇时仔细琢磨一番，就不难发现其中的玄机。"

"明日我将要去我国的首都，在车上我可以通过玩这些数字游戏来消磨时光。"兄长的好友道。

"我再给你说几个数字游戏题，帮你排遣旅途中的寂寞。比如说诸位见过这样的数字游戏吗？将数字7用5个2表达出来。"

"有这样的题？变魔术才可能变出来吧？"

"你说错了，这不是魔术而是数字游戏。简而言之，在算式右侧2出现的次数仅限于5次，组合抑或单独运用均可，用加减乘除符号将它们连接起来，最终左边的值要为7。我就给你们透露一下答案，如此一来你们就不会再对这样的题手足无措了。其余的就看你们自己的了。拿5个2完成结果为7的式子，你们可以这样写：$7 = 2 + 2 + 2 + \dfrac{2}{2}$。"

"噢，我明白了。它还可以用如下的式子表示：$7 = 2 \times 2 \times 2 - \dfrac{2}{2}$。"

"是的，看来你已经掌握了解决这类问题的秘诀。那么就请计算以下的这些题目：用5个2表示28；用5个3表示100；用5个5表示100；用4个2表示23；用5个1表示100；用4个10表示100。"

"听说你能用火柴棍做一些游戏，能否露一手让我一饱眼福？"兄长的同学提议。

"没问题，我记得前一阵子在你家玩过，对不对？"

兄长拿了8根火柴顺势排开，如图86。而后说他待会儿去相邻的房间，回来后便可判断出他离开后我和他的同窗及小妹选出的火柴。唯一要留意的是挑选火柴者得用手触碰该火柴棒。同时，谁也不能乱动火柴，让其他火柴保持原状。

待兄长离开后，大家用心关好了门，我甚至不忘拿张纸堵上锁孔。小妹用手指碰了其中一根，接着我们便冲着墙那边的兄长叫："好了，可以过来了！"

我和小妹甚是纳闷，兄长的同

图86

窗时而诧异，时而大笑，可是我们几个
都迫切想知道这个游戏的奥秘。

　　"是时候告诉你们这个游戏的秘密了，"兄长看出了我们的心思，
"首先我要隆重地向大家介绍帮助我完成此魔术的朋友，"兄长对着同窗
自豪地说，"这是一幅以火柴棒搭出的他的形象。尽管只是相像，可是还
是能够分辨出来：这两根火柴是眼睛，那里是前额，两只耳朵在这里，那
是鼻子、嘴、下颌、头发（图87）。回到房间，我首先要瞧瞧帮助我的朋
友，他不是轻抚下颌就是眨巴眼睛，要么就是抓鼻子……尽管他提供给我
的信息非常有限，但已经帮了我大忙。据
此我便可轻而易举地推断出，你们几位挑
选的是那根火柴棒。"

　　"哇！你们俩居然串通一气！"小妹
笑着对那位朋友说，"要是我早点儿知道
你是内奸的话，我准会防着你的。"

　　"若果真如此，我可就推断不出
喽。"兄长坦言道，"是时候结束了，这
顿饭吃得太久了。"

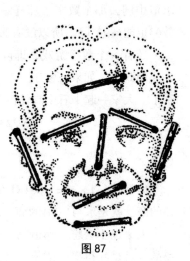

图87

　　大家是否很好奇兄长预留的那些题目
的解法？

　　那道轮船与木板的题是这样的。若
是轮船顺流而下费时4小时，于是每小时的航程便为此间距的 $\frac{1}{4}$ 。而若是
逆行，则船速便是间距的 $\frac{1}{6}$ 。很明显，若以间距的 $\frac{1}{4}$ 与间距的 $\frac{1}{6}$ 相减，所
得结果的 $\frac{1}{2}$ 便为河水的流速，间距的 $\frac{1}{4}$ 就意味着其为船速与水速之和，
另外，间距乘以 $\frac{1}{6}$ 等于船速与水速之差；船速大于水速的部分为2倍的水
速。大家都清楚与的 $\frac{1}{4}$ 差 $\frac{1}{6}$ 为 $\frac{1}{12}$ ，而 $\frac{1}{12}$ 的 $\frac{1}{2}$ 为 $\frac{1}{24}$ 。也就是，水速等于两
城间距乘以 $\frac{1}{24}$ ，换而言之，流完全程需用时一昼夜（24小时）。其也是
木板顺流而下所需的工夫。

还记得那道撤开数字的题目吗？那道题以这样的事实为基础：任意一个能被9整除的数所包含的数字相加后的结果也是能被9整除的。首先我们用自己想到的数与9相乘，显然，此数中含有的数字相加后也可被9整除。明白了这个道理后，我们可不费吹灰之力地判断出，已给的数里添加了怎样的数字，方可使所得到的数中的各个数字相加后能被9整除。假如撤去数字9与0，一点也不干涉所剩数字相加的后能被9整除，这就是不舍弃这两个数字的理由。

另外，如果先给我们想到的数字10倍（多了一个0），接着我们从所求值中刨去那个数字。那样一来就等于是给那个数字与9相乘了。加上的数63也能被9整除，所以没有影响。其他的也无须我多言了。

还有一个数字游戏，即除以7，11与13的数字游戏，似乎很难，其实并非如此也。如果大家于一个三位数后续上这个数，就是将该数与1 001相乘了。大家一起来看个具体的例子吧：

$$723\ 723=723\ 000+723$$
$$=723\times1\ 000+723$$
$$=723\times1\ 001$$

但是7×11×13=1 001对不对？那么，大家一一求初始数字与7、11及13的商，就是求与1 001的商，所得到的值便是原先的那个数字。

大家也不会忘了那道判断总和的题目，其实那道题目也并不是那么神秘的，可是我得提醒诸位：首先，兄长写的总和减去我选择的那个数字等于99 999（167 833–67 834），也就是说得加上99 999，其实就是100 000减去1。在兄长的同窗大笔一挥写下39 458后，兄长选的那个数与他同窗选的数之和便为99 999。其实这里面也没有什么奥秘，仅需以9与各个数字求差即可。

另外，我要说的是这种被兄长采用的方法与前一种办法相似，只不过是最后的结果多了2与99 999相乘，即仅需每一个加数求和后多2个999 999 999就行了。

最后我将那道题目的求解过程告诉大家：

$$28=22+2+2+2;$$
$$23=22+\frac{2}{2};$$

$$100 = 33 \times 3 + \frac{3}{3};$$

$$100 = 5 \times 5 \times 5 - 5 \times 5 \text{ 或者 } 100 = (5+5+5+5) \times 5;$$

$$100 = 99 + \frac{9}{9}。$$

4. 迷宫

"你拿着书傻笑什么？书里写了好笑的故事了吗？"我的兄长问道。

"杰罗姆的《三怪客泛舟记》确实有趣。"

"那本书我知道，是本不错的书。眼下你看到什么地方了？"

"众人在迷宫般的花园迷失了方向，正没头苍蝇似的到处乱窜。却怎么也出不了迷宫。"

"这部分内容非常有意思！你朗诵给我听，好吗？"

听兄长这么一讲，我也兴致大增，快乐是要与人分享的，于是我放声给兄长诵读起了书里的情节：

哈里斯询问我到过汉普顿宫殿没有。他曾经给我讲述过一次他的迷宫之旅。哈里斯曾经认真钻研过迷宫的平面图，迷宫的设计看起来非常简单，他甚至认为不值得为游览迷宫花费钱财。这次他是为给朋友帮忙才进迷宫的。

"倘若你想进去看看，我就陪你一道。"哈里斯向朋友承诺，"不过我要提醒你的是，里面并非很有趣。我一直纳闷别人怎么会将它称之为迷宫的？你在里面行进时碰到岔路口就右转。花10分钟我们就能走完迷宫。"

可是事与愿违，他们进到里面看到人头攒动。那些游客告诉哈里斯，他们已经逛了一个小时，非常渴望离开迷宫。哈里斯非常热心地告诉那些人，假若乐意，就可随着他离开，并且说他自己才到迷宫，转一圈就会离去。被困的人都很乐意跟着他。

在行进当中不断有跟随者，到了后来迷宫里的所有人都对哈里斯趋之若鹜。这些人中有不少忧虑出不去、看不到自己家人和朋友的游览者，他们见到哈里斯就如同见到了大救星一般紧追不舍，并且很感激。哈里斯说，在那个时间段最少碰到20个人，特别是有位抱孩子的女人，在迷宫乱窜了一上午，在遇到哈里斯后使劲儿拽着他的手，就怕他突然不见了。哈里斯虽然逢弯就转向右边，但是，前面的路却愈来愈长。以至于他只能告诉朋友："这个迷宫占地面积太大。它是全欧洲第一大宫殿！"

"是的，"朋友答道，"我们都走了 2 里地了吧？"

哈里斯也纳了闷，但是他还得装得精神抖擞继续向前。走了没多久，大家发现了地上的蛋糕。这时他的朋友惊呼道，7 分钟之前就瞅见它了。

"大概是你看错了吧？这怎么可能！"哈里斯反驳道。

可是抱孩子的女人答道："您的朋友没说错，那块蛋糕是我在遇到您之前亲自撇下的。"那个女人又说，她后悔遇见哈里斯，并说哈里斯撒谎。哈里斯非常生气，于是他从身上摸出了地图，大讲特讲自己的见解。

"那你知道我们当下身居何处？连这个都不清楚，就让你的平面图见鬼去吧！"随行的一个人讲道。

说实在的，哈里斯的确不清楚他们一帮人身在何处。他给大家讲眼下最有效的办法就是众人跟随他回到始发地重新出发。虽然众人不愿从头再来，却只好回到出发地，跟着哈里斯向着反方向行进。谁知重新出发后，过了 10 分钟，他们居然又来到了迷宫的中央地带。

哈里斯本打算说这是他故意这么走的，但是当他看见众人怒不可遏的样子，只好把想说的话咽回了肚子，连连说纯属特殊情况。

无论如何都不能站在原地不动，否则永远也走不出去。所有人都知道自己的所在之处，便纷纷认真端详起了迷宫的平面图。从该建筑的图纸来看，走出这座宫殿太容易不过了，众人信心满满地再次踏上了征程。

但是仅仅行进了 3 分钟，众人便又明白过来——他们第 4 次走到了宫殿的中央位置。

大家决定不继续跟随哈里斯了，大家渐渐地发现，无论他们如何努力，如何变换前进的方向，结局都是相同的——一次次地回到宫殿的中央。这种状况反反复复地发生着，于是其中的一部分人不再走了，在宫殿的中央待着，看着跑来跑去又一次次返回到这里的人们。哈里斯很不识趣地摆好了地图打算再次查看，这一下大家全发怒了。

最终的结局是大家打嘴仗，打得难舍难分，于是有人找来了宫殿的管理人员。管理人员跑来后登上梯子，高声宣布该怎么走出宫殿。

可是迷路的人们还是晕乎乎的，什么也弄不清楚。管理人员无奈，只得喊道："你们都站在那儿等着我，我马上就下来。"众人就候着管理人员，他从梯子上下来，走了过来。

　　不幸的是这名管理人员非常年轻，也没有什么经验，他走进这座宫殿后非但没找到这群请求救助的人，反倒连自己也分不清东南西北了。求助的人发现他绕着周围的墙瞎跑，他看见众人后就飞奔过来了——但是只过去了60秒，他又返回了原地，还抱怨众人变换了方位。

　　迷路的人们无话可说了，大家一起等着那位老管理员来援助。

　　"那帮人真缺乏分析判断的能力！"我读完小说后感慨道，"身上揣着建筑设计图纸还会发生迷路的事，简直太不可思议了！"

　　"你认为找到出路易如反掌？"

　　"当然了，不是有建筑设计图纸吗？"

　　"你一说我想起来了，我大概有那个宫殿的平面图。"兄长说着就动手在自己的书堆里乱翻起来。

　　"真的有那座宫殿啊？"

　　"当然。汉普顿迷宫就在伦敦附近，已经存在了200多年。平面图找到了，这就是《汉普顿迷宫平面图》（见图88）。从平面图上看，面积似乎不太大，只有1 000平方米。"

图88　汉普顿迷宫平面图

　　兄长翻开了书，书中果真有幅不太大的平面图。

　　"请你设想，倘若是你身处迷宫的中央，欲离开迷宫，你有可能选择那条道离开？你可削根火柴棒来标出你选择的路径。"

　　我听从兄长的提议，拿尖头的火柴棒标明了迷宫的中心，并顺着迷宫平面图上蜿蜒曲折的方向指示标志移动着火柴棒。可是渐渐地我发现事情并非我所想象得那么简单。瞧，我挪动火柴棒转了数圈后，也一样来到了被我所耻笑的那些人折回的迷宫的中间区域！

　　"这是怎么回事？从平面图上瞧，迷宫很简单！可实际上它并不像看起来那么容易……"

　　"不过有一个妙法，若是有人掌握了它，便可自如地进出所有的迷宫，再也会为走不出迷宫而烦恼。"

　　"怎样的妙法这么神奇？快说说。"

　　"那就是顺着位于你右手边的围墙向前移动，抑或顺着你左手边的墙向前移动，不过选择这两种方式走出迷宫的结果都是相同的。"

　　"就这么个妙法？"

　　"这还不奇妙？你自己当场验证一下，借助这个办法在平面图上转一周试试？"

　　我经不起兄长的诱劝和好奇心的驱使，依照兄长提供的方法，以火柴棍当人开始了自己闯荡迷宫的旅程。没想到这个方法会那么灵验，我按照这个办法顺利地到达了迷宫的中间，继而非常成功地出来了！

　　"这样的方法是谁发明的？太奇妙了！"

　　"没有你说得那么神奇，"兄长不以为然地说，"它仅能让你在迷宫里不至于辨不清方向成为迷途的羔羊，若是想靠它转遍迷宫还远远不够。"

　　"我才顺顺利利地走完了迷宫的所有地方，也没出什么问题呀？"

　　"那是因为你没注意。若是你眼下就拿点构成的线标出你刚才去过的路，便会瞧出，还有条路你根本就没走过。"

　　"还有一条我未曾到达的道路存在？"

图 89　应该怎样走迷宫

　　"我都在图上用符号给你做出了记号（见图89）。瞧见了吧？难道你走过那条道？虽然该办法也能让你畅通无阻地穿梭于其他迷宫，并游览每个迷宫的大多数区域，而且能让你欣然离去，但它无法让你对整个迷宫一览无余。"

　　"地球上像这样的迷宫不在少数吧？"

　　"是的。时下人们仅在公众场合比如花园及公园这些地方盖迷宫，以便让大多数人感受到无顶且被高耸院墙所包围的环境所带来的乐趣（图90）。在很早很早以前，迷宫常常修建于雄伟的建筑物抑或埋藏于地下的

建筑内。目的是不让被送进迷
宫的人出去，让他们在走廊和
过道及厅堂所构建出的数不清
的路径弄得迷惑不清，最终死
在那里。例如，有个迷宫就修
建于克里特岛上，民间传言该
迷宫由国王米诺斯修建。该迷
宫设计得非常繁复，就连代达
罗斯这个建造者都没能找到出
去的方法。"

　　生活于罗马时期的奥维德
是如此描写这座建筑的：

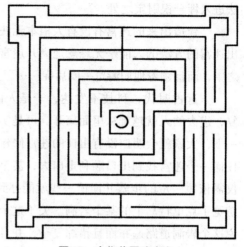

图90　古代花园迷宫之一

　　建筑界的翘楚代达罗斯建起了附有迷宫的伟大建筑，它让围墙和房顶
严严实实地包裹着。这座宏伟的建筑里除了一眼望不到尽头的纵横交错的
走廊，别的什么也没有，那些弯的或者是直的走廊延伸至不同的方位，甚
至连最有好奇心的人也被弄得晕头转向。

　　他接着写道：

　　建筑师代达罗斯在迷宫里修了数不清的道路，以至于他自己都找不到
迷宫的大门开在何方。

　　"那个时候，"兄长接着讲道，"迷宫常被用来守护帝王的陵寝。聪
明的建筑师们将帝王的墓修筑于迷宫的中心，如此一来，就算盗墓贼找到
陵寝得到了金银财宝，可他终会因无法寻觅到迷宫的大门而成为帝王的殉
葬者。"

　　"难道他们就不懂你所说的走出迷宫的办法？"

　　"第一，那时候的人们还没发现这个办法；第二，我不是已经说过了
吗？就算他们知道这些方法也无济于事——它并不能让进入者的足迹遍布
整个迷宫的每一处。我们可以用这个办法建造这样一种迷宫，人们恰好无

法进入埋金银财宝之处。"

"建造出来的迷宫有没有人根本无法走出去的呀？那些懂得你那种走出迷宫的方法的人能毫无悬念地离开迷宫。可是若是带着一帮人进到迷宫之中，而且领着他们游览一圈后呢……"

"远古时代，科技不发达，于是人们普遍觉得越是将迷宫设计得繁复，进去的人就越难从里面离开。可是实际上并非如此。用数学方法求证一下，大家就会明白没有出口的迷宫修建不出来。另外，聪明人非但可从任何一个迷宫找到出口顺利走出去，甚至能踏遍迷宫的所有区域。这一切仅需依照一定的步骤并谨慎一些就能办到。200多年前，图内福尔就冒险游览了克里特岛上的某个岩洞。关于这个岩洞流传着一个神奇的故事，据说这个岩洞道路遍布而且错综复杂，并且不存在出口。岛上有无数个这样的岩洞，也许正因为这样才引起了米诺斯帝王的迷宫传说吧。这位植物学家若想不迷失方向，他该如何行动呢？卢卡斯从数学的角度对此进行了阐述。"

兄长自书堆里挑出了那位数学家也是植物学家卢卡斯的书《趣味数学》，给我诵读了其中的这么一段：

在与一些其他的探险者顺着蜿蜒的走廊前行了一段路程后，大家到达了长而宽的一条路，它指向迷宫远方的一个宽敞的大厅。所有人顺着那条路行进了30分钟，迈了1 460步。此路两旁多是长廊，若非小心翼翼，迷失方向是在所难免的。缘于我们想离开迷宫的迫切心情，人人都非常关注返回的路线。

其一，我们安排了一位本地的带路人停在洞外，而且特别叮嘱他，若是天黑时还不见我们出来，请他赶紧找村里的其他人一起来救我们脱离危险；其二，我们人人都点着火把；其三，在大家看来会迷路的地方张贴了写有编号的纸条；其四，一位给我们带路的人一路都在我们的左手边摆放绑在一起的树杈，另一位给我们带路的人则边走边往路上扔被砍碎的麦秆——他总是随身携带着一些弄碎了的麦秆。

"真有点杯弓蛇影的味道，"兄长朗读了那段文字后感慨道，"虽然说从前的人有点小题大做，但是也可以理解。毕竟在那时除此之外没别的办法，而且迷宫的问题也没得到破解。图内福尔终究没生活在我们这个探索出了周游迷宫并顺利离开的办法的时代，后人研究出的方法比那位植物学家的办法可靠易用，和别的办法同样实用。"

"你知道这些办法？"

"当然，方法并不繁复。但还是有些需注意的地方：一是在迷宫里若没遇到死胡同或多条路的交汇处就一直直行。若不小心踏入了死胡同，就立马返回，而且可在胡同出口标识一下，比如搁两块小石头，表明此路都走了两遍。倘若到了数条道路的交汇点，就选定一条路一直前行，并在已走过或打算经过的路上用一些物件做出标识；二是假如走到先前去过的交汇点（标识告诉你你曾经来过），并且是从没有走过的道路过来的，那就折回，在入口搁上物件标明你来过两趟；三是若你再次走到了曾经去过的交汇点的一条道上，可再次放石子标记，接着去走没走过的道路。如果你都走过了，你可挑一条仅搁了一粒石头的路（即曾经去过一趟的路）走。倘若你在游历迷宫时严格按照这三条规律，便可逛遍迷宫里的每条路、每个角落，并且顺利出来。"

5. 少先队员的游戏

有10位少先队员去郊区玩，天快黑时他们才到达目的地，于是他们开始为过夜的问题头疼不已。他们仅找到了9张空床。你可要知道他们共有10个人。"只有9张床，说明得有一个人打地铺。"他们想以抓阄的方式决定大家谁该躺床上睡，谁该打地铺。

恰巧在此时，旅馆的管理人员提醒大家："就没办法使每个人都能睡在床上吗？"大家可尽情地展开自己丰富的联想。管理员想到了为10位少先队员解决10张床铺的妙法了吗？

"远道而来的朋友，大家没必要抓阄了！"旅店管理人员说道，"我保证你们10个人都能睡到床上。"

"您的意思是您找了一张床？"

"当然没有。"

"您的意思是说让9张中的某一张床上住2个人？"

"当然不是，这哪儿是一张床睡一人呀？"

"天哪！您说的事情是多么不可思议：9张床住10个人，且每张床上仅睡一个人。"

"不相信我说的话，那就一起过来看看这是不是真的。现在该相信我的话了吧？那么下面就听我的安排。"

旅店管理人员挨个儿给住店人员分床。他吩咐第一位少先队员住第一张床，随后又让最后一位少先队员也住第一张床。

"仅需2分钟，等我处理完一切事务后，每个人就都会拥有自己的床位。"

在给这两位少先队员分配了同一张床后，旅店管理人员又安排少先队员三住床二，吩咐少先队员四住床三，他就一直这么依序安排着，具体的情况请各位看下面的内容：

少先队员三——床二；

少先队员四——床三；

少先队员五——床四；

少先队员六——床五；

少先队员七——床六；

少先队员八——床七；

少先队员九——床八。

少先队员十暂时和少先队员一躺在一起，于是管理人员又将床九分给了他。这下每名少先队员都拥有自己的床位，对每人都很公平，大家可以躺下舒舒服服睡个踏实觉了。

大家很惊奇，太不可思议了，对吧？我也有同感，这事有点怪！不过，大家虽然心里清楚管理人员的智慧之处，可是要将这一切说清楚大家就有些力不从心了。

不过也没有什么神秘的。大家忘记了少先队员二，思路由少先队员一跃到了少先队员三，忘记了少先队员二还没床位。

第四章

想一想，看一看

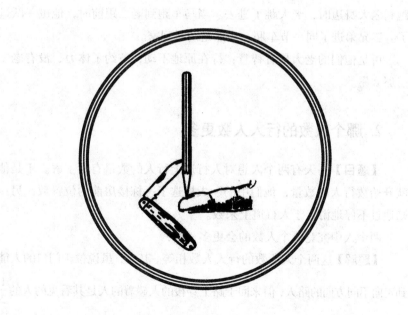

1. 马车

【题目】剧院散场，三兄弟前往有轨马车站，打算在首节车厢进站后跃上马车（有轨马车与有轨电车有所不同，跃进有轨马车很容易）。

可是马车姗姗来迟，老大提议继续候车。

"可是我们边走边等多好？"老二嘟囔道，"我们散着步向前走好吗？等马车来到我们身边后，我们再上车。那样的话，当马车出现后，我们都前进了一段距离——我们就会更快进家门。"

"假若要走的话，"他们的小兄弟驳斥道，"要走也该是向回走，那样才能更早更快地搭上马车，岂不是到家的速度更快？"

三兄弟都无法说服对方，就各自以自己的方式行动了：老大候在原处，老二前行，老三朝后走。

那么先到家的会是谁？他们中的哪一位更聪明？

【题解】迎着马车驶来的老三见到迎面而至的马车跃了进去。当马车跑到老大身边时，老大跳了进去。当马车跑到老二跟前时，他也一跃进去了。三兄弟进了同一节车厢，当然是同时到家。

可是他们的老大最有智慧：待在原地不动，节约了体力，没有老二老三那么累。

2. 哪个人数的行人人数更多

【题目】一天有两个人想对人行道上行人的数量有所了解。于是他们就开始数行人的数量，他们中的一人挑选了一栋楼房前的位置数，另一人则通过不停地游走于人行道上来数。

两个人中究竟哪个人数的会更多一些？

【题解】这两个人所数的行人人数相等。其实，虽说位于门口的人能数到走向不同方向的路人，但来回于路上穿梭的人碰着的人是其看见的人的 $\frac{1}{2}$。

3. 气球会落向何处

【题目】大家都知道地球在公转的同时亦在由西自东自转。我们能否借助地球自我运动的情形，做一个方便而经济实惠的游览？如采用下面的方法：坐上热气球，悬空等候地球在自转时将旅游目的地带到你的眼前（图91）。在地球自身运动到你的旅游所选之地后，抓紧机会降落下来。这么一来你不用长途跋涉就可神游东方了。此时千万不可大意，一旦落下晚了，你想去的地方就神速跑向西方去了，于是你就得再次耐心等候，直至那个地点再次到达你的身边。请问大家这种旅行方式不科学在何处呢？

图91

【题解】题干中所描绘的旅行方法并不能成立。地球自转，大气也在自转，所以气球会和地球一起转动，相对地球而言停留在原地。更进一步来讲，就算没有重力，投掷于空中的物体也会缓缓飘浮在抛出点上方。也就是说，不管气球在空中停留多久，都只会落在原地。

4. 异常情况

【题目】1月酷暑难耐，7月冰冷刺骨的情况会不会发生？

【题解】1月酷热、7月严寒的气候出现在南半球。在我们身居的北半球处于严寒中时，南半球却正酷热难当；而当北半球处于酷暑时，南半球则寒风刺骨。

5. 3和4相等

【题目】桌面上有3根火柴，请你的玩伴在不添加任意一根火柴的条件下，用3根火柴摆出4的造型。

要求不得折断火柴。

他或许想不到解决这一难题的方法。

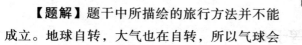

这是什么方法呢?

【题解】该题目是难度较低的。解开它的关键之处是虽说拿3根火柴无法摆出4根火柴的造型,不过用3根火柴却可以摆出大写的罗马数字Ⅳ(图92),即阿拉伯数字4。而且以3根火柴摆出Ⅳ对所有人来说都应是小菜一碟。根据这个办法,还能用3根火柴摆出Ⅵ(数字6),用4根火柴摆出Ⅶ(数字7)……

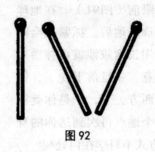

图92

6. 何时3加2等于8

【题目】倘若你完全掌握了上面那道题的求法,下面这道就难不倒你:桌面有3根火柴,若是再有2根,可不可以摆成一个8呢?

【题解】看看此题的具体求解过程。详细情况请看图93。

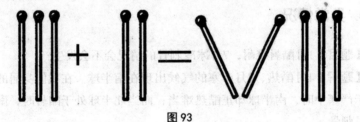

图93

7. 舞动于指尖的铅笔

【题目】有没有办法让铅笔以其笔尖为支点稳稳立在手指上?稳稳就是长时间、稳固地站立,即使人为地由一旁动铅笔,也可很快恢复到之前的状态。

让铅笔立于手指上似乎不大现实。想想究竟有没有这种可能呢?

【题解】要达到长时间、稳固地立于手指头的目标，就须把折叠刀的刀尖扎入铅笔内（见图94），需要小心一些。如果仅凭想象的话，刀和铅笔合二为一也许不易长时间、稳固地站立。那么可以试一试，你会发现其实这一切真的可以做到。

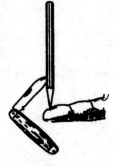

图94

8. 下棋

【题目】有3个人一起玩象棋，总共玩了3局，那每个人各玩了几局棋？

【题解】也许有人会脱口而出："3个人都玩了一局。"这个回答可不确切，朋友们难道这么健忘吗？一般来说3个人下棋，2个人对弈后，得有一个人留下与下一局的棋手过招对不对？这么一讲大家该明白了，不可能3个人都下了一局吧？

正确的回答就是，每个人下了2局。

第五章

别出心裁的图画

1. 驯兽师在哪里

【题目】图95中同时画着老虎和驯兽师。然而，驯兽师在哪里呢？

图95

【题解】原来驯兽师反向站立，驯兽师就在老虎的眼睛里。

2. 较长的与较宽的图

【题目】不用辅助工具的情况下，目测一下下面两幅图哪幅长，哪幅宽？

【题解】观察图96，目测的结果是居左的图好像比居右的图长而宽，果真如此吗？用纸片测量一下，就会发现，我们居然被自己的眼睛蒙骗了——两幅图的长和宽相同。这是"视觉欺骗"的缘故。

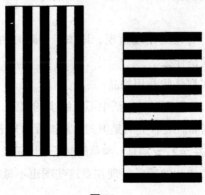

图96

3. 背影一样高

【题目】认真查看图97，用目力估测人的背影而且进行对比。最前边的那个人较之后面两个人高多少？

【题解】目测之后我们找张纸条，以此为测量工具来测测3个人的背影。测完后发现3个人的背影高度一致！的确，这是一幅视力幻觉图。

图 97

4. 都是些什么

【题目】看图98。画家都画了些什么东西？

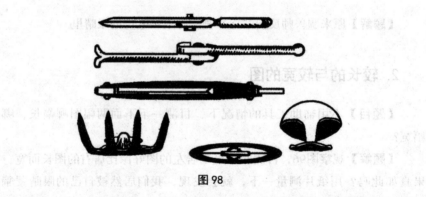

图 98

这些都是根据实物创作的，不过指出它们分别是那些东西是不是有些难度？

这些物品都以不寻常的角度呈现，增添了判断时的困难。大家可以试着判断一下这些究竟是什么。

提示一下，这些都是些常用物品。

【题解】图中都是我们平日生活中不可缺少的东西，但在图中我们看到的只是它们的一个侧面。最靠上的是剪刀，紧挨着的是老虎钳，接下来的是剃须刀，最后一排由左至右分别是：铲草的叉子、怀表及盛汤的勺子。

是不是有种原来如此的感觉？现在看这些图也不觉得特别了。

5. 画家和他的画

【题目】在图99内，画家描绘出了晴空下的海面夜景。而且还画了让我们不解其意的月牙：月牙似弯弯的小船般漂于水上，而不是高悬于苍穹。画家该不会是弄错了吧？到底可不可能出现这种情况呢？

【题解】画家的确是正确的。他画的是赤道地区新月落山时的场景。在赤道区域，月亮落下时的情形和图中画家所勾勒的一模一样。假如去过高加索，你就应该知道，高加索地区新月的倾角会和我们家在北方的人平常所见到的不同。也就是说，画家以现实中的景色为题材作画，他的画没有问题。

图 99

6. 哪只脚着地了

【题目】大家先来看图100。图中运动员的左脚在地面还是右脚在地面？

【题解】乍一看似乎是他右脚在地上——可是也能说他的左脚在地面。无论你多么辛苦、仔细地研究该图，你依然无法准确回答这个问题。制图者模糊了左右腿间的不同，所以根本说不清究竟是运动员的哪只脚着地。大家也许会问："那么运动员到底是左脚在地还是右脚在地？"不好意思，我没弄明白，就连制

图 100

图者也不清楚——他记不得了。因此这个问题没有答案。

7. 好像很容易

【题目】好好看图101，把它铭记在脑海中并借此勾勒出该图的轮廓。

【题解】我已将交点指明了。可能朋友们在完成曲线一的时候还信心满满，保持状态，之后挥笔开始画曲线二。不，不能画成这样！线条突然显得生硬、笔直，费尽九牛二虎之力居然无法制成图……看似容易的事情，一动手却变得很难。

图 101

8. 如何做到

【题目】能否一笔下去就画出一个像图102中所示的那种带两条对角线的正方形？

【题解】不是我打击大家的积极性，这样的方法真的没有，不管你选在何处下笔。

可是，如果发散一下，在构思时稍微复杂一些，便能制作好这样的图（见图103）。原本不可能的事变得简单了起来。

可是，若于图的上下画弧，就如图104那样，这个游戏又无法顺利完成了。不管你如何苦思冥想，都不能一笔画出该图。

其中的奥妙在什么地方呢？如何在制图之先就预知此图可不可以一笔完成呢？

这些图的差别是什么呢？请朋友们认真细致地研究这些图，留意交线或交点。倘若题目要求一笔成就图形，那就预示着该图具有下面这些特性：一般来说若交点出现那就说明到了一条线的终点，同时它也是另外一条线的起点——换句话说，手中的画笔需要在那些点改变方向。这预示着，出现交点时线的数目就应该是偶数——比如2、4、6。当然第一个和最后一个交点除外——这2个点交在一起的线条可以是奇数。

综上所述，我们总结出如下的规律：一般奇数线条交点的顶点最多不超过2个，唯有这样的图形方可一笔勾勒而出，其余顶点均有偶数线条相交。

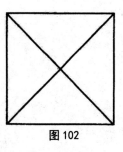

图 102

下面大家和我一起瞧瞧这几张图，图102内，正方形的各角均有3条线交叉——只要一见这种图我们就知道绝对一笔画不出。接着看图103，各顶点处交叉的线条不是偶数吗？那就说明它是可一笔制作出来的。我们再来看图104，其中的4个交点由奇数条线交叉而成，这充分说明此图不可一笔画成。

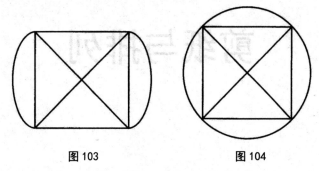

图 103   图 104

一旦清楚了这些，大家在遇到类似的制图题时就会事半功倍。朋友们只需稍加分析，动笔前便可知此图是否可以一笔画出。

假若你已经掌握了上面的知识，那就请说说图105能不能一笔绘制出来。

我要告诉大家的这图是可一笔成就的，原因是图内的交点均有4条线交叉而成，大家没注意到交叉线条的数目为偶数吗？再看图106连画图的顺序都一一标出了。

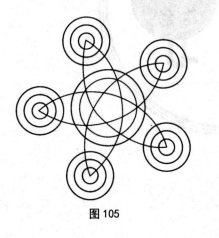

图 105

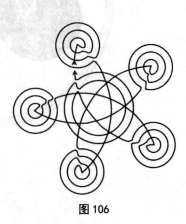

图 106

第六章

剪纸与排列

1. 拼图

【题目】看图107和图108，然后用图所展示的这5个图片构造一个十字形图案。大家能想象出怎么摆出这一图案吗?

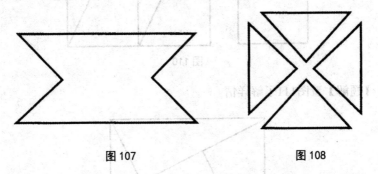

图 107　　　　　　　　　图 108

朋友可别一见题就慌不择路地去解，首先取张纸画出这两张图，接下来就借助一些工具裁剪这些图，并努力寻找解决问题的办法。

【题解】图109便是将5个图形合成一个十字形图案的方法。

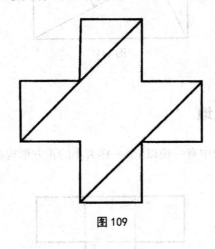

图 109

2. 将 5 个图形摆成 1 个图形

【题目】用图110中的5块图片构造出一个正方形。

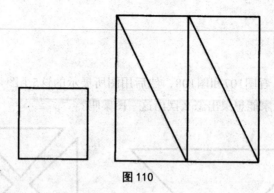

图 110

【题解】看图111了解详情。

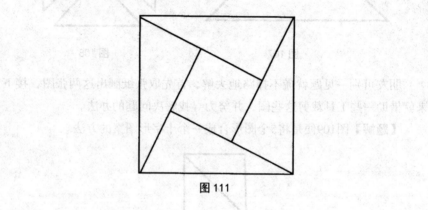

图 111

3. 四等分土地

【题目】图112中有一块以5个一样大小的正方形构造出的土地。怎样才能将它四等分？

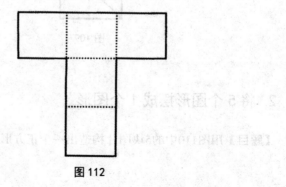

图 112

第一步，大家可找出纸和笔，画出简图；

第二步，思考解题思路。

【题解】图113即分地办法。

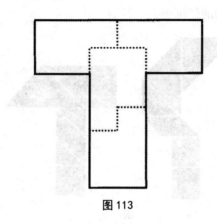

图113

4. 锤子与镰刀

【题目】知道"七巧板"吗？它是中国古代留下的娱乐项目，历史较之象棋更悠久，它出现于上千年之前。该娱乐项目的关键之处在于，把一个正方形（材质为木或纸质）照着图114剪成7块，之后用其摆出种种形状。这并不像说起来和想得那么容易。倘若将剪成的那7块图片搞乱，其后让人再摆成正方形，若不参考原图，他也是无法轻易完成的。

接下来给大家留道题目：用剪下的那7块分别摆出镰刀和锤子，参照图115。要求7个部分不得重合，但每部分都要用上。

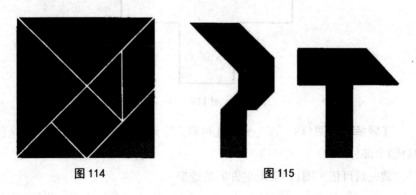

图114　　　　　　　　　　　图115

【题解】读者朋友们可以观摩图116，大家看着图就可自己弄明白此题的求解方法。只不过大家得留意，你可要充分开动你的脑筋并展开丰富的联想，便能运用这7块材料，构造出众多逼真的人或物——姿势各异的人、动物、样式不同的建筑……

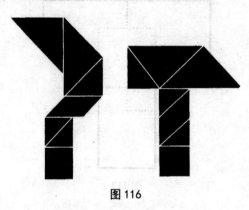

图 116

5. 拼接正方形

【题目】在图117中的十字形上剪两刀，把它分成4部分，用裁成的图片构造正方形。

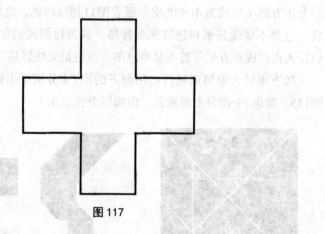

图 117

【题解】看图118。首先大伙儿可将十字形裁成2部分，接着把其余的裁成2个部分。

裁完后可依照图119摆出正方形的造型。

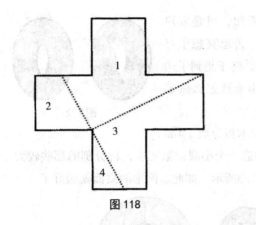

图 118

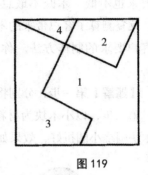

图 119

6. 苹果和雄鸡

【题目】请将如图120所示的苹果裁成4个部分，之后用裁下那些纸片拼成一只公鸡。具体该如何进行呢？

【题解】小伙伴们可以按图121所展示的方法。至于摆公鸡造型的工作具体该怎么进行，大家应该都能想出来。

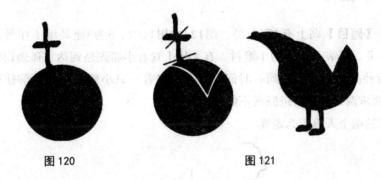

图 120　　　　　　　　　　图 121

7. 圆桌面

【题目】一个人给木匠拉来了两张用非常珍贵的树木制成的木板，木板中间圆两头扁，而且中间各有一个椭圆的洞，大家看图122。这个人请木匠用这些木板制作一个圆形桌面，要求物尽其用。

尽管这位木匠的手艺众人皆知，可是客户
的要求也不低。木匠不敢怠慢，苦思冥想了好
久，反复测算了客户带来的木板，终于想到了达
到客户要求的制作方法。你想出来该怎么做了
吗？

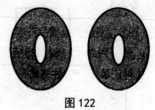

图122

【题解】第一步，分别将2块木板分成了4部
分；第二步，以小木块为材料构造一个小圆；第三步，将分割的那些较大
的木块围绕小圆拼好，效果如图123所示。如此，圆形的桌面就做好了。

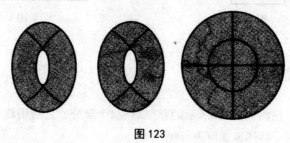

图123

8. 孤岛

【题目】湖上有3座孤岛，图124中用1、2、3为3座岛编了序号。用
Ⅰ、Ⅱ、Ⅲ表示湖边的小渔村。有人从Ⅰ驾着小船先是到达了孤岛1和2，
之后驶向渔村Ⅱ。在同一时间，又有人驾着一只小船由村庄Ⅲ前往孤岛
3，要求两只船的行进路线不能有交点出现。

这两个人该怎么走呢？

图124

【题解】见图125，虚线即两个人的行进路线。

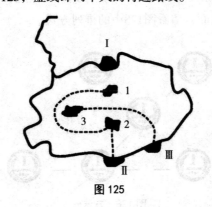

图 125

9. 池塘扩建

【题目】图126以正方形代表水池，以4个圆代表树木。如今打算扩大水池的面积至二倍，还要保留树木。

该如何设计施工？

【题解】改建后的新水池如图127所示。

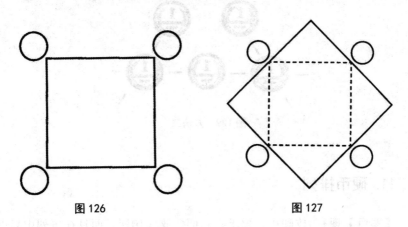

图 126　　　　　　　　　　　图 127

10. 硬币6枚

【题目】将币值都为1戈比的6枚硬币按3列排开，要求各列均有3枚硬币。

【题解】大部分人会认为这不可能办到，要按题目要求解答，起码还得再给3枚硬币。然而，请看图128中的排列方式。

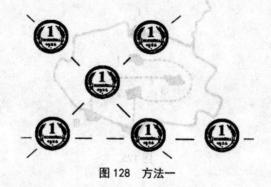

图 128　方法一

该图中3列均有3枚硬币。没错，他在排列时将每列的硬币交叉了，可题目里并没有禁止交叉排列。

现在想想看还有没有别的办法（图129）。

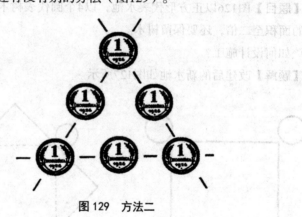

图 129　方法二

11. 硬币排列

【题目】现有9枚硬币，要求将它们摆放成10列，而且在每列中只可搁3枚。该如何摆放才能达到题目要求？

【题解】大家细心观察图130，就能发现硬币的具体摆放流程和操作时的一些规则。图中是不是以每列3枚的方式将9枚硬币排成10列？

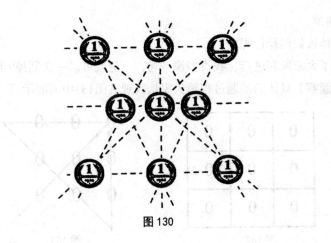

图 130

12. 硬币排列

【题目】要求将10枚硬币在每列放4枚，排成5列。

请大家注意，如同上题隐含的意思一样，其实每列允许互相交叉。

具体应该怎么实施呢？

【题解】居然排成了五角星的形状（图131）。

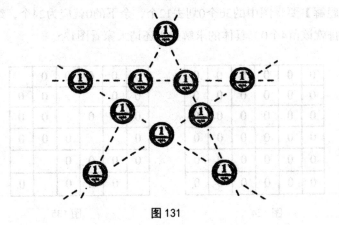

图 131

13. 九个零

【题目】我们观察图132，9个0被放在了九宫格中。要求用4条直线把全部0划掉。

具体该如何操作呢?

为了大家顺利进行,我再多说一句,一笔就可以一次划掉9个0。

【题解】具体的解题过程请大家认真观察图133中的展示。

0	0	0
0	0	0
0	0	0

图 132

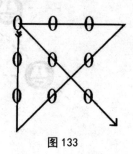

图 133

14. 零

【题目】图134中总共有36个0,眼下要划掉其中的12个,使剩下的横排和竖排的0个数相等。

现在该如何划?

【题解】要将图中的36个0划去12个,余下的0就应为24个,继续推下去,每排就该留4个0。具体的求解过程还请大家看图135。

0	0	0	0	0	0
0	0	0	0	0	0
0	0	0	0	0	0
0	0	0	0	0	0
0	0	0	0	0	0
0	0	0	0	0	0

图 134

	0	0	0	
0	0			0
0		0		0
0			0	0
0	0	0	0	
	0	0	0	0

图 135

15. 架桥

【题目】图136中有2个火柴摆出的正方形。假设小正方形为一座小孤岛，环绕小岛的是水。题目要求以两根火柴为原料于水上架桥。如何做到？

【题解】要架起这座小桥，第一步先应水上斜放一根火柴，让它与大正方形构造一角，接下来就以其为桥梁，架起另一根火柴，说到效果，请朋友们观摩图137。

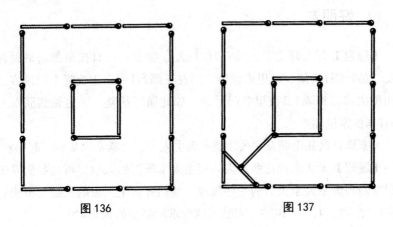

图 136　　　　　　　　　　　　图 137

16. 盒子、蜘蛛、甲虫

【题目】8只甲虫和蜘蛛被装进了一个盒子，通过运算得知盒子里的虫子共有54只脚。

那么盒子里分别装有几只蜘蛛及甲虫？

【题解】解决这个问题，要先了解些生物知识——蜘蛛有8只脚，甲虫有6只脚。

现在假设盒子里有8只甲虫，那么就有48只脚（6×8），比题目里的少6只。将一只甲虫换作蜘蛛，如此一来便会多2只脚。于是，这么变换3次，便能求得盒内有54只脚。但这时候，8只甲虫就变成5只了，其余的都换作蜘蛛了。

至此我们得出盒子里有甲虫5只，蜘蛛3只。

大家共同验证一下：5条甲虫长有30只脚，3只蜘蛛便是24只脚，那么盒子里的甲虫和蜘蛛共有54只脚（30+24），计算正确。

当然也可用下面的方法求解该题：

设定盒内有8只蜘蛛。那么，盒子里就会出现64只脚（8×8），比题中多10只。我们将一只蜘蛛换作甲虫，脚的数量减少2只。这样来回互换了5次，盒内脚的数量才达到了54只。简而言之，蜘蛛到最后仅剩3只，其他的都被换为了甲虫。

17. 好朋友

【题目】有人好交友，共有7位好友，朋友一每日夜里都前来做客，朋友二是每隔1日便在夜里来做客，朋友三隔2日便会于夜晚上门做客，朋友四每次都是相隔3日夜里登门拜访，如此循环往复，一直轮到朋友七隔了6日来他家里相聚。

大家算算这几个朋友多久才能齐聚主人家，会常常聚集到一起吗？

【题解】无法求得这些友人共聚主人家所需的天数，可是我们发现了求朋友们齐聚主人家天数的一些规律。他们齐聚主人家的天数要得能整除数字1、2、3、4、5、6、7。可达到这要求的最小的数为420。

也就是说，朋友们一起相聚于主人家须经过420天才可实现。

18. 喝酒

【题目】有人交了7个朋友，一天晚上那7个人都来拜访，好客的主人拿出红酒，于是大家都碰了杯开怀畅饮。

小伙伴们知道杯子互碰了几次吗？

【题解】这些人当中的任何一位都与其余的7个人（主人和他的7个友人）碰杯了；以每2人干杯一次来计，总共碰杯56（7×8）次。但你有没有考虑过，这么一来，就会出现重复碰杯的状况（比如客人五同客人三碰杯后，就会出现又一次计算客人三同客人五的碰杯）。也就是说共碰杯56÷2=28（次）。

19. 火柴

【题目】这道涉及火柴的题历史很悠久，并且很有趣，每一个喜爱益智游戏的人都可以看一看。

具体的题目为：用6根火柴棒摆出4个等边三角形。

要求：不可折断火柴棒。

这道题的有趣之处在于看似根本不能解出来。

【题解】如果企图将它摆成为由4个三角形构造而出的平面图，是根本不可能的。那么，既然摆平面图这条路走不通，就构建个立体图试试。看图138，这样的锥体正好也有4个等边三角形出现了。

图 138

20. 渡河

【题目】借助火柴有益于将这道题讲解明白。我们设定头向上的火柴为父亲，以头向下的火柴代表母亲。以2根半截火柴代表2个小男孩。河的两岸分别由两排火柴代表。火柴盒代表漂浮于河上的小船。

这道题是：父母带着2个儿子来到了岸边，想渡河到对岸。虽然他们看到了河边停靠的小船，但是小的船仅能容下一个大人或2个小孩。

可是，这家人还是巧妙地渡到了河那边，知道他们是怎么渡河的吗？

【题解】他们共渡了9次，终于使全家安全到达了河的另一边。现在我们共同来看看渡河的顺序好吗？

目的地河岸	出发地河岸
1. 两个小孩	2. 第一个小孩
3. 母亲	4. 第二个小孩
5. 两个小孩	6. 第一个小孩
7. 父亲	8. 第二个小孩
9. 两个小孩	

利用火柴摆出那家人渡河的情形易于我们大家理解。

21. 一艘船和 3 个人

【题目】有艘船由爱好水上运动项目的3个人共同购置。3个人的愿望

图 139

是让每个人都可在方便时自由使用船只，而又让船不至于被别人偷走。于是他们一起想了个办法，就是将船用3条铁链锁上，然后为每个人都配备了钥匙，而该钥匙仅能打开3把锁中的一把；但是在不借助另外2个人钥匙的情况下，只要开一把锁就可解开穿好的链子。

他们是怎么做到的呢？

【题解】看图139，原来他们将3把锁互相套在一起。仔细观察就可发现只要开一把锁就可解开由3把锁紧锁的铁链并恢复到原来的状态。

22. 以书为食物的虫子

【题目】不知道大家有没有听说过书虫，它们会咬透书本的每一页为自己打通通道。现在有一只虫子，它一直由书的卷一的首页咬到了卷二的末页（图140）。

每卷书分别有800页。那么，我想问问大家，你知道这条虫子总共啃食了几页书吗？

图 140

大家会说这道题没什么大不了的，可并非大家想得那么容易。

【题解】在大多数人的印象里，该虫子当然是咬透了1 600页书（800+800），即卷一的800页加上卷二的800页，另外还得加上卷一和卷二的封面。实际却并非如此。若是将两卷书毗邻摆于书架：卷一居左方，卷二居右方，卷一的第一页就与卷二的末页挨着，大家看图140就不难理解了。如果大家认真观察图就可分析并计算出，自卷一的首页至卷二的末页总的来讲有几页——两卷书的封页。

换句话来说，那条虫子仅咬透了卷一和卷二的封面而已，它根本就没啃食过书里面的任何一页。

23. 拿茶具变魔术

【题目】图141是一张桌子，桌子上铺有桌布，桌布上的褶皱将桌子分割成了6块。以下我们就借助它来做个有意思的游戏：首先在桌布的褶皱处摆上茶具（图142）：在其中的三处褶皱那里搁上茶杯，于另外一处摆放茶罐、茶壶。别忘空出一处褶皱。下面我可要拿题目考大家了：互换茶壶和茶罐。可不是没有规则的随意调换，而是应按规定来进行，其目的是让茶壶和茶罐换位。具体的规则有以下这些：

图141

1. 要将茶具置于空缺处；

2. 不能将茶具放在另一个的上面；

3. 一个褶皱处仅能摆一件茶具。

找出纸画出三个茶杯、一个茶壶及一个茶罐，依图中的样式摆放好，然后按照规则挪动纸片，达到让茶壶和茶罐调换位置的目的。这项工作可得有耐力，解决之道只要开

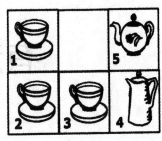

图142

动脑筋还是不难发现的。为方便大家记录好的解决之道，我们第一步就要给纸片编码，如此一来我们就可准确记住茶具挪动的顺序，比方说，如果大家将茶壶挪到了图里的空缺处，就应写"5"，若是又将茶罐运动到了空缺处，要写上"4"，依序进行。

题解里详细描述了挪动茶具的步骤和方法，即如何具体地将茶壶和茶罐对调位置。大家不妨将自己的方法与解答比较一下，看看自己答案的正误。倘若大家有足够的耐力，便可抽丝剥茧找出解决之道。

【题解】此题的解法众多，可采用多种方法互换茶壶与茶罐的摆放位置。在这些方法中有些方法需多次挪动茶具，而其中的一些方法挪动茶具位置的次数相对较少。虽然很多人会认为茶具挪动的次数愈少愈好，可是我要提示大家的是茶具挪动的次数比17次少的话就不能解答出该题。挪动17次时的顺序如下：

5→4→3→5→1→2→5→3→4→1→3→5→2→3→1→4→5

第七章

有趣的数字

1. 有趣的乘法

【题目】倘若你没能记住乘法口诀，仅勉强记得和9有关的乘法口诀，那在运算时可借助你的双手。那时你就可将你的手摆到桌面——此时计算器就是你的那双手。

【题解】比方说要求出4×9。在这个时候我们的第4根手指头就能告诉我们最后的结果：其左方有3指，其右方有6指，合并是36，由此得出4×9=36。

我们再运算一道题：7×9=（　　）。

手指七的左方存在6手指，其右刚好有3，那么7×9=63就毫无悬念了。

我们继续，大家算算9×9=（　　）。

指头九的左方刚好存在8个手指，右边仅有1个，那9和9相乘的结果当然是81。

这个既方便又实用的计算器是我们记忆九九乘法表的好助手，大家为此就不必为6×9的结果到底为54或56而纠结了。原因是此时我们便可迅速取出我们的计算器，我们一看在第6根手指左方恰有5个指头，而有4个手指居其右，那么结果自然是54。

2. 年份

【题目】20世纪哪个年份的数字，颠倒一次，再反着写出来，其以阿拉伯数字表示的年份数依旧不变？

【题解】20世纪的1961年是我们所找的那个年份，并且仅此一年。

3. 镜子与年份

【题目】19世纪的哪个年份将其照在镜子里后，数字是其年份的4.5倍？

【题解】只有1、0和8在镜中不会发生改变。也就是说我们欲求的年份只含这几个数字。因其为19世纪里的某个年份，这个年份的前两位自然是18。通过更进一步的分析便可得出需要求的年份就是1818。该年份在镜子的下变为8181，验算一下1818×4.5=8181，计算无误。

该题的答案是唯一的。

4. 求数字

【题目】大家知不知道几乘以几等于7（要求必须为整数）？

既然题目要求2个整数乘积的结果为7，那么，大家审题时就先应将 $2\frac{1}{3} \times 3$ 及 $3\frac{1}{2} \times 2$ 这一类分数乘法剔除掉。

【题解】这个题的答案再简单不过：它们就是数字1及7。大家试试看还有符合题意的数字吗？

5. 加法和乘法

【题目】（　）+（　）>（　）×（　）（要求两个数都为整数）。

【题解】符合题意的数字组合有很多：

比如数字1与数字3：3×1=3；3+1=4。

数字10和数字1：10×1=10；10+1=11。

通过我们的计算，大家有没有总结出符合题意要求的这些数字所具有的特征：符合题意的两个整数中必有一个是1。

为什么会这样？原来，所有的整数与1求和都会增大，但是所有整数与1相乘都还是它自己。

6. 和与积相等

【题目】（　）+（　）=（　）×（　）（要求这两个数必须为整数）。

【题解】2+2=2×2，其余的整数都不符合题目要求。

7. 和与积相等的三个数

【题目】（　）+（　）+（　）=（　）×（　）×（　）（要求参与运算的数必须为整数）。

【题解】1+2+3=1×2×3，整数1、2、3就是我们所求的。

8. 积与商

【题目】有没有某个较大的数与某个较小的数求出的商为两数乘积？

【题解】2/1=2×1，1和2就是我们所求的数字。其实所有比1大的数和1之间都有这种关系。

9. 星期五

【题目】一周之内有7个周五吗？当然没有。可是，2月份有5个周五吗？

【题解】一般而言，若遇到4年一个闰年的年份的2月时，也许就存在5个周五（闰年的2月是29天）。简而言之，假设2月1日恰好为周五，于是：

2月8日为第二个周五；

2月15日为第三个周五；

2月22日为第四个周五；

月末的2月29日为第五个周五。

10. 求得 20 的方法

【题目】观察这3组数：

1 1 1

7 7 7

9 9 9

现在要求划掉其中的6个数，并要保证留下的数字之和为20。

如何解答？

【题解】我们不妨这样来一试（我们以数字0取而代之那些需要被删除的数字）：

0 1 1

0 0 0

0 0 9

结果为11+9=20。

11. 11 的游戏

【题目】这个游戏得由2个人来共同完成。找11粒坚果（也可用瓜子或火柴）摆到桌面。请两个人中的其中一人抓1、2或3粒坚果——允许个人自由选择。另一个人也自愿抓1、2或3粒坚果。之后第一个人再次抓坚果，以此循环往复，抓到最后一粒坚果的人失败。

想在游戏中取胜，你有没有想过自己该怎么做吗？

【题解】若你第一个抓坚果，你只需抓2粒，余下9粒。你无须了解第二个人抓走几粒坚果，你只需留下5粒坚果即可。然后不管另外那个人从那5粒坚果中抓走几粒，你只管留1粒——这么一来你就是那个胜利者。

12. 数字 1 至 7

【题目】列出1至7之间的数字：1、2、3、4、5、6、7。

随意以+、－号把这些数字相连，要怎样才能得出40？

不难想到12+34-5+6-7=40。

现在来看看可得出55的组合方式。

【题解】这道题的解法不限于一种，实际上有3种方法：

方法一：123+4-5-67=55；

方法二：1-2-3-4+56+7=55；

方法三：12-3+45-6+7=55。

13. 几个 "几"

5个1

【题目】以5个1得到100。

【题解】用111减去11便可得到100。

111-11=100

5个5

【题目】用5个5得出的值为100。

【题解】用三个5相乘的结果减去两个5相乘的值便能得到100。

$5 \times 5 \times 5 - 5 \times 5 = 125 - 25 = 100$

5个3

【题目】以5个3算出为100的值。

【题解】33和3相乘加上3除以3等于100。

$$33 \times 3 + \frac{3}{3} = 100$$

5个2

【题目】用5个2计算出28。

【题解】22+2+2+2=28

4个2

【题目】此题难度加大了,用4个2得到111。

【题解】用222与2相除得出了111。

$$\frac{222}{2} = 111$$

4个3

【题目】以4个3计算出12。

3+3+3+3=12

如何用4个3求出15和18这两个值呢?

3+3+3×3=15

3×3+3×3=18

如何以4个3求出5呢?

$$\frac{3+3}{3} + 3 = 5$$

现在试着用4个3得出下面的结果:1~10(关于数字5的算法大家已了然于胸)。

【题解】$\frac{33}{33} = 1$;

$\frac{3}{3} + \frac{3}{3} = 2$;

$\frac{3+3+3}{3} = 3$;

$$\frac{3\times3+3}{3}=4\ ;$$

$$(3+3)\times\frac{3}{3}=6\ ;$$

$$\frac{3}{3}+3+3=7\ ;$$

$$3\times3-\frac{3}{3}=8\ ;$$

$$3\times3-3+3=9\ ;$$

$$3\times3+\frac{3}{3}=10\ 。$$

虽然我们在解答这些题时都只用了一种方法，但这并不表明只有这唯一的一种求法，大家可以去探索其他的解法。例如，可用如下的办法得到数字8，就是 $\frac{33}{3}-3=8$ 。

4个4

【题目】假若你非常顺利地求出了以上的题目，而且还对这样的计算意犹未尽，可接着计算用4个4求出数字1~10。当然了，这要比用4个3求解更难。

【题解】 $\frac{44}{44}=\frac{4+4}{4+4}=\frac{4\times4}{4\times4}=1$

$$\frac{4}{4}+\frac{4}{4}=\frac{4\times4}{4+4}=2\ ;$$

$$\frac{4+4+4}{4}=\frac{4\times4-4}{4}=3\ ;$$

$$4+4\times(4-4)=4\ ;$$

$$\frac{4\times4+4}{4}=5\ ;$$

$$\frac{4+4}{4}+4=6\ ;$$

$$4+4-\frac{4}{4}=\frac{44}{4}-4=7\ ;$$

$$4+4+4-4=4\times4-4-4=8\ ;$$

$$4+4+\frac{4}{4}=9\ ;$$

$$\frac{44-4}{4}=10\ 。$$

第八章

揭开错觉的面纱

1. 绳扣

【题目】说起这个游戏，它玩起来颇有意思，若是你表演给小伙伴看，他们绝对会对你刮目相看的。

【题解】找根长30厘米的绳子，打上活结（见图143），于该活结之上再次打活结（见图144）。大家也许会有这种想法，倘若当下搋紧绳子，便会出现两层结实的结。可是，现在先不要激动，我们要将该绳结制作的过程再重复一次：像图145所示的那样，拿起绳子的另一头自两个活结内穿进去。

该预备的业已就绪，下面就要进入该游戏的关键之处了。我们手执绳子一头，请一位玩伴握紧另一头。下面所要出现的现象会出乎大家的意料：位于绳子上的并非是繁复杂乱的活结，而是以前的绳扣彻底消失了：你和玩伴手执的只不过是一根光滑无比的绳子！打好的活结不知道跑到哪儿去了……

假设大家想非常完美地表演该游戏，必须严格依照图145所示的形状结上绳套，唯有如此，方可在外力的作用下打开绳套。不打无准备之仗，为使自己在表演游戏时游刃有余，拿捏得当，就请大家细细研究书中的图吧。

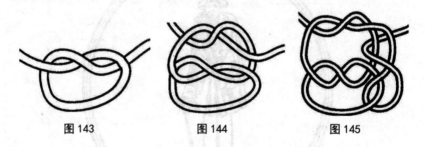

图143　　　　　图144　　　　　图145

2. 巧脱身

【题目】照着图146拿绳子捆住同学A、B的手：拿绳子——缠绕在两位同学的手腕上，紧接着将绳子穿插起来，确保它们不能脱离。从表面上看两者似乎无法分开。可实际上却有种不用割断绳子便可将其分隔开的方法。

【题解】以下我们就具体讲讲这个办法。照着图146，于捆绑A同学的绳子上取一点 b，用手紧握 b 点，以图上箭头所示方向，把它从B同学手中的绳环穿过去。在捆绑同学A的绳子快钻完时，同学B立马把捆绑着的手顺着扯出的绳套穿过去，紧接着拽捆绑A同学的绳子，如此一来两位同学就可成功脱身了。

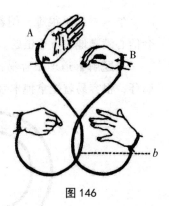

图146

3. 靴子

【题目】大家跟着我做些手工：找张厚一点儿的纸，裁出一个纸框、一双纸靴及一个椭圆纸环（其大小和形状如同图147中所展示的那样）。椭圆纸环的内环大小同于纸框宽，可是它窄于靴筒。若是有人让你按图148的样子把靴子吊到纸框上，你会认为这很离谱。

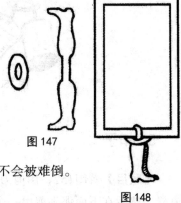

图147

不过，若是大家肯开动脑筋的话，就不会被难倒。那到底有什么办法可以达到目的呢？

图148

【题解】做好这个游戏的关键之处在于把该纸框按图149那样2等分（以折叠方式完成），把椭圆纸环穿进重合着的 a、b 那两头并到底；拿靴子进入A、B间的空缺处，折好靴子，挪动靴子至纸框折叠的地方，并挪动椭圆纸环，直至其套住靴子。

铺开纸框后就可以了——我们达到了题目要求。

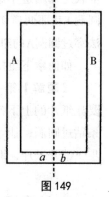

4. 纸环和木塞

【题目】有被绳子绑好的两个木塞挂在纸环上，绳子上挂有金属质地的环（见图150）。要求我们从纸环之上拿下木塞，该如何进行？

图149

乍一看似乎很难，倘若大家还记得我们前面所解答的那道题的话，就会信心满满地拿下这道题。

【题解】道理很容易：对折纸环（见图151），之后按照图示挪走金属环，很容易就能拿掉木塞了。

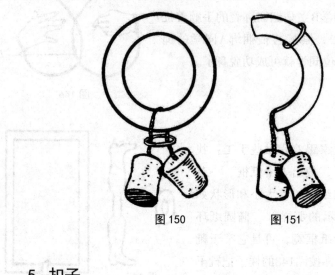

图 150　　　　　　　图 151

5. 扣子

【题目】看图152，用剪刀将一张厚纸片裁开两道缝，然后在下面那头剪出一个圆洞A，洞的直线长度较之那两道小矩形间的长度稍长些。找根绳子穿进圆洞A和那两道切口，接着在绳子的两头各绑一个无法穿过圆洞A的纽扣（比洞口大）。

如何拿下纽扣？

【题解】第一步，把纸片上下对折（仔细折，要让纸片的上下各部分完全重合）；第二步，让细纸条钻过圆洞，让纽扣从纸带打的活结里钻过去；第三步，铺开纸片，纸片就与纽扣分开了。

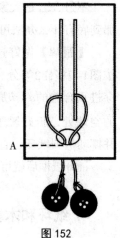

图 152

6. 神奇纸夹

【题目】找两张长7厘米、宽5厘米（跟我们用的记事本的纸大小相近）的纸并分为A、B（见图153）两部分，再预备3条带子（找不到就以纸条取代），带子长6厘米（较之纸片宽1厘米）。接下来照着图中的样子，把带子固定于A、B两张纸上：把带子 *a*、*b*、*c* 端折起，分别固定于A、B的背面，*d*、*e*、*f* 那头固定于内侧。

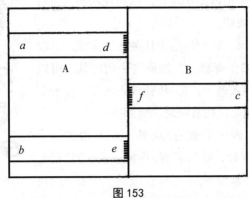

图153

前期工作已结束，纸夹做好了。现在我们可用该纸夹来玩一个让人惊讶不已的游戏——"神奇的纸夹"。我们先拿张小纸片，请一位小伙伴写上自己的名字，如此一来你就无法作弊了。你把小纸片搁到A的两根带子下，并合上纸夹，过一会儿翻开——小纸片竟然消失了，跑到那头的带子下去了！

游戏的关键在于：在你关上纸夹之时，正是在反方向上翻开了。蕴含其中的原理如此容易，可是蒙在鼓里的观众一时还无法看出这里的玄机。

7. 用直尺玩游戏

【题目】左手拿一把直尺，右手紧握左边的手腕。而后伸开左手指，右手食指固定直尺于左手心（见图154）。倘若你够机敏，就会给观众留下直尺像被某种神奇的力量控住着而贴在左手上，没有几个聪明人可以识破其中的奥秘。

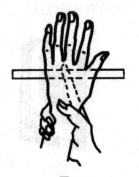

图154

8. 糖块和茶碗

【题目】大家看，图155中有3个茶碗，然后我们从装有糖块的盒子里取出10块糖，邀请现场的人给每个茶碗盛上奇数块糖。

有人提出异议，告知你这个任务无法完成："没有加起来为10的3个奇数。"然而这个问题其实可以解决：把5块糖放入碗一，把3块糖放入碗二，将剩下的2块糖装放入碗三，接着把碗二放到碗三里。

结局就是：碗一里放有5块糖——不用多说，大家都知道5是奇数；碗二装有3块糖——3当然是奇数。那么我们再来看碗三，在它里面本来盛有2块

图 155

糖，然而装有3块糖的碗二也在其中，于是碗三里的糖块数为5，自然也是奇数。

9. 一册书和一页纸

【题目】图156中是一册书与一页纸，现在让我们用那页纸当支架让书离开桌面几厘米，该如何操作？

【题解】这其实并不难。先将那页纸4等分，而后把它们都分别卷成圆柱形，效果如图157所示。接下来只需把书搁到4个圆柱形之上便可，如此就满足了题目的要求。

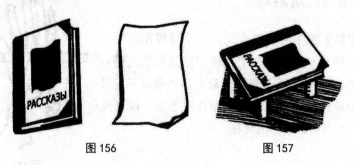

图 156　　　　　　　　　图 157

10. 最矮的人与最高的人

【题目】假若为大家表演小矮人的游戏，也许会让大家惊讶不已：小矮人不但可以和你讲话，他还会舞动手臂，而且还能迈步前进——简直跟真人一样（见图158）。

【题解】此游戏奥妙如图159：他是一个接起来的小矮人——你的脑袋，你套着靴子的手以及你助手的胳膊组成了这么一个小矮人。宽大的演出服装掩藏了这其中的奥妙。

采用同样的手法还可造个大个头儿的人出来（图160）。

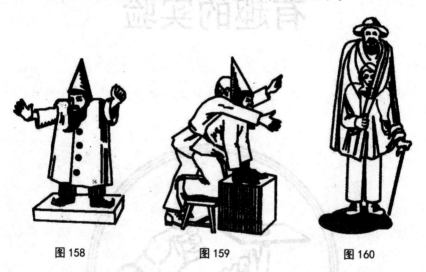

图158   图159   图160

第九章

有趣的实验

1. 盲区

【题目】现在挪开图161，直至它到我们瞳孔间的距离和我们小指及拇指的间距相同时为止。然后紧闭左眼，右眼直视图中的十字。大家是不是发现白色的圆圈消失了，看不到了？

图 161

因为我们的眼睛有盲区，那个区域对光不怎么敏感。若有东西的光不幸落入那片区域，我们就看不到物体。每个人的每只眼睛都有盲点。

2. 实验材料仅为一根木棍

【题目】如图162所示，大家找根木棍，将两根食指分别放在木棍两头。

接下来大家将两根食指同时向木棍中间挪动，直至两根食指贴到一起为止，此时大家会看到该木棒纹丝不动——有位科学家解释说，此时手指的位置正好是木棒重

图 162

心。而且我们还会有一个体会——尽管我们奋力将手朝木棒的中间挪，可是我们两只手的运动并非像我们想象中那样移动，简而言之，我们的双手不是同时发生位移，而是一只手先挪动，另一只手紧随其后——左手先动，右手紧接着位移，之后又是左手……

游戏开始时大家的食指不论位于木棒的何处，做完实验时，它们只会出现于同一位置。即使你费了九牛二虎之力，也无法让你的食指停在别的地方。

3. 漂着的大头针

【题目】有什么办法让大头针浮在水面，而不沉入水底？

一般人都会认为不可能，甚至有人会觉得异想天开。然而，假若大家懂得如何入手，就可以做到。首先拿张卷烟纸放到水面上，把大头针放在上边。现在纸和大头针自然都在水面漂着。然后用另一枚大头针把卷烟纸的边缘往水里按，一定要小心谨慎。如此一来卷烟纸定会沉到水底，可是倘若你的动作足够轻，大头针依然会浮在水面上。

4. 一试才知道

【题目】现在观察图163，找一张与火车票大小相同、材质也一样的纸，将其放在一根手指上，接下来在纸片上放一枚以前的2戈比或者5戈比的硬币。那么我们如何能在挪开纸片的前提下让硬币停留在手指上？

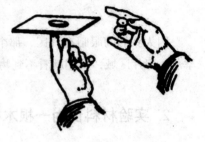

图 163

【题解】似乎不太可行，然而还是先来试试：用点力气把纸片轻轻地弹出去。我们会看到，纸片真的会飞到一边去，而硬币依然稳居指尖。

也许一次完成不了这个游戏，多试几次即可。

5. 结实的火柴盒

【题目】接下来，参照图164把一个火柴盒里面的部分放到火柴盒外面的部分上。然后请一个玩伴朝火柴盒挥拳击打，会出现什么后果呢？

【题解】没有做过该实验的朋友可能会觉得火柴盒不堪一击，会被打坏。然而并不是这样。虽然火柴盒会飞出去，可是我们将它们拿起来后会发现它们依

图 164

然完好。火柴盒有一定的弹力，因此不会被我们一拳打碎——它的两个组成部分虽有弯曲，却没被击破。

6. 手脚并用

【题目】猛一看，大家会觉得这个游戏很容易：以我们的右手和右脚同时不同方向画圈（见图165）。

【题解】试过之后才发现其实似乎并不简单。

7. 左右手

图165

【题目】这个游戏跟上面的游戏类似。这次要求边用左手轻击自己的左胸，边同时拿右手自下而上抚摸自己的右胸。

【题解】试试你就会发现，这个游戏远非我们所想得那么简单，刻苦训练方可成功。

8. 不是那么容易

【题目】图166是一种很有意思的游戏。将自己两根食指挨在一起，然后让其他同学拽你的双肘，将你的手指分开。

【题解】这个真的很难吗？事实上，它只看似容易——但是大家试过便会得知，即使你的同学比你的力气大，也分不开你的手指。你用一点点力，便可抵消掉同学全部的力量。

图166

9. 1 根火柴托 11 根火柴

【题目】照图167把12根火柴摆好，接下来拎最下面那根火柴并将全部火柴抬起。

【题解】试过之后便知，倘若我们比较机灵，完全可以做到，只需一定的机巧，便可仅靠一根火柴带起11根火柴。

这个游戏也许并非一次成功，因此也需要一定的耐心。

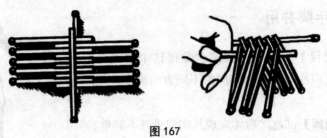

图 167

10. 简单还是难

【题目】大家做过用两根火柴棒夹住另一根火柴棒的尾巴并拎起来的游戏吗（见图168）？

【题解】看起来很简单。然而做过这个游戏之后就会发现，要完成该游戏需要娴熟的技巧和很大的耐心。用力过猛，火柴就会转动。

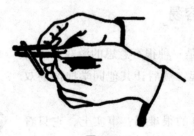

图 168

第十章

好玩的数学题

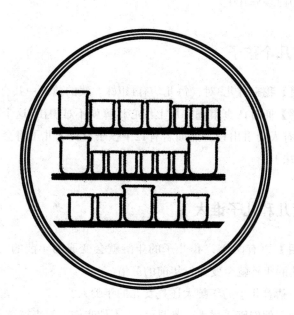

1. 祖孙三代

【题目】 "大爷，您的儿子多大？"

"我儿子的岁数若以周来计，便是我的孙子以天计的年龄。"

"那您的孙子几岁？"

"我孙子的岁数就是我年龄按月计。"

"那您贵庚？"

"我和我儿子及孙子的岁数之和为100。你知道，我们各多大吗？"

【题解】 这并非难事。现在来解：我们发现孙子的岁数为儿子的 $\frac{1}{7}$，而孙子的岁数仅为爷爷的 $\frac{1}{12}$。于是我们不难看出，当爷爷12岁时儿子7岁，孙子1岁。那么祖孙3代人的年龄之和为20——真实年龄之和为其的5倍。换而言之，爷爷应是60岁，儿子35，小孙子刚好5岁。他们的年龄之和刚好为60+35+5=100岁。

2. 有几个孩子

【题目】 我家有儿3对，每儿均有1姐妹。我的孩子一共有几个？

【题解】 通过认真审题并加上细心计算就不难得出7这个答案，即6男1女（也许有人会得出12，然而若有12个孩子，每个儿子将会有6个姐妹而不是1个姐妹）。

3. 女儿和儿子谁大

【题目】 再有两年，我儿子的年龄就会变成两年前的二倍；三年之后，我女儿的年龄就会变为三年前的三倍。

现在猜猜看儿子的年龄大还是女儿的年龄大？

【题解】 他们俩一样大，都是6岁。不信我们一起来算算：

$$\frac{6+2}{6-2}=2 \;; \qquad\qquad \frac{6+3}{6-3}=3 。$$

简单的计算就可得到结果：再有2年，男孩子就较2年前多出4岁，也就是他2年后的年龄就为2年前的2倍，简而言之，2年前他4岁，那么此时他的年龄就是4+2=6（岁）。当然经过计算小女孩也为6岁。

4. 究竟有几个兄弟和姐妹

【题目】我的兄弟、姐妹的个数相同。我一个姐妹的姐妹数为她兄弟数的2倍。

试问我们一共兄妹几个？

【题解】共有兄妹7人：我自己、兄弟4个、妹妹2人。各位哥哥都有弟弟2个、妹妹2个，各个妹妹均有4位哥哥和妹妹2人。

5. 两位父亲和两个儿子

【题目】两位父亲和两个儿子早餐时一共吃了3个鸡蛋，可是他们每人却都吃到了1个鸡蛋。这到底是怎么回事呢？

【题解】原因是用早餐的不是4人而是3人，即爷爷、儿子与孙子。爷爷与儿子为一对父子，儿子和孙子是一对父子。这就是两位父亲和两个儿子。

6. 蜗牛爬树

【题目】有只蜗牛欲爬上15米高的树，它每天爬5米，但是夜里又会滑下4米。

这只蜗牛得用几个日夜才能爬上树梢？

【题解】通过计算可知蜗牛得经过10天10夜另外加一个白天就能爬到顶。10个白昼蜗牛爬10米，1米的里程是他每天的任务。在末尾的那个白天，他爬行5米到树顶（一般人都会说需要15个昼夜）。

7. 锯柴火

【题目】几个砍柴的工人欲将一根5米长的木头分成1米长的柴火。他们

用锯切割一次耗时 $1\frac{1}{2}$ 分钟。那么将这根木头分成1米的几段得花多长时间？

【题解】可能会有人立马会回答是 $1\frac{1}{2} \times 5 = 7\frac{1}{2}$ （分钟）。然而这是错的，最后一回锯下的是2段1米长的柴火。换而言之，将一根5米长的圆木分割成1米长的柴火需要锯4次而不是5次，那么花费的时间为 $1\frac{1}{2} \times 4 = 6$ （分钟）。

8. 农民进城

【题目】有位农民进城，刚开始选择乘火车，走了路程的 $\frac{1}{2}$，花费的工夫是步行的 $\frac{1}{15}$。剩余的一半里程农民用牛作为交通工具，这样的话他用去的时间就为步行的 $\frac{1}{2}$。现在要问大家的是，和一直步行相比，农民节约了几个小时？

【题解】其实他非但没有省出时间，反而浪费了不少时间。他骑牛所行的那 $\frac{1}{2}$ 里程跟他步行所花的工夫一样多。他耗掉的时间为他以双腿走完前半路程用时的 $\frac{1}{15}$。

9. 几只乌鸦，几根枯枝

【题目】

一群乌鸦远飞而至，

歇脚于枯树枝。

若每根枯枝之上，

落着一只乌鸦，

便会有一只乌鸦，

无树枝可攀缘；

若每根枯枝之上，

停歇两只乌鸦，

就会有一根枯枝，

无乌鸦歇脚。

大家可知共有乌鸦多少？

枯枝几根？

【题解】看我们怎么来解这道题：若依第二种假设，每根枯枝上停歇2只乌鸦，那么，会比假设一多几只乌鸦？大家都算出来了，如果一根枯枝停1只乌鸦，就少一根枯枝；而倘若每根枯枝上落2只乌鸦的话，就会缺2只乌鸦。假设二较之假设一富余3只乌鸦；依假设二每根枯枝上就比假设一多1只歇脚的乌鸦。由以上分析不难看出枯枝有3根。假设每根枯枝上停歇1只乌鸦，便会有乌鸦3只，多出来1只乌鸦，自然有4只乌鸦。

如此一来，这道题的答案便是共有3根枯树枝和4只乌鸦。

10. A、B和苹果

【题目】A对B说："如果你能将你的苹果给我的话，你的苹果就是我的 $\frac{1}{2}$。"

B对A说："假如你能把你的苹果送给我，我俩的苹果不就一样了吗？那样岂不更好！"

他俩各有多少苹果？

【题解】我们来具体分析一下，若A送给B一个苹果，那么，A和B的苹果就相同，如此一来我们不难看出，A比B多2个苹果。若B赠一个苹果给A的话，两人就相差4个苹果。此时B的苹果是A的 $\frac{1}{2}$，那么，A的苹果就为B的2倍，此时B有4个苹果，A有8个。最初A的苹果是8-1=7（个），而B的苹果就是4+1=5（个）。

倘若A将自己所拥有的苹果赠予B一个，就变成了：

7-1=6（个），5+1=6（个）。

该时段A就会拥有与B同样多的苹果。

至此，我们得出结果，A有7个苹果而B有5个苹果。

11. 皮带扣与皮带的售价

【题目】一条皮带外加皮带扣售价68戈比，皮带扣比皮带便宜60戈比。那么皮带扣值几戈比？

【题解】可能会有人不假思索地说是8戈比。那就错了。这一结果显示出来的是皮带扣比皮带便宜52戈比并非是60戈比。

实际上皮带扣的售价应为4戈比。如此一来，皮带的售价为68-4=64（戈比）——皮带扣比皮带便宜60戈比。

12. 各种器皿和玻璃杯

【题目】图中的架子上搁着三排大小不一、总容量却一致的器皿（见图169）。现在，最小的器皿可容下一只玻璃杯。那另外两种器皿可放下几个玻璃杯？

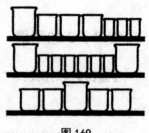

图169

【题解】我们通过将一三两层的器皿进行相比，发现第三层较第一层多出一个中等型号的器皿，但并无小器皿。因每层器皿的容量一致，由此，3个小器皿的容量之和就该与1个中号器皿的容量相同。这样一来推出中号器皿能放3个玻璃杯。之后将第一层架子上的中号器皿的容量与玻璃杯进行换算，就可变成大型器皿和12个玻璃杯。而将这个值与第二层上的器皿的容量相对比，就会发现1个大型器皿能放6个玻璃杯。

13. 数正方形

【题目】图中共有几个正方形（见图170）？25个？不对！是有25个小的正方形，可是大家别忘了另外还有由4个小正方形构成的正方形，而且这样的正方形不在少数。另外，也有9个正方形形成的正方形，除此之外由16个小正方形也可构成正方形。而且由25个小正方形形成的大图形不也是正方形吗？

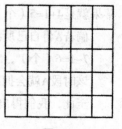

图170

那么究竟是多少个正方形呢？

【题解】经过细数共有：

小正方形25个；

9个由9个小正方形构成的正方形；

4个由16个小正方形形成的正方形；

1个由25个小正方形形成的正方形；

共39个。

即此图内有5种规格的39个正方形。

14.1平方米 =1 000 000平方毫米

【题目】1平方米=1 000 000平方毫米，阿辽沙首次听到时感到难以置信。

"这怎么可能呢？"阿辽沙说："我手里有块有着方格的纸，每个格子都有1毫米，长与宽都为1米，照此说来我的这块方块纸上就会有1 000 000个长与宽都为1毫米的方格子？我有点不敢相信！"

"你数数看？"

于是阿辽沙下定决心好好数数看到底有几个方格。周日一到，阿辽沙一大早就开始数了起来，他边数边为刚数的小格子做标记，每秒就可为一个方格做好标记，非常顺利。

阿辽沙做事非常认真，他很用心地数着方格，顾不得抬头看周围的一切。那么大家对阿辽沙这么做有什么想法？他能否在一天之内完成这项工作？

【题解】阿辽沙并不能在一天之内数完这些小格子。就算他昼夜24小时不停歇也不可能数完，只能数出86 400个格子。假设阿辽沙连续不眠不休地数，也得10多天的时间才能数完，而若他每日只用8小时干这件事情，那数完就得用一个月。

15. 均分苹果

6个小朋友相约来米沙家玩，米沙的爸爸打算用苹果款待这些造访的小客人，可是他发现家里只有5个苹果，这让他一时不知所措，他要公平地对待每位小客人，他可不希望惹得小客人不欢而散。于是他想到了将苹果切块平均分给小朋友，但是他又觉得切成小块似乎有些不妥，他希望将每个苹果最多切成3块。可是这时麻烦又来了：若将5个苹果切块平均分给6个人，那么每个小朋友最多能分3块。

米沙的爸爸该怎么办呢？

【题解】方式如下：那就是将3个苹果2等分，这样每个小朋友就可分得1块；接着将剩余的2个苹果3等分，如此一来每位小朋友又都可再分到1块苹果。换句话说，每个小朋友可吃到1个苹果的 $\frac{1}{2}$ 和另一个苹果的 $\frac{1}{3}$ ——简而言之，每个小朋友都会得到同样多的苹果。

同时，没有一个苹果进行过3次以上的切分。

16. 均分蜜和桶

【题目】一间库房有7桶蜜蜂采的蜜，还有另外7个桶只装了一半，最后有7个桶空空如也。这些蜜由3个合作社共同购得，现在大家想把这些蜜和桶均分。

那么：在不将一桶蜜倒入另一桶的情况下，该如何均分这些蜜？

如果还有别的办法，那么也请写出来。

【题解】通过认真读题仔细分析后，我们不难得知，3个合作社共买了21个桶，现有的蜜为 $7+3\frac{1}{2}=10\frac{1}{2}$（桶），简而言之，3个合作社分别得到 $3\frac{1}{2}$ 桶蜜和7个桶。就这道题而言，可用两种方法来解答它。

方法一：各社可得到的蜜和桶分别为：

合作社一	装满蜜的桶 3 个 装有一半蜜的桶 1 个 空桶 3 个	分到 $3\frac{1}{2}$ 桶蜜
合作社二	装满蜜的桶 2 个 装有一半蜜的桶 3 个 空桶 2 个	分到 $3\frac{1}{2}$ 桶蜜

| 合作社三 | 装满蜜的桶2个
装有一半蜜的桶3个
空桶2个 | 分到$3\frac{1}{2}$桶蜜 |

方法二：各社可得到的蜜和桶分别为

合作社一	装满蜜的桶3个 装有一半蜜的桶1个 空桶3个	分到$3\frac{1}{2}$桶蜜
合作社二	装满蜜的桶3个 装有一半蜜的桶1个 空桶3个	分到$3\frac{1}{2}$桶蜜
合作社三	装满蜜的桶1个 装有一半蜜的5个 空桶1个	分到$3\frac{1}{2}$桶蜜

17. 邮票

【题目】有人到邮局花了5卢布买了50戈比、10戈比和1戈比的3种规格的邮票共100枚。

那么，这3种规格邮票他分别买了几枚？

【题解】这道题的唯一答案为：

此人共购得：1枚50戈比的邮票，39枚10戈比的邮票，60枚1戈比的邮票。

一共是1+39+60=100（枚）邮票。

而此人为购买邮票共花费了50+390+60=500（戈比）。

18. 米沙和猫及同学

【题目】有个叫米沙的人非常爱小猫咪，看到别人丢掉的小猫就抱回家收养。米沙本人也养有一些宠物猫，可是他不愿意将自己养了多少猫的信息透露给别人，甚至连自己的同学也不行，他怕同学知道后嘲笑他。一天，一个同学问道："你家共有几只猫？"

"没几只。"米沙很不情愿地答道，"一共是全部猫的 $\frac{3}{4}$ 加上一只猫的 $\frac{3}{4}$ 。"

同学还以为他在逗他们玩。没想到米沙竟然给了他们一道题目，来试试看吧。

【题解】 小猫数量的 $\frac{1}{4}$ 为一只猫的 $\frac{3}{4}$ ，换句话说，全部小猫 $= \frac{3}{4} \times 4 = \frac{12}{4}$ ，简而言之，米沙养了3只小猫。

其实， $3 \times \frac{3}{4} = 2\frac{1}{4}$ ，也就是说余下的猫为 $\frac{3}{4}$ 只。

19. 硬币问题

【题】 一个人一共有42枚硬币，分别是1卢布、10戈比和1戈比面值，共价值4卢布65戈比。

三种面值的戈比各是多少枚？这道题有几种答案？

【题解】 这道题有如下4种答案：

	答案1	答案2	答案3	答案4
卢布	1	2	3	4
10 戈比	36	25	14	3
1 戈比	5	15	25	35
硬币总数	42	42	42	42

20. 出售鲜蛋

【题目】 一位大婶拎着鲜鸡蛋去集市上出售。

不久来了一个顾客买走了所有鸡蛋的 $\frac{1}{2}$ 加一个鸡蛋的 $\frac{1}{2}$ 。一会儿又来了位顾客买走了其余鸡蛋的 $\frac{1}{2}$ 加 $\frac{1}{2}$ 个鸡蛋。

后面又来了一位顾客购买了一个鸡蛋。

于是，大婶的鸡蛋就全部售出了。

大婶总共卖掉了多少个蛋？

【题解】通过阅读题目，我们不难发现大婶带到集市出售的鸡蛋数量为奇数：全部鸡蛋的 $\frac{1}{2}$ 为小数，与 $\frac{1}{2}$ 个鸡蛋加总就凑成整数了。那么，到底有多少个蛋呢？我们从题尾倒过来研究它。中间来的顾客买走了余下鸡蛋的 $\frac{1}{2}$ 及那 $\frac{1}{2}$ 个鸡蛋后就只剩1个鸡蛋。即1个鸡蛋 $+\frac{1}{2}$ 个鸡蛋=第一个顾客买完后所剩鸡蛋的 $\frac{1}{2}$。由此得知，第一个顾客买完鸡蛋后，大婶篮子里的鸡蛋为 $1\frac{1}{2}+1\frac{1}{2}+\frac{1}{2}=$ 农村大婶所有鸡蛋的 $\frac{1}{2}$。这下我们就得知那位农村大婶一共带了 $3\frac{1}{2}+3\frac{1}{2}=7$（个）。

21. 受骗

【题目】两位大婶上集市上卖鸡蛋，她俩各有30个蛋。其中的一位大婶以两个鸡蛋5戈比的价格出售，而另一位大婶以3个5戈比的价钱出售。鸡蛋很快就卖完了，两位大婶不会算数，便请路人帮她们数钱。路人说："你们俩一个按2个鸡蛋5戈比的价格卖，另一个以3个5戈比的价格卖。也就是说，你们两个用5个鸡蛋换了10戈比。你们俩合起来有60个蛋，就是12个5个鸡蛋。这就意味着，你俩总共卖了120戈比——1卢布零20戈比。"

说完路人就将1卢布和另外的20戈比交还两位大婶，而将剩下的5戈比装进了自己的口袋。

大家想想被路人装进自己口袋的5戈比来自何方？

【题解】路人的算法显而易见是错误的。依他发明的算法，按2个鸡蛋5戈比3个鸡蛋5戈比卖出时，两位大婶的收入相等——鸡蛋的平均售价都为2戈比一个。但是，实际的情况是要价2个鸡蛋5戈比的大婶共卖出了15对鸡蛋，那位要价3个鸡蛋5戈比的大婶售出了10对鸡蛋。定价高的卖出的鸡蛋多，那么，平均价格就比2戈比要高。她们的真实收益应当为：

$$\frac{30}{2}\times5+\frac{30}{3}\times5=1\text{卢布}25\text{戈比}。$$

688 ·

趣味数学全集（中）

22. 各种挂钟

【题目】有个挂钟在3秒内敲了3下，那么挂钟敲7下花费几秒?

【题解】挂钟3秒钟敲了3下，这3秒钟可划分为2个时段，而这2个时段延续了3秒钟，由此我们推算出每个时段的延续时长便为$1\frac{1}{2}$秒。此时挂钟敲了7下，这个时间应该分为6个时段，那么，挂钟敲7下用的时间就该是$6\times1\frac{1}{2}=9$（秒）。

23. 可爱的宠物猫

【题目】有户人家养大了几只一窝同时产的小母猫，如今当年的母猫个个都做上了妈妈，产下了幼崽。猫的重量有这么个关系：

4只母猫和3只幼崽重15千克；

3只母猫和4只幼崽重13千克。

现在要求每只母猫和每只幼崽的体重，我事先告诉大家，母猫的体重一样，而且幼崽的体重也相同。

【题解】看一下题干所提供的数据：

4只母猫与3只幼崽重15千克；

3只母猫与4只幼崽重13千克。

其意味着，7只母猫与7只幼崽的体重为28千克。

根据以上我们不难得出一只母猫与一只幼崽重4千克；由此我们很快便可推算出4只母猫与4只幼崽的体重为16千克。

大家对比一下：

4只母猫和3只幼崽重15千克；

4只母猫与4只幼崽重16千克。

由此我们更清楚了：每只幼崽的体重是1千克，这下就会很快推算出每只母猫的体重为3千克。

24. 9 个小格子

【题目】这是道娱乐型的题目——这道题目寓教于乐，适合于做游戏时用。

找8根火柴，用它们围成一个由9个小块构造的正方形，然后在各个小方块里放上硬币，要求每行每列正好是6戈比（见图171）。

1	2	3
2	③	1
3	1	2

图171

现在要求大家在不挪动圈内硬币的条件下，对硬币重新进行排列组合，结果依然要保持各行各列的硬币值不变，仍为6戈比。

【题解】也许有人会说这是不可能的。那么来试一试：只需将最下那行的硬币整体上移（见图172）。这种方法完全符合了题目的条件。

3	1	2
1	2	3
2	③	1

图172

第十一章

猜 一 猜

1. 左手还是右手

【题目】这道题目要求我们的一手握2戈比的硬币，一手握3戈比的硬币。不要告诉我真实情况，但若按以下的要求去执行，我就会知道你手里究竟是哪个硬币：用3乘右边手里的硬币数值，然后用2乘左边手里的硬币数值，两个相乘的结果相加，再告诉我这个数的奇偶。

只要告诉我这个结果，我就能说出哪只手持有的是哪种硬币。

打个比方吧，假若2戈比的硬币放在右手，而3戈比的硬币放在左手，那么：

2×3+3×2＝12。

此时计算值为偶数。

我便会脱口而出："右手中是2戈比硬币，左手中是3戈比硬币。"

我是如何做到的？

【题解】原因很简单：无论何数与2相乘均为偶数；3与偶数相乘的结果为偶数，3与奇数相乘的结果为奇数。偶数加偶数是偶数，奇数加奇数还是偶数，偶数加奇数才是奇数。大家动手试试就知道了。

倘若把以上特性运用到下面的题目中，即在币值为3戈比的硬币和2相乘时，才能得到偶数值。换而言之，即在3戈比的硬币位于左手中时结果为偶数。而若3戈比硬币在右手里时，那么以3与其相乘的结果就为奇数。所以，我们才可据运算值的奇偶性分析左右手的硬币。

当然了，这如魔术般神奇的表演手法对于其他面值的硬币也同样适用，如2戈比和5戈比，10戈比和15戈比，15戈比和20戈比。同样地，与以上数字相乘的值既可为5与2，又可为10与5。

用其他物品进行形象化的呈现亦是可行的，比如火柴。不过在此种情形下展开猜猜看活动时，参与者当如此讲："一只手里放2根，一只手里放5根。然后右手火柴数乘2，左手火柴数乘5……"

2. 多米诺骨牌

【题目】这个游戏玩起来有一些小窍门，然而并不是所有人都能明白。

让玩伴带着多米诺骨牌藏起来，然后由你来判断。而且为了增加可信度，你不妨用东西遮挡住你的眼睛。之后让一个人从骨牌中挑定一张，接着让他隔着墙提问，比如回答出骨牌上的编码——你不必非要见到多米诺骨牌，也无须别人告诉你答案，就可正确回答。

可是这个游戏该到底怎么玩呢？

【题解】我们在此采用神秘的密码来玩这个游戏，而且这里面的秘密仅有你和你的搭档了解，这是你们事先约定好的。其中包括：

$$\text{"我"} \quad\longrightarrow\quad \text{"1"};$$
$$\text{"你"} \quad\longrightarrow\quad \text{"2"};$$
$$\text{"他"} \quad\longrightarrow\quad \text{"3"};$$
$$\text{"我们"} \quad\longrightarrow\quad \text{"4"};$$
$$\text{"您"} \quad\longrightarrow\quad \text{"5"};$$
$$\text{"他们"} \quad\longrightarrow\quad \text{"6"}。$$

那么，该怎么运用这些密码呢？假设有人挑好了3张骨牌，然后你的搭档问你："我们挑定了一张骨牌，他看清了编号。"

细看之下发现搭档告诉你"密码"了，因为"我们"代表"4"，"他"代表"3"，那骨牌的编号就该是4|3。

如若某人挑定的骨牌的编码为1|5，那搭档就会这样讲："我认为，您这回不一定判断得出来。"

不知其间秘密的人会一头雾水，可是对你而言立马便会解码："我"代表"1"而"您"代表"5"。

如果某人挑好的骨牌编码为4|2，那搭档也许会这么告知你："这张由我们选中的骨牌的编码也许不能被你判断出来。"

骨牌的编码一个数字为零时可以用"朋友"等诸如此类的词替代。比方说，这次某人挑中的骨牌的编码为0|4，那搭档就该这样询问："朋友，能判断出我们挑的是哪张牌吗？"

这时你立马得知，这张牌编号为0|4。

3. 另一种多米诺骨牌玩法

【题目】这次探讨的玩法并不需要耍什么花招，只不过是数字游戏而已。

先让某人挑一张多米诺骨牌藏起来，然后请他参加一些数学计算，如果你够聪明的话，就可判断出他藏起来的多米诺骨牌为哪张。我们打个比方他藏的诺骨牌为6l3。

请你的小伙伴以某个数字（如6）乘以2即6×2=12。

接着拿这个积加7即12+7=19。

用求得的和再乘以5即19×5=95。

最后让他再以运算结果和诺骨牌的另一数字相加即95+3=98。

于是他报出这一计算值。

你拿这一值与35求差，这个差值便为最后正确结果即98-35=63，也就是说被他藏起来的骨牌为6l3。

可是为什么这么计算？又为何要拿计算结果与35求差呢？

【题解】现在来分析一下：先拿骨牌第一个数字乘2，之后又乘5，如此一来得到了第一个数字乘10。然后，我们用第一个数字的二倍加7，再对求出的和5倍。也就是说，我们用第一个数字的十倍加上了35。那么，最终结果减去35得到的值便为骨牌第一数字的十倍，而末尾与其求和的数便为骨牌的第二个数字。朋友们，现在不知你们搞清楚了没有？也就是我们为啥我们能在计算结束后得到我们所期望的那个编号的多米诺骨牌。

4. 我们和数字朋友一起来玩

【题目】随便找个数字，然后加1，求得的和再乘以3，得出的数再加1，所得数再加上你原先想的那个数。结果是多少？

报出运算值后，只需用计算结果减4，再除以4——我便会知道你想的数字。举个例子，你想到的是12。

那么12+1=13；

而13×3=39；

因此就有，39+1=40；

于是40+12=52。

一旦你报出你的运算结果是52，第一步52-4=48，之后 $\frac{48}{4}=12$ ，得出了正确结论。

原因何在？

【题解】仔细观察其中过程就会看出来，判断者最终得到的结果只不过预先想好与4的积再求和而已。所以才会有与最后的结果求差后求商的值等于大家冥想的那个数这一戏剧性的结局。

5. 一起来玩三位数的游戏

【题目】请大家挑一个三位数，不要告诉我是多少。之后开始以下步骤：

第一步，用这个数的百位上的数字乘以2；第二步，把上一步所得数加5；第三步，上一步得数乘以5；第四步，将上一步的得数与三位数的十位上的数字相加，把求得的结果与10相乘；第五步，上一步得数与三位数的个位上的数字相加。只要报出运算结果我便可脱口说出你们所挑选的三位数。

比如说你挑选了数字387，于是你的运算过程便如下所示：

$$3 \times 2=6；$$
$$6+5=11；$$
$$11 \times 5=55；$$
$$55+8=63；$$
$$63 \times 10=630；$$
$$630+7=637。$$

只要你们告诉我你们运算的结果为637——我就可立马判断得出你们挑选的数字为387。

我是如何判断的呢？

【题解】现在来分析一下运算步骤。第一步是百位数字乘2，然后加上5，再乘10，这实质上是用三位数的百位数字一口气乘了$2 \times 5 \times 10=100$。而后拿三位数上的数字与10相乘，而三位数个位上的数字不变。所以只是拿最初的那个数与$5 \times 5 \times 10$求了和，也就是与250相加了而已。所以，只需从最后的结果减去250便可知我们挑好的数。

不知大家看懂了没有？我们一起来总结一下判断别人挑好的数的方法好不好？就是求最后的运算结果与250的差，而那个差就是我们预先挑好的数。

6. 正确判断的秘诀

【题目】现在来开展下一个判断数字的活动：你们挑数，我猜。

大家随便挑数字（数字和数不是一回事，数字共有10个，从0到9，而数则有无数个），之后乘以5，再乘以2，再加7。好，从计算结果里去除第一位数字。接着继续加4，减3，加9。

朋友们可要按我的要求进行，否则就进行不下去了。先告一段落，我来看看结果。

是不是17？

不是？难道大家算出的都不是这一数值？

再来一遍。好吧！

你挑个数字，乘以3，之后加上你挑的那个数字。如果完成了以上的操作，就请加上5，然后请将计算结果里的首位数去掉。丢掉了吧？好，加7，减3，加6。

大家报报结果吧？对，最终的计算值为15！

我判断得对吧？假如你的运算结果和这不同，那你肯定算错了。仔细检查一遍。不服气，想再来一个，那好吧！

第一步挑一个数字，挑好了吗？

拿2去乘你挑定的数字，用求得的结果再乘2，再乘2；用计算出的值加你挑好的数字，继续加你挑好的数字；给运算结果加上8，接着去除首位数。然后减3，而后加7。

看你算出的结果是不是12？

大家瞧，我多次判断都能得出正确的结果。大家想知道我正确判断的秘密吗？

我想大家可能还不知道，这个好玩的数字游戏是在我写作前的那段时间才发现的，也就是说，我是在你们还未挑好数字前就已经知道结果了。这意味着，我判断得出的结论其实和大家挑好的数字是不存在关系的。那么，这是为什么？

【题解】假若大家认真思考过我要求你们所从事的运算工作，你不难发现这里面的玄机。首先说说开始求的第一道题目，我让你们给挑好的数字乘以数字5紧接着又让乘以2。现在看看是不是乘了数字10。而且大家应该明白所有的数字与10相乘的结果的个位上总是0。明白了吧，我是不是又让大家加上7了？所以此时我就想到了你们求得的结果必定是两位数，虽然我不知十位上是几，但有一点我非常确定——个位上必是7。我又让你们排除掉十位上的数字，那你剩下的就是7了。本来我可以向大家报出这个数字，可是不能让你们发现秘密，于是我施展伎俩让你们把运算结果加4减3再加9，不过我引导你们计算的同时也没闲着，我在进行心算。于是我报出17这一结果，而且我还非常清楚不管你们怎么为自己挑选幸运数字，就像孙悟空逃不出如来佛的手掌心一样，你们的计算结果必将也只能是17。

再一起讨论一下例二，我使出了我的另一着——我引导你们挑好数字后与3相乘，接着再次与3相乘，还让你们将计算结果与挑好的数字求和。这是何意呢？这时的值正好等于你拿挑好的数字与10相乘（3×3+1=10）。相同理，我也心知肚明你们得到的结果的末尾数字是0。其后与例一同样：我让你们把一个数字与前结果相合，引诱你们刨去首位数字，然后让你们做一些干扰思维的运算。

我们再来说说例三。这个例子仍是万变不离其宗。我一口气请大家拿挑好的数字与各种数相乘，而后让你将得到的结果与所挑数字求和。发现了什么？这个值就是将大家挑选的数字与10（2×2×2+1+1=10）相乘的结果。剩下的运算都不太难了。

我玩判断数字游戏的秘诀告诉你们了，大家也可神气地和还不曾阅读这本书的玩伴游戏一回。或许，你会将我的方法升华，要知道它对你也许并不是难事，要相信自己有这个能力。

7. 身不由己的猜测者

【题目】判断玩伴手中所握硬币的币值可没那么容易，判断不出来是常有的事。这是我早先的看法，后来我慢慢明白，无法判断出结果比分析得出结论有时更不易。下面我就给朋友们说一件曾经发生过的事情。很久以前的某天，我无法抗拒地成了一个判断者——我渴望自己得不出最后的结论，可我怎么努力都做不到——我很懊恼自己每次都判断正确。

"你能想到我兜里的硬币是多少戈比吗？"有天我的兄长问我道。

"我怎么知道？我又不是你肚子里的蛔虫。"

"这没什么，想到什么说什么即可。"

"我恐怕会说错。因为我实在想不出来。"

"你会成功的，只要你肯动脑。好，开始吧。"

他迅速拿了枚硬币塞进火柴盒，并很快搁到了我的口袋里。

"你可捂好口袋，别到了最后说我作弊。仔细听好，你很清楚一般硬币的材质有铜和银两种。你猜猜你口袋里的是哪种？"

"可是我如何得知它到底属于那种材质的？"

"你好好想想，想到什么就说出来。"

"既然这样，我觉得应该是银币。"

"一般来说硬币的比值有如下几种：最大币值是50戈比，居中的有20戈比和15戈比，还有币值为最小的10戈比的。说说你口袋里的硬币属于下面的哪两种？"

"可是，这我怎么知道？"

"猜猜看嘛。"

"我认为它们是20戈比及10戈比的。"

"哪你知道出什么样的硬币你没说吗？"哥哥喃喃自语道，"我告诉你吧，还有币值为50戈比及15戈比的硬币你没说。你再猜猜看。"

"我猜是15戈比的硬币。"我脱口而出。

"你可以打开盒子看了，好好瞧瞧吧。"

我急切地打开了口袋里的火柴盒，它居然就是15戈比的硬币！

"我想知道这是怎么回事。"我紧紧缠着兄长不放手，"我只是瞎蒙的，怎么会说准的呢？"

"我不是讲过了吗？这里没有会不会之说。你不妨多做'判断不出'的游戏，不简单呐。"

"如果再让我做一次这样的判断，我就不会正确判断出来了！"

结果我们延续着此类活动，第二次，第三次，第四次——我连续3次正确判断出了硬币的币值。我为我一次次不明就里的正确判断很是懊恼，直到我从兄长那里得知了真相。

它的神奇之处在于……我想聪明的小伙伴早就明白是怎么回事了吧？倘若你还不明白，那就请听我说。

【题解】其实也没什么神秘的。我居然被这样的小把戏给唬住了。下面我就一一道出我判断出15戈比的过程。

在兄长让我报出是铜币和银币时，我判断是银币——当时我是瞎蒙的。不过话又说回来，就算我回答硬币的材质为铜，兄长依然会不慌不急，他反而会如此讲："那，我们还有银币没有选。"而后他会逐个道出所有面值的硬币。说白了，他都会让我在4类面值的硬币中判断，并设法阻止我说出面值是15戈比的硬币。他会平和地说："现在还有20戈比和15戈比没有选。"

在全部的判断过程里，无论我判断得正确与否，兄长都会设法让我讲出他所期望的结果。大家明白了吧？这就是我中计的缘由。

8. 记忆力超强

【题目】大家应该都观摩过魔术师的演技吧，我们常常叹服其的记忆——他们能记住一堆单词或者众多的数字。以下我们就与大家讨论一下怎么将这样的事情展示给观众。

事先备好卡片50份，并依据后面表格样式写下那些数字与字母。如此一来，张张卡片之上便都会出现一很长的数字，并将拉丁文或阿拉伯数字标于纸片的左上部。而后将其分发给观众，并对大家讲你记下了任意纸片内的任意数字。在大家报出纸片的页码，你就可脱口而出该卡片里的数字。比方说，有观众报上"E.4"，你就能答出："10 128 224。"

大家大概也看出那些数字都不短，况且有50个，由此一来你的超强表演天赋当然能令人叹为观止。

但是你知道，无须将那些数加以记忆。不管大家信不信，这都是真的，你心里清楚要掌握以上演技并不是很难。那么，怎么才能做到呢？

【题解】其中的奥秘就在于：任何一张纸片的序号即拉丁文或阿拉伯数字就会告知你纸片上所书的数字。

一个关键问题是你得在脑子里记住拉丁字符"A"=20，"B"=30，"C"=40，"D"=50，"E"=60。

由上我们不难发现，拉丁文字符和其身旁的阿拉伯数字就可构成一个数字，比如A.1表示21，C.3代表43，E.5则表示65。

人们总结出了一些有规则的东西，据此人们便能于卡片之上写出一串长长的数字。为了给朋友讲明具体的操作情况，我们就给大家以例子来介绍。

如果某个人说出E.4这个序号，我们知道它代表64。那你就用该数字展开如下的计算：

其一，求出两数的和：6+4=10；

其二，用2乘64，即64×2=128；

其三，给两数再来个减法一般以大点的数减去小点的数：6-4=2；

其四，对两数进行乘法运算：6×4=24。

大家来看将上面的运算值组成一串数字不就是10 128 224吗？

而该数则恰为E.4那张纸片上所写的数字。

由此我们总结得出规律：+2-，意为先求和，然后用2去乘，接着进行减法运算，最后再来一次乘法运算。

为了加深大家的印象我们再举几个例子：

序号为D.3的小纸片上的具体数字为几呢？

D.3=53；

5+3=8；

53×2=106；

5-3=2；

5×3=15。

最后结果是不是8 106 215？

那么大家一起来求求序号是B.8纸片上的数字为几好吗？

B.8=38；

3+8=11；

38×2=76；

8-3=5；

8×3=24。

大家说说最后的运算结果，对，是1 176 524。

若大家不想辛苦地去记忆枯燥的数字，那大家就需要学会这种方法，掌握了该方法你就可以不费力气地脱口而出或在黑板上写出那些超长的一串串如珍珠般的数字。

通常情况下人们一时半会儿很难看出你所采用的方法，因为他们还没掌握这里面的窍门。

A.	B.	C.	D.	E.
24020	36030	48040	540050	612060
A.1. 34212	B.1. 46223	C.1. 58234	D.1. 610245	E.1. 712256
A.2. 44404	B.2. 56416	C.2. 68428	D.2. 7104310	E.2. 8124412
A.3. 54616	B.3. 66609	C.3. 786112	D.3. 8106215	E.3. 9126318
A.4. 64828	B.4. 768112	C.4. 888016	D.4. 9108120	E.4. 10128224
A.5. 750310	B.5. 870215	C.5. 990120	D.5. 10110025	E.5. 11130130
A.6. 852412	B.6. 972318	C.6. 1092224	D.6. 11112130	E.6. 12132036
A.7. 954514	B.7. 1074421	C.7. 1194328	D.7. 12114235	E.7. 13134142
A.8. 1056616	B.8. 1176524	C.8. 1296432	D.8. 13116340	E.8. 14136248
A.9. 1158718	B.9. 1278627	C.9 1398536	D.9. 14118445	E.9. 15138354